国家自然科学基金"形态类型视角下的广州旧城住区肌理与城市活力研究"
（项目批准号：51708138）资助项目

城市形态研究丛书

田银生　主编

形态类型视角下的广州住区特征与演进
——20世纪初至今

Typo-morphological Analysis of the Characters and Evolutionary Process of

Residential Area in Guangzhou since Early 20th Century

陈锦棠　著

中国建筑工业出版社

图书在版编目（CIP）数据

形态类型视角下的广州住区特征与演进——20世纪初
至今 / 陈锦棠著 .—北京：中国建筑工业出版社，2019.5
（城市形态研究丛书 / 田银生主编）
ISBN 978-7-112-23061-7

Ⅰ.①形…　Ⅱ.①陈…　Ⅲ.①居住区—研究—广
州　Ⅳ.①TU984.12

中国版本图书馆CIP数据核字（2018）第284052号

责任编辑：吴宇江　孙书妍
责任校对：芦欣甜

城市形态研究丛书
田银生　主编
形态类型视角下的广州住区特征与演进——20世纪初至今
陈锦棠　著
＊
中国建筑工业出版社出版、发行（北京海淀三里河路9号）
各地新华书店、建筑书店经销
北京点击世代文化传媒有限公司制版
北京中科印刷有限公司印刷
＊
开本：787×1092毫米　1/16　印张：16　字数：349千字
2018年12月第一版　2018年12月第一次印刷
定价：89.00元
ISBN 978-7-112-23061-7
　　（33146）

"城市形态研究丛书"总序

本丛书所进行的城市形态研究，主要是以康泽恩学派（Conzenian school）为视角，或者是运用了在该学派的启发之下而衍生的理念与方法。因此，可以看作是对该学派的学习和思考的结果。

自从 2005 年接触康泽恩城市形态研究学派以来，至今已有 10 多个年头了。这个学派对城市形态的研究虽然有宏观层面的，重点关注的是"城市边缘带"（fringe belt），但微观层面的研究是该学派更重要的特征，主要立足于"形态区域"（morphological region）的识别和划分。这是该学派很值得注意的一点，具有特殊的价值。

康泽恩学派的建立虽然主要是在英国完成的，但其创立者康泽恩（M.R.G. Conzen）是德国人，具有德国人特有的理性和严谨，所以，康泽恩学派以概念清晰、推理严密、精确细致为风格，从一个特定的角度把城市形态做了深入的解析。并且，把时间因素考虑进来，注重历时性地分析考察城市形态的发展演变过程。从而回答了城市形态"是什么"、"为什么"和"演进变化"的问题。

在学习的过程中，我深刻地领会到，任何一个学术流派，必定有其扎根的土壤，换一个地方，学术的传统以及相应的基础条件发生变化，便不一定适用，至少是不完全适用。康泽恩学派对于中国就是这样。比如，该学派最重要的研究方法是对城市各个时期的详细地图的分析，这在西方没有问题，因为它们的历史地图齐全详尽。但到了中国，情况就完全不一样了，因为中国古代从来就缺乏精确测绘的地图，这种状况一直持续到近现代。即使到了现当代，由于种种原因，地图的完整性以及取得的可能性仍然是很大的问题。

因此，这样一个学派可以应用到中国来吗？事实上，康泽恩学派当代的代表性人物、英国伯明翰大学的怀特汉德（J. W. R. Whitehand）和新西兰奥克兰大学的谷凯（Gu Kai）到中国来开展研究时，从一开始就感受到了地图资料的问题。

尽管如此，我们认为，这个学派仍然有引介到国内来的必要性和可行性。就必要性而言，这样一种对城市形态的认知，能很好地服务于城市历史文化的保护与更新等许多方面的工作。就可行性而言，很重要的一点是，我们要改变观念，不企求原封不动的照抄照搬，而是吸取其思想和方法的精髓，加以本土化应用，甚至要结合中国的条件创新性地发展变化，创造出一个分支或曰一种变例。这样的改造性应用或许更有意义。所以，对康泽恩学派，我们的态度从一开始就是学习、创新，而非食洋不化。

本着这样的认识，我们展开了系统性的研究工作，主要包括以下3点：

1. 康泽恩学派的学习和本土化创新

重点围绕着广州以及其他一些城市进行案例性的城市形态解读，同时探寻着康泽恩方法的适应性变化。比如，我们提出了"一张图上读历史"，就是针对历史地图缺失的情况，如何只凭着一张现状图分析城市形态的变化情况，从而厘清历史文脉。再比如，针对现代城市和康泽恩学派创立时的城市形态的重大不同，把建筑高度新列为区划城市形态的又一基本因素。再比如，地理信息系统、大数据等先进的技术手段的运用等等。

2. 康泽恩学派启发下的研究拓展

我们的研究一方面紧紧围绕或依托着康泽恩理论而开展，同时也在此基础上更进一步，注重在康泽恩理论的启发下拓展研究的领域，包括研究的对象、内容、目的、方法等，不受拘泥，大胆突破。比如我们注意到，在城市形态的形成过程中，总有一些特殊的功能要素起到核心性的组织带动作用，而考察这些功能载体在城市中的生长和分布情况，就可以从根本上解释城市形态的结构特征和演变情况。再比如我们的目光也投向了乡村，实际上中国乡村的尺度特别适合康泽恩学派的应用，而康泽恩学派的应用则可以前所未有地解读出中国乡村形态的某些形式意义，挖掘出许多曾经被忽视了的重要信息。

3. 康泽恩学派在实践中的应用

除了理论的学习和创新外，如何在实践中应用始终也是我们不倦追求的。由于种种原因，康泽恩学派在西方的实践应用机会并不很多。但在当下的中国，城市建设空前活跃，无一不涉及形态问题，城市形态的理论研究服务于城市建设的实践活动，既有机会也有意义。反过来说，如果在中国的城市建设实践中有很好的应用，也是对康泽恩学派最好的发扬光大。令人欣慰的是，我们在这方面也初有收获。比如，在广州的从化区温泉镇和越秀区的状元坊街区的保护更新规划中，我们把康泽恩方法下的形态分区和房屋产权的区划结合起来，创新性地提出了历史城镇或地区的"管理单元"，为复杂情况下的城镇有机更新提供了一条可以借鉴的路径。

　　到目前为止，我们以康泽恩学派为基础的城市形态研究，申请到了多项科研基金，发表了一批成果，除了期刊和会议论文外，还包括近 20 篇博士论文和 30 余篇硕士论文。这套丛书以部分博士论文为主，也将有部分专著收入，大体能够反映上述工作的情况。

　　学习、创新，始终是我们的理念，虽然为此做了一些粗浅的尝试，但仍显得十分的不足，期待大家的批评，以利我们改进，做出更多更好的成果。

田银生

2017 年 6 月 12 日

前　言

　　以德国形态生成研究传统为基础的城市形态学研究带有浓厚的历史性特征，而以意大利设计类型学为基础的建筑类型学研究则深刻揭示了各种建成空间之间的类型关系。两者是西方认知社会经济转变背景下城市形态演变的重要方法，而且，都从时空维度进行分析，并划分出各种空间单元或模块来认知形态的特征。两者可以通过融合，形成形态类型分析法。该方法以城市形态学的分析性和概念性认知框架来理解形态的结构与特征（物理性质），配合类型学中演进的观点来审视这些形态形成与变化的逻辑关系（人文性质）。简而概之，就是一种"形态解读为外，类型认知为内"的分析法。

　　本书的研究对象是 20 世纪初以后广州市所建设的住区。应用的分析法是经过调整的形态类型分析法，调整时结合了广州市的社会经济背景与历史资料情况。建筑类型和地平面类型是该分析法的两大研究要素，通过它们可以认知住区的形态类型特征。本书分为两大部分：第一部分为各种住区形态类型的特征的分析，即本书的第 3 章到第 5 章，三个篇章按照时间段划分，分别是 1911—1949 年、1950—1979 年以及 1980 年至今；第二部分为第 6 章，分析各种形态类型在时空维度上的演进规律。

　　第 3 章分析了 1911—1949 年期间，在土地私有制为主的背景下建设的竹筒屋联排住区、青砖大宅住区、骑楼屋联排住区以及红墙别院住区的形态特征以及其形成特征。前三种是由于建筑类型差异而产生的住区形态类型，第四种和前三种在建筑类型与地平面类型上都存在差异。然而，这些住区都是传统式建造经验的实体投影，各种类型的住区形态能统一协调地互相共存。

　　第 4 章分析了 1950—1979 年期间，在土地无偿无期使用背景下建造的行列式集合住区，知识分子住区以及华侨新村的形态类型特征。20 世纪 50 年代建造的行列式集合住区与 20 世纪 60—70 年代建造的存在建筑形式上的差异。而知识分子住区是行列式集合住区的高标准形态。华侨新村是当时有且仅有的高标准住区，集合住宅与独院式住宅都完美地组织在同一个住区中。这些住区是政府导向建造经验的实体投影，具有均质趋同的特征。

　　第 5 章分析了 1980 年至今，在土地有偿有期使用背景下建造的港式庭院住区、混合住区、高层花园住区以及城区花园住区。当市场机制被引入到住房建设过程后，住区的形态变得多元化。这种多元化体现在塑造者根据住区位置、市场需求、住区品质定位，灵活组合各种建筑类型与地平面类型。各个住区之间形成一种多元拼贴的状态，而这些都是市场导向建造经验的实体投影结果。

第 6 章则分析各种住区形态类型的演变规律。在时间的维度，定位各种建筑类型，地平面类型，以及由两者构成的形态类型，并以此为基础分析出各种住区形态类型历史演变规律。当把各种形态类型的实例定位于特定研究范围之内，则可以认知各种形态类型在地理位置上的扩展情况。通过一些城市更新活动的实例，也可以理解新的住区形态如何替代原有的，以及该过程所产生的影响。

通过以上分析，基本可以得知近百年来广州住区的建设过程可划分为三个形态类型阶段。其中，应用了三种居住单元平面形式和两种地平面类型，而且住区形态类型的演变受到西方建造经验的深刻影响。通过广州住区形态类型的实例研究，也揭示出形态类型分析法的逻辑要点以及在认知形态生成和演变过程的积极作用。

目　录

01 第1章 绪 论

1.1 研究背景

城市建成区的形态研究，是可持续发展城市形态研究的一个重要组成部分。当今，城市可持续发展的关注点已经从能源消耗、生态环境效益的问题扩大到社会文化层面。可持续发展的目标不再单是建设一个"零消耗"的"聚居体"（Settlement Machine）❶，还需塑造一种独特的建成肌理。这种肌理具有适宜尺度与形体，能衍生出各种多样性，适应各种社会、经济、文化需求。塑造的过程需要反思已有的空间模式与新的城市肌理之间的关系，即城市形态研究与"可持续的城市空间形态"之间的延展关系。❷

中国独特的地理位置、历史文化与政治经济背景，缔造了许多有别于全球其他地区的城市形态。自改革开放以来，中国各个城市，特别是特大城市，都经历着史无前例的急速的物质空间扩展及特征转变。扩展与转变过程中，"发展"与"传承"严重失衡下的传统城市肌理不断被蚕食与破坏，以及经济与信息全球化背景下的世界各种城市发展与建造经验在本土"无差别"地快速实践，引发了两个消极面：一方面阻隔了对过去的城市空间模式与肌理的理解；另一方面，城市发展面临着不断增多的不确定因素，在一定程度上削弱了代表"政府力"的城市规划与管理对新的城市肌理塑造的引导与控制效果。❸ 显然，我国的城市形态研究逐渐被赋予更高的要求与更多的目标。

在新时代背景下，我国的城市形态研究正进入跨文化对比研究和各种学术研究思维互融的阶段。随着国内外学术交流日益频繁，逐渐有外国学者运用其传统研究方法针对我国历史城市进行案例分析，展开跨文化的对比研究。国内的学者也不断系统地引入西方研究城市形态特征与演变的分析方法，开阔了研究视野的同时，不断扩展我国城市形态研究的深度和广度。❹

居住区是构成城市物质空间肌理的重要基底。因此，探讨居住区形态是认知城市整体形态构成特征的重要切入点之一。本书应用欧洲的形态类型学研究方法来分析中

---

❶ Maretto M. Ecocities. Ⅱ progetto urbano tra morfologia e sostenibilità [M]. Rome: Franco Angeli，2012.

❷ Marat-Mendes T. Sustainability and the study of urban form [J]. Urban Morpology. 2013，17（2）: 123-124.

❸ 熊国平 . 当代中国城市形态演变 [M]. 北京: 中国建筑工业出版社，2006: 313，314。

❹ 郑莘，林琳 . 1990 年以来国内城市形态研究述评 [J]. 城市规划，2002，26（7）: 59-64。

1

国南方特大城市广州居住区的物质形态特征及其历史进程中的变化规律。

1.2 城市形态研究方法概况

1.2.1 西方城市形态研究传统

"形态学（Morphology）"一词，在西方多种学科，如语言学（构词学）、生物学、天文学、民俗学、观念学、地理学和材料学等都有所使用，用以甄别形态及其构成与发展。城市形态学主要是研究人类聚居区的形态及其形成（Formation）和变化（Transformation）的过程。"类型学"（Typology）也是众多学科的研究方法之一，而在城市规划与建筑学方面，主要依据建筑与城市空间的内在特征进行系统分类并探讨各种类别之间的关联性。两种研究方法都是对城市物质空间认知的重要途径，而在不同的地区与学术阵营，有着不同的研究思维与框架。

1. 欧洲城市形态研究传统

在欧洲大陆，意大利、法国和德国的城市形态研究传统的影响较为广泛，下面将集中探讨这三种研究传统。

意大利的城市形态研究传统是把城市形态学与城市设计紧密联系，是以把建筑视为构造系统（Tectonic System）的经典概念发展而成的类型学方法为基础。20世纪50年代起，穆拉托里（Saverio Muratori）、卡尼吉亚（Gianfranco Caniggia）等学者开始关注该方法在城市设计方面的应用，并通过对城市结构变迁的历史过程的深刻理解来桥接起建筑学和城市规划的研究。意大利的城市形态学带有浓重的建筑学背景，以功能主义和有机体观念分析城市肌理，研究城市中各种类型元素的特征、变化过程、形成逻辑等。❶

法国的城市形态研究源于皮埃尔·拉夫当（Pierre Lavedan）和马塞尔·波特（Marcel Poëte）的著作，以一套独立的方法分析城市化进程及相关的典型建筑，重点关注建成环境对保持社会状态的重要性以及两者之间辩证和相互塑造的关系。❷

在德国，形态生成（Morphogenetic）的城市形态研究传统起源于19世纪80年代拉采尔（Friedrich Ratzel）对城镇的人文地理学研究，他不仅关注城镇的区位，更加关心这个区位上的各种变化特征。❸随后的30年，德国的地理学家开始关注城镇的平面格局、交通设施格局、道路系统、开敞空间以及三维层面的建筑肌理等情况，进而形成一个关注城镇形态的生成过程与形态特征的研究方法。❹施吕特尔（O. Schlüter）于1899年以德语发表了两篇论文，促进了这种研究传统的形成。其中一篇是关于他对扩

❶ Marzot N. The study of urban form in Italy[J]. Urban Morphology. 2002，6（2）: 59-73.

❷ Darin M. The study of urban form in France[J]. Urban Morphology. 1998，2（2）: 63-76.

❸ Ratzel F. Die geographische Lage der großen Städte[M]. Zahn & Jaensch，1903.

❹ Hofmeister B. The study of urban form in Germany[J]. Urban Morphology，2004，8（1）: 3-12.

展人类聚居地的地理学研究的见解❶；另外一篇是关于城镇的地平面（Ground Plan）的研究❷，该文以弗里茨（J. Fritz）早期的研究为基础，提出城镇平面（Town Plan）中现存的部分可以用于认知其历史发展状态。康泽恩（M. R. G. Conzen）深受后一篇论文的影响，从 20 世纪 30 年代起在英国发展起系统的研究方法，成为形态生成研究传统的重要学术分支。❸

2. 北美城市形态研究传统

在加拿大，城市形态研究方法很大部分来源于魁北克（Québec）省，特别是魁北克城的学者。早期城市形态研究方法受到法国城市形态学的影响较多，后来更多引进了意大利的卡尼吉亚学派研究方法，使加拿大的城市形态研究变得更有系统性和特征性。❹

在美国，早期的城市形态研究是基于两种目标：一种是关注美学特征，用于形成相关的城市规划和景观建筑学理论；另一种是关注影响空间结构和形态分布特征的经济因素，以便理解城市发展历程以及这些特征的商业作用。❺之后，更多学者从其他的角度，如从政治经济（Harvey，1985）、环境行为（Lynch，1960；1981），功能结构等方面去审视城市的形态。其中，芝加哥学派以社会经济学理论总结出几种城市功能结构模型，如同心圆模型（Burgess，1925）、扇形区模型（Hoyt，1939）、多核心理论（Harris，1925；Ullman，1945），这些模型都有助于理解大城市各种功能用地的发展关系。❻

总结来说，国外最主要研究城市形态的理论有三种：①以地理学为背景的英、德形态生成研究传统，关注地理景观如何随着社会经济条件的变化而演变；②以建筑学为背景的，关注实体空间与开敞空间相互关系的意法设计类型学传统；③以社会学为背景的美国空间区位研究传统，关注不同社会与空间结构在城市分布情况。

1.2.2 形态类型学

20 世纪 80 年代开始，国内外学者意识到英、德形态生成与意、法设计类型学两种研究传统虽然存有差异，但可以融合成新的研究框架。这种新的研究框架被称为"形态类型学"（Typomorphology）。形态类型学是把城市形态视为城市中各种构筑进程的产物，并识别出各种形态结构的类型特征。识别需要理解形态类型生成（Generation）过程，以及不同形态类型的差别与关联。因为这些特征都是历史进程中各种社会经济、民俗文化因素与周期性规律的物质投影。

❶ Schlüter O. Bemerkungen zur Siedlungsgeographie[J]. Geographische Zeitschrift，1899.5：65-84.
❷ Schlüter O. Über den Grundriss der Städte[J]. Zeitschrift der Gesellschaft für Erdkunde，1899.34：446- 62.
❸ Whitehand J W R. Conzenian urban morphology and urban landscapes[R]. 6th International Space Syntax Symposium，Istanbul，2007.
❹ Gilliland J，Gauthier P. The study of urban form in Canada[J]. Urban Morphology，2006，10（1）：51-66.
❺ Conzen M P. The study of urban form in the United States[J]. Urban Morphology，2001，5（1）：3-14.
❻ 谷凯. 城市形态的理论与方法——探索全面与理性的研究框架 [J]. 城市规划，2001（12）：36-42.

1. 国外的探讨

相关文献显示，意大利建筑师兼规划师埃蒙利农（Calro Amonino）在20世纪60年代开始使用"形态类型学"一词。❶1987年，美国学者穆东（Anne V. Moudon）开始探讨形态类型学的研究框架以及研究内容。❷随后，她通过对英国、意大利、法国三个学派研究理论的探讨，深化了形态类型学的研究框架。❸城市形态国际研讨会（International Seminar on Urban Form，ISUF）在1994年成立后，其组织的会议和出版物《城市形态学》（Urban Morphology）为关注城市形态研究的学者们之间的交流沟通提供一个国际框架。康泽恩学派与穆拉托里-卡尼吉亚学派的追随者很早就认识到各自的研究方法虽然有所不同，但是存在很多协调统一的方面。而ISUF的成立更是促使这两个学派从个别学者的交流进入全面融汇的新纪元。其中，很多学者也意识到这两种研究理论通过整合和发展后，能够形成颇具操作性的分析与实践工具。而"形态类型学"一词也逐渐专用于这些探讨与实践汇聚而成的研究方法与框架。

西方近几十年对形态类型学的探讨主要有三方面：理论构建、案例研究和规划实践（表1-1）。20世纪80—90年代是理论形成阶段。穆东积极探讨形态类型学的研究框架和基本概念，以及该理论在理解城镇形态方面的优势和对城市规划、设计及城镇景观管理的积极作用。20世纪90年代起，柯洛夫（K. Kropf）和塞缪斯（I. Samuels）尝试将形态类型学应用到规划与管理实践。从21世纪开始，该理论进入全面发展阶段。塞缪斯、陈飞、田银生等学者的研究都涉及理论构建、案例研究和实践应用三个方面。该发展阶段有一个值得关注的现象，就是中国学者的贡献颇为重要，这从侧面也说明中国城市形态问题突出且全球关注度极高。

西方形态类型学的研究发展		表 1-1
理论构建	案例研究	规划实践
穆东，1987		
穆东，1989		
穆东，1992		
穆东，1994		
		柯洛夫，1996（法国梅讷西）
拉维（A. Levy），1997		
		柯洛夫，1999
		塞缪尔斯，1999（圣热尔韦）

---

❶ Moudon A V. Urban morphology as an emerging interdisciplinary field[J]. Urban morphology，1997，1（1）：3-10.

❷ Moudon A V. The research component of typomorphological studies[C]//AIA/ACSA Reseach Conference，Boston. 1987.

❸ Moudon A V. Getting to know the built landscape: typomorphology[M]//K. A. Franck & L. H. Schneekloth. Ordering space: types in architecture and design. New York: Van Nostrand Reinhold，1994: 289-311.

续表

理论构建	案例研究	规划实践
陈飞，2008		
塞缪尔斯，2008		塞缪尔斯，2008
	陈飞，罗麦斯（O. Romice），2009（苏州）	
陈飞，2009（南京）		
陈飞，2010		陈飞，2010
陈飞、斯韦茨（K. Thwaites），2013		
田银生等，2014		

说明：所统计的研究成果，以"Typo-morphology"为标题或关键词，作者为 UMRG 成员，成果以英文编写，必须在国外杂志发表。

　　西方英语世界探讨"形态类型学"的学者主要有穆东、塞缪尔斯（Ivor Samuels）与克罗普夫（Karl Kropf）。穆东的贡献主要是梳理了形态类型学各种学派的研究方法❶，以及积极探讨将形态学与类型学对传统城市建成空间的研究成果用来支持城市设计工作与"新城市主义"（New Urbanism）实践。❷塞缪尔斯的贡献主要是桥接起理论研究和规划实践。他深入讨论了形态学针对城镇景观形成与演变的分析成果如何形成有效的城镇景观管理工具。❸在法国圣热尔韦（Saint-Gervais-les-Bains）的规划❹中，塞缪尔斯探讨了形态类型学的分析方法如何应用于各种规划与管理层次，继而塑造出适应当地的城镇景观。克罗普夫是关注建造实践的城市形态学学者，他通过分析对比康泽恩与卡尼吉亚有关建筑形式的研究，从中得出建筑形式一些基础认知，包括建筑形式是一种人们在建造行动中作出多种选择的产物，是形态形成过程中的最终投影。❺他还进一步将建筑形式研究以及"城镇平面分析法"（Town Plan Analysis）相结合，形成一种以形态类型为导向的规划导则（Typological Zoning），并应用于法国

❶ Moudon AV. The research component of typomorphological studies[C]//AIA/ACSA Reseach Conference，Boston，1987；Moudon A V. Getting to know the built landscape: typomorphology[M]//Franck K A，Schneekloth LH. Ordering space: types in architecture and design. New York: Van Nostrand Reinhold. 1994: 289-311：289-311.

❷ Moudon AV. A catholic approach to organizing what urban designers should know[J]. Journal of Planning Literature，1992，6（4）：331-349；Moudon A V. Proof of Goodness: A Substantive Basis for New Urbanism[J]. Places，2000，13（2）：38-43.

❸ Samuels I，Pattacini L. From description to prescription: reflections on the use of a morphological approach in design guidance[J]. Urban Design International，1997，2（2）：81-91；McGlynn S，Samuels I. The funnel, the sieve and the template: towards an operational urban morphology[J]. Urban Morphology，2000，4（2）：79-89.

❹ Samuels I. A typomorphological approach to design: the plan for St Gervais[J]. Urban Design International，1999，4（3-4）：129-141.

❺ Kropf K. The difenition of building form in urban morphology[D]. Birmingham：University of Birmingham，1993：10, 11.

梅讷西（Mennecy）的土地使用单元（Plan d'Occupation des Sols，POS）的划分。❶

2. 国内的探讨

20世纪80年代末开始，城市形态学与建筑类型学两种研究方法首先被独立地引进到国内，到了21世纪初，形态类型学的探讨才逐步被国内学者所认知。

1990年，武进的《中国城市形态：结构、特征及其演变》一书最早介绍了德国与英国以形态生成观点为基础来研究城市形态的方法。之后，谷凯❷、段进和邱国潮❸等学者开始系统地引入西方城市形态学的研究框架，并介绍了其中主要研究方法的历史发展过程。2011年，宋峰等人翻译了《城镇平面格局分析：诺森伯兰郡安尼克案例研究》（Alnwick，Northumberland：A Study in Town-plan Analysis），康泽恩学派的重要理论著作进入国内学者的研究视野。关于建筑类型学，国人最早是从沈克宁❹的文章中了解到罗西（A. Rossi）的类型学理论。之后，罗西类型学理论的重要著作《城市建筑学》的中文版❺也辗转进入国内学者的视野。在以沈克宁和江丽君等为代表的学者的研究推动下，穆拉托里与卡尼吉亚的类型学研究思维也逐渐为国内学者所熟悉。

近十几年，陈飞❻、谷凯、田银生❼、沈克宁❽等学者也开始探讨将形态学与类型学研究方法有机融合，形成一种更有效的工具以缓解国内快速城市化下传统城市形态结构急速消失的状态，一定程度上形成可持续的城市形态结构。

形态类型学的研究理论成形时间不长，因而针对我国城镇的案例研究数量不会很多，然而，独立应用传统的形态学与类型学的研究成果能在一定程度上弥补这部分研究成果的缺失。

怀特汉德（J.W.R. Whitehand）与谷凯等学者以康泽恩城市形态学的城镇平面分析法对平遥古城❾、牯岭（庐山）、北京的陡山门地块❿、广州的华林寺地块和同福西路地

❶ Kropf KS. An alternative approach to zoning in France: typology，historical character and development control[J]. European planning studies，1996，4（6）：717-737；Kropf K. Kropf K. Typological zoning[M]//Attilio Petruccioli. Typological Process and Design Theory. Cambridge，Massachusetts: Aga Khan Program for Islamic Architecture，1998：127-140.

❷ 谷凯. 城市形态的理论与方法——探索全面与理性的研究框架[J]. 城市规划，2001（12）：36-42。

❸ 段进，邱国潮. 国外城市形态学研究的兴起与发展[J]. 城市规划学刊，2008（5）：34-42；段进，邱国潮. 国外城市形态学概论[M]. 南京：东南大学出版社，2009。

❹ 沈克宁. 意大利建筑师阿尔多·罗西[J]. 世界建筑. 1988（6）：50-57。

❺ Aldo Rossi. 城市建筑学[M]. 施植明 译. 台北：博远出版社，1992。

❻ 陈飞，谷凯. 西方建筑类型学和城市形态学：整合与应用[J]. 建筑师，2009（2）：53-58；陈飞. 一个新的研究框架：城市形态类型学在中国的应用[J]. 建筑学报，2010（4）：85-90。

❼ 田银生，谷凯，陶伟. 城市形态研究与城市历史保护规划[J]. 城市规划，2010，34（4）；田银生，谷凯，陶伟. 城市形态学、建筑类型学与转型中的城市[M]. 北京：科学技术出版社，2014。

❽ 沈克宁. 建筑类型学与城市形态学[M]. 北京：中国建筑工业出版社，2010。

❾ Whitehand J W R，Gu K. Extending the compass of plan analysis: a Chinese exploration[J]. Urban morphology，2007，11（2）：91-109.

❿ Whitehand J W R，Gu K. Urban conservation in China: Historical development，current practice and morphological approach[J]. Town Planning Review，2007，78（5）：643-670.

块 ❶ 进行了形态学的研究，其中后两个城市的研究还进一步探讨了城市形态学研究与
历史保护之间的关系。小康泽恩（M. P. Conzen）、谷凯和怀特汉德将平遥与意大利的
科莫（Como）的城镇平面分析结果进行对比分析，推进了城市形态学的跨文化分析。❷
另外，卡尼吉亚 ❸ 很早就对科莫的城市形态进行了类型学的解读，因此，平遥与科莫
的对比分析可以作为两个学派研究成果的对比研究的基础之一。建筑类型学的研究，
主要有谷凯和田银生对广州传统住宅的"类型学进程"（Typologcial Process）分析 ❹；
怀特汉德和谷凯等学者以"类型学进程"与"形态学周期"（Morphological Period）的
观点，对上海与英国传统住宅进行跨文化的对比分析 ❺；陈飞与一些国外学者则以"形
态类型学"的角度分析了南京 ❻ 和苏州 ❼ 传统街区的形态结构与类型学特征。

1.3 住区在城市形态研究的意义与特点

"住区"（Residential Area/District）是"居住区"或"住宅区"的简称，我国对住
区的物质空间定义是：住宅、公建、道路和绿地等要素，通过一定规划结构组织起来的，
相对独立的各种类型与规模的生活居住用地的统称。❽

在一些与形态相关的研究理论中，住区的特征又有所不同。英国康泽恩城市形态
学（Conzenian Approach）中，住区、CBD 和边缘带（Fringe Belt）❾ 这三种空间单元（Spatial
Unit）共同构成了整个城镇地景（Landscape）。❿ 住区占有极大比例的城市土地，对城
市形态有着决定性的作用。在土地或房屋利用层面，住区的形式与功能统一性比其他
两种空间单元的还要高，表现出普遍均质和紧凑的空间特征。穆拉托里 - 卡尼吉亚建
筑类型学（Muratori-Caniggia's Approach）中，住区的各种变化过程影响着城市组织和

---

❶ Whitehand J W R, Gu K, Whitehand S M, et al. Urban morphology and conservation in China[J]. Cities, 2011, 28（2）: 171-185.

❷ Conzen M P, Gu K, Whitehand J W R. Comparing traditional urban form in China and Europe: A fringe-belt approach[J]. Urban Geography, 2012, 33（1）: 22-45.

❸ Caniggia G. Lettura di una Città: Como[M]. Roma: Centro Studi di Storia Urbanistica, 1963.

❹ Gu K, Tian Y, Whitehand J W R, et al. Residential building types as an evolutionary process: the Guangzhou area, China[C]//International Seminar on Urban Form, 2008.

❺ Whitehand J W R, Gu K, Conzen M P, et al. The typological process and the morphological period: a cross-cultural assessment[J].Environment and Planning B: lanning and Design, 2014,41（3）: 512-533.

❻ Chen F, Thwaites K. Chinese urban design: the typomorphological approach[M]. Surrey: Ashgate, 2013: 79-137.

❼ Chen F, Romice O. Preserving the cultural identity of Chinese cities in urban design through a typomorphological approach[J]. Urban Design International, 2009, 14（1）: 36-54.

❽ 周俭. 城市住宅区规划原理 [M]. 上海: 同济大学出版社, 1999。

❾ 该处提到的 CBD（Center Business District）只是指城镇中心商业繁华的区域，没到国人熟知的中央商务区级别；边缘带是城镇在发展暂停或者非常缓慢时，在其边缘地区形成的土地面积较大的、低密度、低开发强度、功能较为混合的带形区域，可以简单理解为市政、公共设施、学校、公园和集中绿地的区域。

❿ Conzen M P. How cities internalize their former urban fringes: a cross-cultural comparison[J]. Urban Morphology, 2009, 13（1）: 29-54.

形态，而且这种变化同时与城市的生活、物理形式和结构紧密联系。这种演变过程是一种历时久远的过程，以"共时性"和"历时性"两种特征表现出各种集体操作建造活动的结果。因此，这个演变的历史过程就是大部分城市的"操作性历史"（Operational History）。罗西则指出"住宅的研究是研究城市的一种好方法"[1]，很多地区的城市形态问题都可以从住区的问题入手。住区及其中的住宅类型虽然相对城市整体是恒定不变，但是两者都是持续变化的。林奇（K. Lynch）则认为"城市的基本结构由他的住宅建筑的主要形式以及这些形式的混合而决定"。[2] 完善的住区概念应该同时涉及形态、过程和相关团体的，而现在一些概念，如独栋住宅、核心家庭、土地私有制等，是把形态和相关团体连接起来，但是缺乏演变过程。克里尔（L. Krier）则认为当把城市视为不同特征的部分构成的空间系统时，某个住区便是该系统的历史上的一个时刻和阶段。不同的住区之间不是简单的从属和依赖关系，而是对整体城市结构的自主而独立的响应关系。[3]

综上可以认为，住区是人类聚居区中重要的空间组成部分。而在城镇中，由于受到更大区域的文化民俗、社会经济特征的影响，会拥有更为复杂的物质空间特征。而且，人类的各种建造经验都基本能在住区里寻找出其物质投影。其中，建造经验是指人们在建造过程中各种思想、选择和行动的集合。因而，住区会具备以下基本特征：

大量性。住区覆盖着城市的大部分表面积，其他的市政公共设施、公共空间的空间组织结构，只是镶嵌在由住区组成的空间里。这种大量性的特征，使住区具备足够多的物质空间载体，实现完整的形态演变过程：新组织与结构形式出现，适应并演变，更替旧的，然后再有新的形式出现。因而，很多形态理论认定住区的形态研究是一个理解城市形态的有效途径。

互联性。单个住区不是孤立地存在于城镇的建成区内，住区之间有着互动关系。住区的结构和组织形式及其内部的住宅类型会不断地受到其他住区的影响。历史的住区也同样对建设中的住区的结构与组织形式的演变有着影响。而且，一些影响住区的建造经验不全是源于本地，外地或者国外的建造经验也会通过塑造者"引进"本地。

历史性。住区不是城市发展过程中某个时间段里一下形成、演变和被更替，其物质特征的形成与演变进程是持续发生的。一定范围内的住区可能会是各种历史时期的住宅建设特征的集合，也可能是单一的特征。但不管是哪种情况，住区的物质形态特征是历史特征的"物质投影"，都能反映出各种建设活动所对应的历史时期的文化民俗和社会经济特征。

住区的这三个基本特征不是独立的，是相互依存，互为前提的。

---

[1] Rossi A. 城市建筑学 [M]. 施植明 译. 台北：博远出版社，1992: 42，45。

[2] 凯文·林奇. 城市形态 [M]. 林庆怡 等译. 北京：华夏出版社，2001: 280。

[3] Krier L. Houses，palaces cities[M]. Architectural Design Progile，1984.

1.4 研究对象的时空范围

本书研究的对象是 20 世纪初以来广州市特定范围的住区。纵观广州市的地理特征、气候特征，及其两千多年的城建历史，广州是在不断接受外界因素的影响，逐渐完善其城市功能，并保持着自身独特的城市历史文化，成为当今中国南方连接世界的窗口。

1.4.1 研究时间段的界定

本书所涵盖时间是 20 世纪初至今。研究时间的范围主要从研究资料以及城市建设方面来考虑。

从研究资料的角度来看，能适用于形态类型学研究的历史地图资料（第二章会深入讨论），最早的一份是 1907 年，由德国营造师所绘。在民国年间，广州市进行第一次较为全面的经界（宗地边界）测绘。1949 年开始，各种大比例的地形图逐渐覆盖整个广州市区。这些重要的历史地图资料是展开本书研究的基础。从另一个角度来看，从 1907 年起，广州市就能开始应用西方形态学的研究，研究深度也能维持在同一水平，而这一特征也最终决定了本书研究的起始时间。

从城市建设的角度来看，民国时期与中华人民共和国时期对广州的建设是基于不同的土地所有制。民国政府没有推翻清朝的土地制度，多元复合制度仍然存在。在城市，主要有两大类所有制：公有制，主体包括历任政府机关及其官僚资本；私有制，主体包括民族资本家、外国资本家、军阀官僚、地主及城市个体劳动者。公有土地多于私有土地，但是以私有制为主。❶ 中华人民共和国时期，土地所有制则是国家所有和集体所有的二元复合结构，城市的土地基本全归国有。虽然有着不同的土地所有制形式，但是 20 世纪的广州，才真正开始现代城市规划理论实践与现代都市建设。因此，整个 20 世纪的广州城市建设进程有很多和而不同的特征。

土地所有制以及土地获取的方式，与城市的形态结构有着极为紧密的关联。因为，这些特征会直接影响到地块的大小、地块之间的结构形式，从而在根本上影响城市的形态，而且会促使土地拥有者以自身利益出发实施建设活动，并积极影响规划政策。❷ 20 世纪以来，广州市经历了三种土地所有制形式，具体如下：

（1）1911—1949 年。这个时期是土地私有制为主导的时期。建房者所需的土地，可以通过三个渠道获得：自持、购买和租用。当时大量的城市土地是土地所有者自身持有，包括市民、外国资本家与教会。建房者可以在自持土地上新建或改建房屋，也可以从其他土地持有者和市政当局购得土地后建房。除了购买方式获得土地，建房者也可以租用土地进行建设。

---

❶ 高海燕. 20 世纪中国土地制度百年变迁的历史考察 [J]. 浙江大学学报（人文社会科学版），2007（5）：124-133.

❷ Kiwell P. Land and the city: patterns and processes of urban change[M]. London: Psychology Press, 1993: 94, 95.

（2）1950—1979年。城市土地基本是土地无偿无期使用。广州人民政府通过相关政策把城市土地逐步收归国有。各种企业和单位负责向国家申请征用土地，统一建设并分配到个人或家庭，甚少有个人或团体获得土地自行建房。在这一时期，只要用地单位的申请不影响市政建设规划，相关政府部门都会划拨出土地让其进行建房。

（3）1980年至今。这个时期的土地使用特征是有偿有期使用。1979年，广州联合外资在东山共同建设的东湖新村，开始了住房商品化经营。而1984年起，广州市开始正式试点实施征收土地使用费，并规定住宅用地使用权为50年，开始有偿有期地向建设单位出让土地使用权。自此以后，建设单位可以通过5种方式获得土地使用权，分别为：①合作开发建设；②缴纳土地使用费；③综合开发，建设配套设施；④通过投标或议标；⑤从其他拥有土地使用权的开发公司手中购买（见本书第130页第2段）。1991年《关于全面推进城镇住房制度改革的意见》的印发，启动了住房制度的改革。至1999年，广州市全面停止福利分房政策。通过这些重要改革，房地产公司成为住宅的市场供给主体，住建活动进入"房地产热"时期。

20世纪初以来，广州在不同政权、政府和土地所有制下发展，住区也随之形成了不同的物质空间特征。应用统一深度的形态类型分析法研究这个时间跨度中三个时间段的广州住区演进，有利于发现不同历史背景对住区形态与演进的影响。

1.4.2 空间范围的划定

虽然研究对象是针对广州住区，但是所涉及的住区也只是位于一定空间范围之内，而没有覆盖2005年的行政区划后的整个广州行政区域（图1-1）。主要原因是：①在有限的时间与资源下，难以全覆盖整个广州市行政区内的住区。②历史地图的覆盖范围有限，例如最早的能用于形态学研究的历史地图"广东省内外全图（河南附）"（1907年，比例为1：5000），也只是覆盖了图1-1的B框范围。③本研究是以形态类型的视角来审视广州住区形态类型的特征及其演进规律，只要涉及研究时间范围内的主要住区形态类型即可。

因此，研究范围会收缩到广州各个时间段住区的主要建设集中区域——广州市中心组团，即2005年

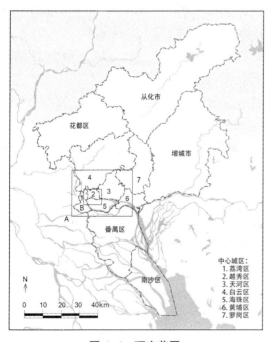

图1-1 研究范围

说明：A框为图4-2，图5-2，图6-2范围；B框为图3-1范围

行政区划调整后的荔湾区、越秀区、天河区、海珠区、白云区、黄浦区和萝岗区，具体的研究范围会根据实际情况稍作调整，最核心区域为图 1-1 的 A 框范围，而相关研究的统计数据也集中于该范围内。

1.4.3 广州的住区研究概况

国内学术专著和学位论文关于 20 世纪广州市住区的特征研究成果主要从历史地理、物质形态（城市形态）、规划建设、房地产业发展等角度展开。

对于广州整体城市形态的讨论，主要有 3 本著作。曾昭璇教授的《广州历史地理》的第二部分是以古籍考证，历史地图、地质地理和考古证据分析广州城内重要区域的地貌地物的变迁，其中，地物方面包括城墙、重要街道、河涌、城市景点的变迁。研究过程也不乏一些专题论述，包括珠江前航道北岸线的推移，西关与河南地区的开发和变迁。虽然部分论述是推断性探讨，但对于研究广州城市形态演变具有重要的参考意义。陈代光教授的《广州城市发展史》则是利用历史地理学的分析方法，从"城"与"市"两个侧面揭示出广州历史发展过程中各方面的特点和规律。该著作以广州地理环境为前提与基础，针对广州建置沿革、城市形成和发展、人口发展、交通发展、对外贸易业发展、手工业发展、旅游业发展和文化发展的情况逐步展开论述。这两本著作，前者偏重于历史自然地理的探讨，后者侧重于历史人文地理的论述，是广州历史地理研究的阶段性成果。❶ 周霞博士的《广州城市形态演进》最重要的部分是制作了广州城市形态发展研究的历史框架图。该成果高度总结了广州在古代、近代和现代各个重要时期的城市性质功能和城建思想（文化）影响下城市发展方向、城市建设与城市形态的特征以及变化规律。

以上 3 本著作都是广州住区研究的基础，只有把握了城市整体发展过程的历史脉络与物质特征，才能全面地认知城市中的住区建设与发展状况。

在住区物质形态方面的研究有两个部分：一部分是整体性研究，以重要的城市发展时期为线索，探讨整个广州住区的物质空间特征；另一部分则是局部研究，某个住区案例、某种特征的住区，或者一定研究空间范围内的住区，其形成与演变的特征。

1. 整体研究部分

颜紫燕的《1949—1990 年广州住宅发展史》主要分析了第一个五年计划时期（1949—1957 年）、第二个五年计划时期（1958—1966 年）、十年动乱时期（1966—1976 年）、全面改革开放时期（1977—1990 年）4 个时间段 19 个典型住区的住宅建筑的特征。赵洁的《广州地区 90 年代住宅小区研究》则弥补了颜紫燕对房地产热时期的研究空缺，总结出"市场力"策动下的住宅小区的物质空间特征。刘华钢的《当代广州城市住宅建设与发展的研究》分别探讨了近代、社会主义计划经济时期（1949—1978 年）、改

---

❶ 赵善德 . 全方位动态地考察广州——评《广州城市发展史》[J]. 岭南文史，1997（3）：62-63。

革开放之初（1979—1991 年）、社会主义市场经济时期（1992 年以后）4 个时间段中广州城市住宅建设与发展，重点分析了后三个时间段的住宅类型的发展与变化规律。胡冬冬的《1949—1978 年广州住区规划发展研究》和矫鸿博的《1979—2008 年广州住区规划发展研究》则是协同研究的成果，两部研究以重大历史事件"改革开放"为时间分割点，分别探讨了中华人民共和国时期广州所建设住区的形态特征。分析过程是以住区的平面形式与建设背景为基础进行分类别研究，也关注住宅建筑的特征，大部分的讨论是针对住区形态特征的要素而展开，例如内部道路结构、绿化、住宅建筑群体的组织结构等。另外，李风珍的《广州市居住空间演变模式与机制研究》按照广州居住用地自 1840 年以来的扩展特征，划分出 4 个演变阶段：逐步往外扩展阶段（1840—1948 年）、生产与居住有计划地布局阶段（1949—1978 年）、蔓延阶段（1979—1991 年）、扩展与填充阶段（1992—2004 年），并且分析了 4 个阶段住区扩展的动力机制，第一阶段是小商品市场机制下的小尺度空间布局，第二阶段为以政府指令为源动力扩展的新村式和单位式住区，第三阶段是大型项目引导下双轨发展（住房的福利分配与商品化供应），第四阶段是政府通过规划引导下住区品质提升、垂直增长与居住空间分异。

2. 局部研究部分

余帆的《广州东湖新村对国内住房商品化背景下的住区规划设计的启示》是单个住区的物质特征研究。由于广州东湖新村在我国住房建设历史上具有转折点意义，作者阐述了其形态特征以及代表的住建经验对之后的住区规划设计与建设的影响。王敏的《广州市华侨新村地区城市形态演变及动因研究》则是应用康泽恩城市形态学分析广州华侨新村的形态形成与演变，得出华侨新村的形态框架与建筑类型都受到英国花园式郊区（Garden Suburb）建造经验影响的结论。廖媛苑的《广州新河涌城市形态演变研究》则以城镇平面分析法探讨了不同时间截面中新河涌地区的形态特征，从而总结出形态演变的规律并发现计划经济时期的"形态学单元"的稳定性较低。钟诗颖的《广州市新河浦地区街道空间形态研究》则运用"空间句法"（Space Syntax）分析了新河涌地区地平面的街道系统特征，并总结出两个值得关注的结论：①开发主体、土地制度、自然环境等因素深刻影响着地区的街道系统形态的演变；②街道系统形态对地块的规模、形状、容积率、使用特征有较强的影响力。林冲博士的《骑楼型街屋的发展与形态的研究》细致分析了骑楼的构造以及外立面的特征，总结出骑楼的建筑类型原型和在广州成型和本土化的过程，以及演变的推动因素。

3. 规划建设方面

张洪娟的《民国时期广州市住宅规划问题初探》主要集中于 20 世纪 20—30 年代，广州市政当局对解决当时的居住问题制定的措施及实践案例，并评析这些措施所带来的影响。孙翔博士的《民国时期广州居住规划建设研究》从民国时期广州市政当局对住区建设的规管和实际建设情况，梳理出广州现代意义的城市规划对住区建设的引导与管理，并指出将住房作为公共保障是当局制定公共政策的重要部分。

4. 房地产业发展方面

王飞的《晚清外国在广州的房地产研究》还原了清末民初国外列强，特别是英国人在广州建房的轨迹，从中可以了解到广州"原汁原味"的西方建筑由来。杨国强的《近代广州房地产发展研究》探讨广州的外国人、公有和私有房地产的特征，主要突出了华侨在广州近代房地产发展的影响。

5. 形态类型方面

最近，也有研究部分应用了形态类型的分析框架探讨广州旧城区的住区特征。黄慧明的《广州旧城形态演变中的规划调控机制及优化探讨》的部分研究应用了形态类型分析法。其研究重点是把形态学单元归纳成不同的类型，探索出针对广州旧城区的城市形态设计的干预控制方法。

6. 其他

除此之外，还有周春山等学者 ❶ 关注了现代广州房地产，特别是商品房的空间分布特征与结构，以及影响这些特征的各种因素；周素红等学者 ❷ 分析了居民的出行行为（工作、消费）与现代广州住宅分布之间的关系。这些研究都有利于深入认识住区空间分布、结构与相关内在因素的相互作用。

以上列举的研究成果都有着不同的切入视角：历史、历史地理、人文地理、建筑设计，城市规划等。通过梳理这些研究成果，可以看出广州住区的研究现状有以下特征：

首先，通过众多不同学术背景的学者的努力，广州住区的研究已经涉及住区的物质空间特征的各方面以及住区建设过程中各个层面，并梳理出住建活动的影响因素及其动力机制，其中，也有一定数量的应用城市形态学、建筑类型学以及形态类型学理论的案例研究。

其次，是有待深入的方面。以上大部分研究在研究对象和研究时间方面都带有一定的"片段性"。例如，研究的住区被限定为某个案例、某个范围，而研究时间段也被限定在连续的重大历史事件之间。针对住区的物质形态特征与变化的连续性、动态性的综合分析和对比研究还存在一定的空白。

1.5　研究目的

本研究的最主要目的，是通过形态类型分析法对构成广州住区形态各种基本空间

---

❶　周春山，马跃东，邓世文，等 . 广州市区商品住宅空置现状与成因分析 [J]. 经济地理，2003（5）:689-693；周春山，罗彦 . 近 10 年广州市房地产价格的空间分布及其影响 [J]. 城市规划，2004（3）:52-56；周春山，陈素素，罗彦 . 广州市建成区住房空间结构及其成因 [J]. 地理研究，2005（1）: 77-88。

❷　周素红，闫小培 . 广州城市居住 - 就业空间及对居民出行的影响 [J]. 城市规划，2006（5）: 13-18，26；周素红，刘玉兰 . 转型期广州城市居民居住与就业地区位选择的空间关系及其变迁 [J]. 地理学报，2010（2）: 191-201；周素红，闫小培 . 城市居住 - 就业空间特征及组织模式——以广州市为例 [J]. 地理科学，2005（6）: 6664-6670；周素红，林耿，闫小培 . 广州市消费者行为与商业业态空间及居住空间分析 [J]. 地理学报，2008（4）: 395-404。

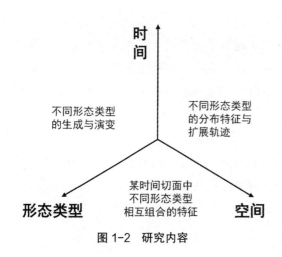

图 1-2 研究内容

单元（形态类型）作出一个动态的、互联的演变分析（图 1-2），弥补广州住区的物质形态特征与变化的连续性、动态性的综合分析和对比研究的空白。从研究内容来看，有三个重要方面需要深入认知：

（1）不同时间段或者时间截面之间，有多少种住区形态的类型，以及各种类型的形态特征？

（2）在历史进程中，不同的住区形态类型之间是否有传承关系，还是独立于其他？形态类型的形成是受到什么样因素的影响，如何广泛地存在于广州市内？如果不同形态类型之间是独立的，停止演变的原因是什么？

（3）这些住区形态类型在广州市内的分布情况是如何？是否具有一定的规律，或者聚集于某种形状的空间范围内？

在研究这些方面的过程中，需要关注几个要点：

（1）在物质形态层面，住区的大面积扩展首先从哪个形态构成要素为突破口？

（2）在形态演变较为稳定过程，哪些构成要素在约束着住区的演变，哪些要素是进行渐进式的演变？

（3）新的形态类型形成时，是受到什么要素影响，是为了解决什么的实际问题而出现？

本书有关广州住区形态类型的研究，细分目的也就体现于回应以上问题。

1.6 研究框架

本书的核心内容有三部分，第一部分是研究理论与方法，第二部分是住区形态类型的特征研究，第三部分是形态类型的演进（图 1-3）。各种住区形态类型的特征与演进的研究是互相依存，住区的特征是其演进过程的阶段性产物，而演进过程又是各种特征随时间推移变化的结果。虽然，"割裂"地审视两者会弱化构成形态的要素的动态变化特征，但是，住区形态类型的特征与不同时间段的土地所有制形式以及社会经济背景有着紧密的联系。本书将特征与演进分为两部分说明，也就基于这一出发点。

第 2 章是本书理论与方法的详细解析。从前面的介绍可以看出，形态类型学已有一定的研究框架，以及本土的案例研究。然而形态类型学的研究方法是形成于欧洲，与欧洲发达国家的政治经济与文化传统紧密结合。我国与这些发达国家发展水平与轨迹差异甚大，加之广州也有自身的特殊性。如果直接应用该框架，就如将植物直接移植到与其生长环境截然不同的土壤中，必定出现水土不服的情况。因此，对研究方法作出适当的修正有一定的必要性。

第 3 章到第 5 章，以前文划分的三个时间段为线索，分别研究各个时间段中主要的各种住区形态类型的特征。研究时，会关注住区的两大类研究要素，一种是主要构筑物，即住宅建筑类型，另一种是地平面的特征，而且会尽可能厘清各种住区形态类型的生成与自适应的过程，以及该过程中的建造经验和参与其中的主要塑造者情况。

第 6 章则是在之前 3 个章节讨论的基础上，总结出各种住区形态类型的历史与空间上的演进关系，并且以单个案例为基础，分析出本书所提及的主要住区形态类型是如何在特定的城市区域中互相协调共存，从而塑造出一种复杂而多元的住区地景。

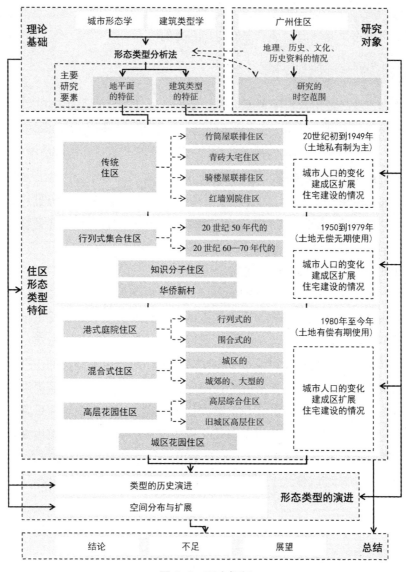

图 1-3　研究框架

1.7 研究意义

1.7.1 理论意义

欧洲的城市形态学与建筑类型学的理论体系虽然已经较为完善，但也存在一定局限性。毕竟这些研究理论是以欧洲发达国家的城建背景与研究传统为基础，当用于研究文化背景截然不同的地区时，能否一如既往地发挥作用仍是一个值得商榷的问题。撰写本书希望可以在一定程度上拓宽这些城市形态研究理论的应用范围，为城市形态的跨文化对比研究提供有一定参考意义的研究成果，也是为完善我国的城市形态研究理论进行的一次尝试与探讨。我国城市的形成过程有其自身的特征，现阶段正是我国城市急速扩张和发展时期，城市形态在外部轮廓和内部结构方面都发生着剧烈的变化，加上新的时代背景所产生的影响因素不断增加和越发复杂。寻找出立足本土、符合时代特征的城市形态研究理论，是异常迫切和必要的。

1.7.2 实践意义

城市规划是统筹城市建设的重要手段，而历史上，该手段所沿用的思想是一种"理想化"的研究分析基础。例如，"城市美化运动"是基于场所的"艺术性"塑造，"田园城市运动"是一种乌托邦式的社会改良，"现代城市运动"是摆脱历史约束的建设，"新城市主义"则模拟历史肌理。❶ 而城市形态类型的研究，不仅对现存物质空间有很强的描述性（Descriptive），而且形态类型的综合性分析能最终形成各种物质空间结构特征的抽象性总结的"资料库"。从这个"资料库"中，各种参与城市建设的专业人士都可以"查阅"出各种建设实践的"处方"（Prescription），这些"处方"，可以用于应对需要不断回应各种周遭现存形态的建设问题。

广州住区的形态特征及其演进的研究，也是为更好地解释广州城市形态的过去与现在，为城市规划塑造适应现在与迈向未来的、可持续的城市形态提供依据。住区本身的3个特征，正好能与形态类型分析法紧密结合，解析出广州市物质形态主要构成要素的近百年来的变化特征，以及这个变化过程中，形态内部结构的演进。广州的历史建成区会继续存在，现在与未来的建设必然会进入一种与之关联的更宏观的城市性形态学意识。这种意识就是各种建设活动如何融入广州市特有的城市景观，哪怕是互相冲突，也应该意识到该建设项目是与什么样的存在产生冲突。城市规划就是这种意识的引导工程，形态类型分析法的认知结果就可以作为引导工程的基础。

---

❶ Stanilov K. Sustainability and urban morphology[J]. Urban Morphology，2003，7（1）：43-45.

第2章 形态类型分析法基本原理及本土化

20 世纪 50 年代末开始，欧洲形成了两种重要的研究城市形态的学派：以地理学为基础的英德形态因子研究传统，其中以康泽恩城市形态学为代表；以建筑学为基础的意法设计类型学，其中，卡尼吉亚继承穆拉托里的类型概念所发展起来的建筑类型学的影响较为深远。穆东在总结这两大类城市形态研究方法时，认为这些研究的物质对象是小至房间、庭院，大到城镇范围的形态；研究成果是记录渐进式演变后的城市形态，而且这些成果能很好地反映出物质形态与人类活动之间的辩证关系。她指出这些研究都关注形态与类型的关系，探究城市物质空间结构，既是形态学也是类型学。她继而使用"形态类型学"一词，用以称谓融合两大类学派后的新研究框架。❶1994 年，国际城市形态论坛成立，促使两种学派从个别学者的交流进入全面融汇的新纪元。但是经过 10 多年的探讨，这种分析方法仍然没有形成全面的研究框架以及相应的术语。

本书根据研究对象与范围，将英国康泽恩城市形态学与意大利的穆拉托里 - 卡尼吉亚建筑类型学融合成形态类型学分析法。需要强调，这两个学派已经由其追随者经过半个多世纪的努力，发展出更丰富的内涵与外延。而下文的介绍只是针对其理论创建者的基础思维及对住区研究相关的研究方法。对形态类型学研究框架的探讨也是基于这些思维的融合，目的是展示更核心的理论。

2.1 康泽恩城市形态学

英国康泽恩城市形态学是在 19 世纪 30 年由德国学者康泽恩所建立的，而他的研究思维深受德国形态生成的研究传统，特别是地理学学者施吕特尔和盖斯勒（W. Geisler）的研究方法的影响。1899 年施吕特尔发表了两篇德语论文，其中一篇是关于他对扩展人类聚居地的地理学研究的见解 ❷，有着纲领性的重要作用，另外一篇是关于

---

❶ Moudon A V. Getting to know the built landscape: typomorphology[M]//Franck K A, Schneekloth L H. Ordering space: types in architecture and design. New York: Van Nostrand Reinhold. 1994: 289-311.

❷ Schlüter O. Bemerkungen zur Siedlungegeographie[J]. Geographische Zeitschrift. 1899, 5: 65-84.

城镇的地平面（Ground Plan）的研究❶，该文以弗里茨（J. Fritz）早期的研究成果❷为基础，提出城镇平面（Town Plan）中现存的部分可以用于认知其发展状态，而后者深远地影响到康泽恩的研究思维。康泽恩在德国哈雷大学（University of Halle）求学时，施吕特尔也曾指导其论文。这种经历使康泽恩能更加深入地理解施吕特尔的研究思维。1932年，康泽恩向柏林大学（University of Berlin）递交论文❸，其中他以彩色地图式记录方法标记了柏林北部12个城镇的建筑形式。而该方法是深受盖斯勒❹在研究但泽（Danzig）内城所使用的研究所影响。随后，康泽恩到达英国，以他在德国学习到的研究方法继续对英国城镇形态进行分析，最终形成了重要的德国形态生成研究方法的学术分支。

2.1.1 "顺叙式"的研究方法

康泽恩的城市形态研究框架主要体现在英国三个城镇形态研究的成果中，分别是纽卡斯尔（Newcastle）❺、安尼克（Anlwick）❻和拉德洛（Ludlow）❼。纽卡斯尔中心区形态研究主要是阐明如何从历史地图中追踪出城镇的形态演变。该研究通过分析市中心建筑覆盖、地块布局和街道系统的历史演变，总结出建筑填充地块的历史周期，以及两种再开发（Redevelopment）特征：适应式（Adaptive）更新和附加式（Augmentative）更新。❽而在安尼克的形态研究中，康泽恩全面展示了城市形态的研究框架与研究方法，并制定出描述各种形态特征的专业术语以及定义了城镇景观演变的空间特征。随后，他在拉德洛的研究中进一步扩展了形态研究的方法，更全面地考量各种城镇地景的物质空间特征。

从康泽恩的研究成果可以看出其研究方法带有明显的"顺叙性"：从形态的形成之初开始追踪其变化来理解当下的城镇地景的形态，在形成过程中被抹除的形态，与这个过程中留下的各种"痕迹"（Survival），是理解城市形态演变更为重要的线索。❾同时，

---

❶ Schlüter O. Uber den Grundriss der Städte[J].Zeitschrift der Gesellschaft Für Erdkunde zu Berlin，1899，34：446-462.

❷ Fritz J. Deutsche Stadtanlangen[M]. Strassburg: Beilage zum Programm 520 des Lyzeums Strassburg，1894.

❸ Conzen M R G. Die Havelstädte[Z]. University of Berilin，1932.

❹ Geisler W. Danzig: ein siedlungegeographischer Versuch[M]. Danzig: Kafemann，1918.

❺ Conzen M R G.. The plan analysis of an English city centre[M]//Norborg K（ed）. Proceedings of the I.G.U. symposium on urban geography，Lund，1960. Lund Studies in Geography B，1962：383-414.

❻ Conzen M R G. Alnwick，Northumberland: A Study in Town-plan Analysis[M]. Institute of British Geographers，1969.

❼ Conzen M R G. Morphogenesis，morphological regions and secular human agency in the historic townscape，as exemplified by Ludlow[M]//Denecke D，Shaw G. Urban historical geography. Cambridge: Cambridge University Press，1988.

❽ 适应式更新，就是一种以更新范围内的原有肌理为出发点的城市更新，即更新后的城市肌理还是带有原来的肌理特征；附加式更新，就是一种类似"推倒重建"的城市更新。

❾ Whitehand J W R. The Changing Face of Cities: A Study of Development Cycles and Urban Form[M]. Basil Blackwell，1987.

他强调认知各种城镇地景特征的过程中，必须兼顾到历史（时间维度）的作用。因为只有在历史进程中，地表的各种物质空间系统才能形成和重塑出独特的外貌。而且，以此为基础，城镇地景中各种特殊区域才可以被人们所识别和认知。❶

　　康泽恩的研究方法需要理解城市地景中不同组成部分的内在关系，以其物质空间特征，最重要的是历史进程中是否以及如何被改变为原则，划分出不同的单元。不同的组成部分被定义为"形态复合"（Form Complex），分别是地平面（Ground plan）、建筑形式（Building Form）、土地与建筑的使用功能（Land and Building Utilization）。通过各种历史地图与资料，结合逐个地块与建筑的场地调查来研究地平面的三种元素复合（Element Complex）：街道系统、地块分布和建筑覆盖（图 2-1），划定出地平面

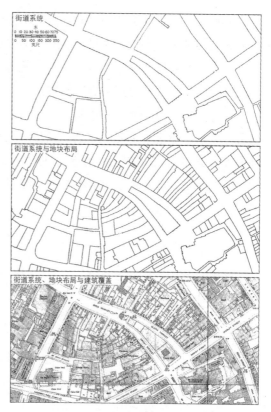

图 2-1　地平面的三种元素复合

来源：The plan analysis of an English city centre，
笔者重新绘制

单元（Plan Unit）格局。再综合其他两种形态复合，导出形态学单元（Morphological Region/Landscape Unit）。❷ 形态学单元，不是三种形态复合的机械叠加，而是对三者综合理解后的结果。通过这些单元可获悉城镇平面是如何变成现存的面貌，随时间迁移而改变，不同的元素复合是如何调和彼此而共存。

　　形态学单元具有层级（Hierarchy）关系，这是源于城镇景观的分层结构。城镇景观由三种形态复合构成，城镇平面以形态学框架（Morphological Frame）的形式容纳或者固定着房屋肌理和土地使用布局，而房屋肌理又是一种容纳大部分重要土地使用功能的形态学框架。❸ 通过三种形态复合的特点，可以定义出某个城镇地区各种建成物的相似性。在相同或相近的建设时期，应用类似的建设方法满足类似的人类活动与

❶ Conzen M R G，Conzen M P. Thinking about urban form: papers on urban morphology，1932-1998[M]. New York: Peter Lang，2004.

❷ Whitehand J W R. The structure of urban landscapes: Strengthening research and practice[J]. Urban Morphology，2009，13（1）：5–27.

❸ Conzen M R G. Morphogenesis and structure of the historic townscape in Britain[M]// Conzen M R G，Conzen M P. Thinking about urban form: papers on urban morphology，1932-1998. oxford New York: Peter Lang，2004.

需求的城市建成区，其街道格局、地块划分方式与规模、建筑的形式、覆盖地权范围的方式及覆盖率是趋向一致的。根据这种一致性可以划分出不同的同质单元，而不同的同质单元又会被包含于更高级别和更普遍的同质单元中。在这种理解下，建成区会呈现出同质单元的马赛克式拼贴景象。

大部分的形态分析，平面单元、土地与建筑的使用功能两种形态复合的分析就基本可以导出"形态学单元"。然而，康泽恩在拉德洛的城镇景观分析研究中 ❶，曾把三种形态复合的分析结果系统性地结合一起划分出复杂的形态单元（图 2-2）。通过这种复杂的分析，拉德洛的城镇景观被划定出 5 个层级的形态学单元。但是这种方法需要丰富的实例研究经验，并耗费规划部门大量的时间进行研究，因此，并没有被广泛应用。❷

图 2-2　拉德洛的三种形态复合分区与形态学单元

来源：Morphogenesis，morphological regions and secular human agency in the historic townscape，as exemplified by Ludlow，笔者重新绘制

❶　Conzen M R G. Morphogenesis, morphological regions and secular human agency in the historic townscape, as exemplified by Ludlow[M]//Denecke D, Shaw G. Urban historical geography. Cambridge：Cambridge University Press，1988.

❷　Whitehand J W R. Conzenian urban morphology and urban landscapes[C]//Proceedings，6th International Space Syntax Symposium，Ýstanbul，2007.

这种"顺叙式",通过城镇景观中的三种形态复合的综合分析,划分出要素的空间结构与组织方式相似的单元的方法,被定义为"城镇平面分析法"(Town Plan Analysis)。

2.1.2　针对住区的形态学研究

英国的形态学研究有三个方向:康泽恩学派理论的梳理、城镇形态的研究、决策制定(Decision Making)与形态之间的关系,并且会涉及形态塑造者(Maker)的研究。[1] 其中,针对住区的形态学研究的大部分成果是集中在后两方面。

1. 物质空间特征的研究

地平面、建筑类型和功能用途是理解物质形态的三种形态复合。但是针对英国的住区,除了商业街(Shopping Parade)的建筑是商住混合,全部都是纯居住,功能用途非常单一。

形态学针对类型的研究,不是单一地看待某种类型的形态特征,更加考量一定范围内住宅类型的同质程度。怀特汉德和卡尔(M. H. Carr)在剖析两次世界大战之间的时期[2]郊区建设的理想状态与实际建设的差异时[3],记录了伯明翰与伦敦两地各12个住区内住宅类型的相似性(图 2-3)。虽然该记录还不足以认定住区建筑类型的同质程度是否和区位、建设历史有着必然的联系,但是这种研究思维为住区形态多样性的对比研究提出了一个新的度量手段。

地平面的研究会关注到地块、建筑覆盖、地块系列(街廓)、街道系统的特征。

住区地平面的街道系统研究主要是进行对比分析。这种研究是以图示方式展示城镇中不同区位的住区的街道系统特征(图 2-4),并以此为基础进行讨论。有些关于地块与建筑平面投影之间的关系,如康泽恩对安尼克的Burgage[4]的建筑填充地块的周期性研究[5]与斯莱特(T. R. Slater)对中世纪城镇的地块边界的度量分析[6](图 2-5),可以算是一种特殊的住宅地块研究。特别是斯莱特的研究,将实测的地块宽度通过其数理关系的对比分析,追踪出在最初地块划分之时的理想状态的地块宽度以及当时实际划分的宽度。

---

[1] Whitehand J W R. British urban morphology: the Conzenion tradition[J]. Urban Morphology,2001,5(2): 103-109.

[2] 两次世界大战之间的时期(Inter-war Period)指的是第一次世界大战和第二次世界大战之间的时期,即1919—1939年,期间曾有过快速经济增长,被称为"咆哮的20年代"。

[3] Whitehand J W R,Carr C M H. England's inter-war suburban landscapes: myth and reality[J]. Journal of Historical Geography. 1999,25: 483-501.

[4] Burgage 是英格兰和苏格兰中世纪自治城镇的地块,专属于当地的君主、贵族,都是面宽窄,进深很大的地块。

[5] Conzen M R G. Alnwick,Northumberland: A Study in Town-plan Analysis[M]. Institute of British Geographers, 1969.

[6] Slater T R. English medieval new towns with composite plans[M]//Slater T R. The Built Form of Western Cities. Leicester: Leicester University Press,1990.

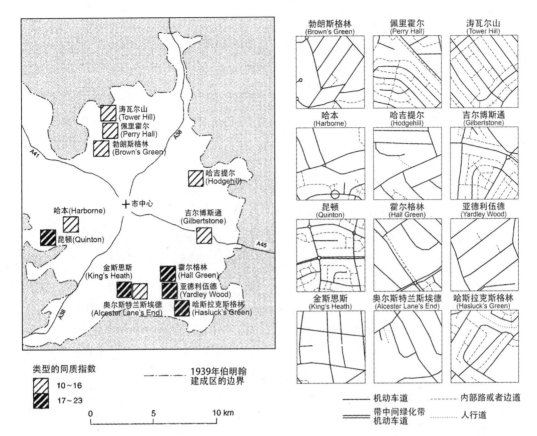

类型的同质指数
■ 10~16
■ 17~23

——— 1939年伯明翰
建成区的边界

0　　　　5　　　　10 km

图 2-3　伯明翰 12 个住区的建筑类型同质情况

来源：Ergland's inter-war suburban landscapes：myth and reality，笔者重新绘制

——— 机动车道　　　-------- 内部路或者边道
═══ 带中间绿化带　　　......... 人行道
　　　机动车道

图 2-4　伯明翰 12 个住区的道路系统

来源：Ergland's inter-war suburban landscapes：myth and reality，笔者重新绘制

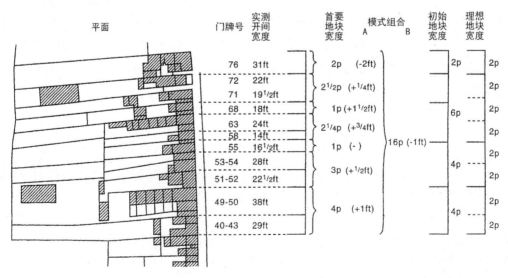

图 2-5　拉德洛的劳尔伯拉德街（Lower Broad Street，Ludlow）地块边界的度量分析

来源：English medieval new towns with composite plans，笔者重新绘制

以上的研究是一种静态的研
究，而更多关于住区地平面的研
究是动态的、综合的研究。一方
面是建立空间模型来总结住区地
平面特征的空间分布趋势。这类
研究，主要有肯辛顿（Kensington）
的地块规模分布特征的研究。研
究人员通过实例研究证实了时间、
与市中心距离和地块规模三者之
间的一个联动模型（图 2-6）。❶
该模型说明了经济繁荣时期，住
区以大地块为主，而经济萧条时
期，住区则以小地块为主；而住
区地块面没有因远离市中心而变
大的规律。

另一方面，是关于地平面变
化的系统分析。怀特汉德和卡尔
发现联排住区的街道布局很少会

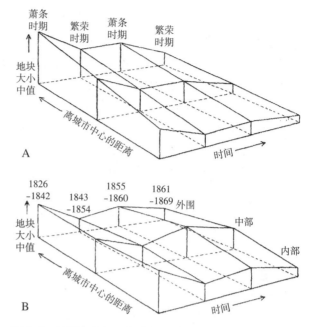

图 2-6　地块大小与开发时间、离城市中心距离之间的关系

A- 预测模型；B- 实际模型

来源：Building activity and intensity of development at the urban
fringe：the case of a London suburb in the nineteenth century，
笔者重新绘制

被改变，除非整体再开发；低密度住区则有更多的空间进行地块细分和置入新道路：大
型地块将会被细分成小地块，长地块会从尾部开始被分割成小地块，宽地块则通常被
分割为若干长地块。❷ 伯明翰与伦敦两个城市间不同地区的对比研究发现，再开发、填
充和扩充或细分现有的住房是提高容积率三种基本进程。❸ 拉克汉姆（P. J. Larkham）
和琼斯（A.N. Jones）对伦敦诺斯伍德（Northwood）的住区地平面研究也证实了类似
的情况（图 2-7）。❹

住区微观形态学（Mircomorphology）的研究，主要关注住房的改建、扩建和增
建的情况与邻里影响（Neighbour Effect）。邻里影响是发生在一片住区内，个别房屋
的改造或者建造的方式随后会影响到大部分房屋的改造或建造，最后使整个住宅区出
现新的特征。这方面研究成果主要是怀特汉德一项对 8 个住区的形态变化的研究。怀
特汉德通过"建设许可"（Building Application）总结出这些房屋被摘掉或替代单个或

❶ Whitehand J W R. Building activity and intensity of development at the urban fringe: the case of a London suburb in
the nineteenth century[J]. Journal of Historical Geography. 1975，1：211-24.
❷ Whitehand J W R，Carr C M H. Twentieth-century suburbs: a morphological approach[M]. Routledge，2001.
❸ Whitehand J W R，Carr C M H. The changing fabrics of ordinary residential areas[J]. Urban Studies，1999，36（10）：
1661-1677.
❹ Larkham P J，Jones A N. Strategies for increasing residential density[J]. Housing Studies. 1993，8（2）：83-97.

者多个烟囱、更替前门、添加或者更替前门门廊、更换屋顶、更换单个或多个立面窗户、住房扩建以及前院改造情况。❶ 而这些要素的变化都是微观形态学需要深入研究的。1992—1994 年进行的一项更详细的场地调查❷ 最终揭示出建筑密度与邻里影响强度之间的关系。该调查发现了低密度开发的住区，邻里影响的强度较低，而高密度开发的住区，邻里影响的强度较高（图 2-8）。

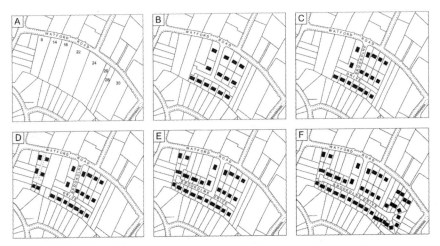

图 2-7　地块重组的类型：逐个地块重组期间的分割和融合

来源：Strate gies for increasing residential density，笔者重新绘制

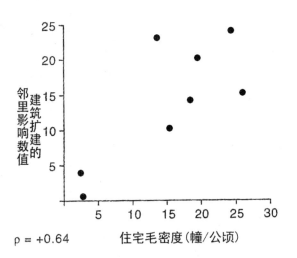

图 2-8　邻里影响与住宅密度的关系

来源：Changing suburban landscapes at the microscale，笔者重新绘制

❶ Whitehand J W R. Changing suburban landscapes at the microscale[J]. Tijdschrift voor economische en sociale geografie，2001，92（2）：164-184.

❷ 该调查是由卡尔（C. M. H. Carr）、霍恩（M. D. Hone）、莫顿（N. J. Morton）、桑兹（O. M. Sandes）和怀特汉德（J. W. R. Whitehand）众人结合地方建筑控制记录（Local Authority Building Control Records）和场地调研完成。

2. 住宅建设与经济活动的关系

在时间维度上考量住区建设活动的研究，可以显示出特定时间内的地景发展与停滞的波动特征。这些研究大多数先由社会学家完成，地理学背景的学者随后也探究了住建方面的波动特征（图2-9）。[1] 怀特汉德还尝试将这些波动特征与经济活动的波动特征相结合[2]，从而将形态学研究扩展到经济领域。他勾勒了一张世界图示，展示出工业时期的住宅与非住宅建设活动的波动特征（图2-10）。这项研究是以资本形成数据（Capital Formation Data）为基础，包括澳大利亚的毛资本形成数据（Gross Capital Formation Data）、美国的房屋建筑面积或价值（Value or Floor Space）和英国的净资本形成数据（Net Capital Formation Data）或者毛国内资本形成数据（Gross Domestic Capital Formation Data），通过综合对比而完成的。这些研究刚好可以支持一个观点：住宅建设与非住宅建设波动性是交替出现的，即重要的非住宅建设活动会在住宅建设活动的低潮时期相对活跃。

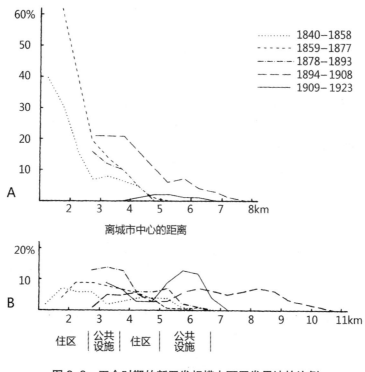

图 2-9　五个时期的新开发规模占可开发用地的比例

A- 住房开发；B- 公服开发

来源：Building cycles and the spatial pattern of urban growth，笔者重新绘制

[1] Whitehand，J.W.R. Building cycles and the spatial pattern of urban growth[J]. Transactions of the Institute of British Geographers，1972，56：39-55.

[2] Whitehand，J.W.R. Fluctuations in the Land-Use Composition of Urban Development during the Industrial Era [J]. Erdkunde，1981，35：129-140.

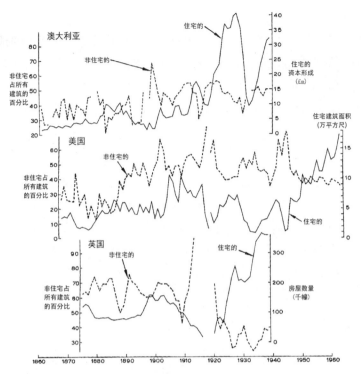

图 2-10 澳大利亚、美国和英国住宅与非住宅建设的波动情况

说明：实线表示住宅建设情况，垂直轴数值在右侧；虚线表示非住宅建设情况，垂直轴数值在左侧。

来源：Fluctuations in the Land-Use Composition of Urban Development during the Industrial Era，笔者重新绘制

3. 塑造者（Maker）的影响

塑造者影响的研究，主要是通过两种群体来探索他们对住区形态变化的影响。第一种群体是研究住宅的使用者和业主（自住）；另一种群体则是建造住宅的个人和团体（Agents and Agency），也就是土地拥有者、业主（投资）、设计者和开发商（含工匠）。

有关使用群体方面，斯莱特以英国乡郊城镇边缘的 2 栋别墅为对象，考察了家庭周期（Family Life Cycle）与塑造者方面的特征。❶ 通过该研究，发现了亲属关系、家庭周期对房屋的建造和改建的决策制定有着直接的联系。另一项塑造者特征的研究，则关注使用者交替情况与住房改变的关系。❷ 该研究中，使用者的交替或者搬离情况（图 2-11）主要是从人口普查结果入手，分析过程，还利用针对当下使用者的访谈（包括他们的婚姻状态、职业、是否退休或待业、他们的子女数量与大概年龄）以及选民登记资料（显示每年有资格投票的选民名字）。这些分析结合微观层面对住宅形态变化的考量，揭示了塑造者的特征在一定程度上左右着邻里影响。

❶ Slater T R. Family，society and the ornamental villa on the fringes of English country towns[J]. Journal of Historical Geography，1978，4（2）：129-144.

❷ Whitehand J W R. Changing suburban landscapes at the microscale[J]. Tijdschrift voor economische en sociale geografie，2001，92（2）：164-184.

　　怀特汉德在一项外伦敦住区景观变迁的研究中，首先统计了研究区域中各种建造群体特征以及比例，对其所提出的住区发展方案与实际建设状态作对比，揭示出住区景观的演变是各种团体的建设愿景冲突协调的结果。❶ 这个研究成果，让怀特汉德更加关注建造者在英国城镇住区建设的作用。❷ 他发现两次世界大战之间的时期住区景观的快速变化，是与建造群体主体变换有一定关系。这种变化是开发者从独立家庭、团体转换为开发公司，他们聘请的大部分建筑师从本地的转换为非本地的，等等。前文介绍的商住混合建筑的研究❸，通过"建设许可"获得各栋住宅的开发者、业主、使用者和建筑师所属地的信息，并将建筑形式与这些信息对应起来（图 2-12），而这也是一种揭示住宅形式与建造群体之间关系的方法。

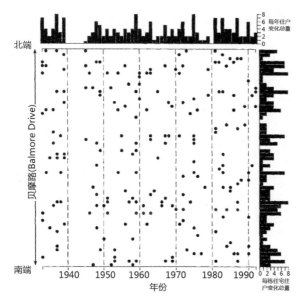

图 2-11　1933—1992 年雷丁贝摩路（Balmore Drive，Reading）的住户变化

来源：Twentieth-century suburbs: a morphological approach，笔者重新绘制

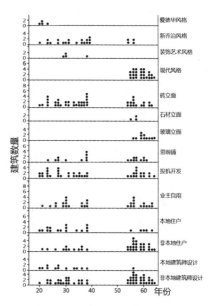

图 2-12　1916—1965 年沃特福德中心的建筑的形态，业主和设计者的特征

来源：Commercial townscapes in the making，笔者重新绘制

　　怀特汉德和卡尔对郊区住宅的研究❹，以及罗杰（R. Rodger）对英国住宅的研究❺中，都注意到土地所有者、开发商、营建商和建筑师与郊区的形成有着千丝万缕的关系。

❶ Whitehand J W R. Makers of the residential landscape: conflict and change in outer London[J]. Transactions of the Institute of British Geographers，1990：87-101.

❷ Whitehand J W R. The makers of British towns: architects，builders and property owners，c. 1850–1939[J]. Journal of Historical Geography，1992，18（4）：417-438.

❸ Whitehand J W R. Commercial townscapes in the making[J]. Journal of Historical Geography，1984，10：174-200.

❹ Whitehand J W R，Carr C M H. Twentieth-century suburbs: a morphological approach[M]. Routledge，2001.

❺ Rodger R. Housing in urban Britain，1780-1914[M]. Cambridge University Press，1995.

在英格兰与威尔士，土地有两种保有方式（权属）——租赁业权（Leasehold）或永久业权（Freehold）。在租赁方式中，土地与物业在租赁期结束后都会回归到原有土地所有者名下。19世纪期间，许多土地所有者都偏向于出租其土地，而20—21世纪之间，获得永久业权的方式才逐渐普遍。怀特汉德曾经尝试确定不同的土地保有方式是否会引致不同的住区开发方式。但是，在背靠背式（Black to Black）联排住房❶这种特殊的高密度开发住区中，两种土地保有方式都存在，因此也很难确定不同的保有方式是否直接影响到不同的物质形态。

开发者获得土地后会开始敷设基础设施、管道，铺开道路系统。整个区域会由开发者自行开发，或者划分成地块售卖给独立的业主并由他们进行自建。有些针对开发者的研究开始关注两次世界大战之间的时期房地产公司的状况，包括整个行业中房地产公司的数量、成立背景、雇员数量的变化。

尽管有学者认为郊区是一个住建过程的产物，而不是被设计出来，即郊区的形成是鲜有建筑师的专业介入❷，但是其他学者还是保留意见。通过对利兹（Leeds）获批的建设申请的分析，特罗韦尔（F.Trowell）发现申请中82%的住房是由建筑师完成，而且这些建筑师在1866—1914年这个研究时间段中有参与城镇中心规划或设计工作（可以认为他们都是专业的建筑师）。❸但科利尔（R. N. Collier）针对阿默舍姆（Amersham）的同类型研究，则没有显示出类似的结果。❹

建造群体的研究还处于起步阶段，很多研究方法和假设都有待系统性的深入探讨，而且一些阶段性的结论还有待更多实例验证。然而这种探讨住区物质特征背后的影响因素的角度和方法非常值得加以重视并展开深入探讨。

2.2　穆拉托里-卡尼吉亚建筑类型学

穆拉托里 - 卡尼吉亚建筑类型学的研究方法是以穆拉托里研究与理论为基础，再由其学术追随者卡尼吉亚将其完善而成的。20世纪40年代，穆拉托里就以意大利的传统城镇的建设过程为分析对象，建立起一套设计理论的基础。1952年，穆拉托里到达威尼斯参与"建筑特征分布"的专业研究小组，而这一经历使他的基础理论得到实证检验。1959年，他发表了《威尼斯的城市历史研究》（Studi per una operante storia

---

❶　背靠背式联排住房，即联排的每栋住宅（除两端的住宅）都是有三个共用墙面。

❷　Parkes C B. The architect and housing by the speculative builder[J]. Journal of the Royal Institute of British，Architect，1934，41：814-818.

❸　Trowell F. Speculative housing development in the suburb of Headingley，Leeds，1838-1914[M]. Publications of the Thoresby Society. 1983，59：50-118.

❹　Collier R N. A study of the residential growth of Amersham and Chesham Bois，Buckinghamshire and the influence of architects and builders 1919-1929[D]. Birming ham: University of Birmingham，1981：7.

urbana di Venezia）❶，阐明了威尼斯动态城市史研究时所用到的类型（Type）、肌理（Fabric）、组织（Organism）和操作性历史（Operative History）的概念。1963 年，以穆拉托里为主要负责人的团队出版了《罗马的城市历史研究》（Studi per una operante storia urbana di Roma）❷，这是威尼斯的研究方法和概念的进一步检验与扩展。他明确指出，建造的各种观点、选择与行为必投影到既定的建筑及其相关联的外部空间，而这些物质要素的集合就是城市形式与结构。而针对这些物质要素的类型研究（Building Typology）是城市分析的基础，并且，这是以历史角度理解城市结构的唯一途径。卡尼吉亚，作为穆拉托里的主要追随者，在实证研究与设计实践中扩展这种分析方法。他认为人为环境（Human Environment）是由相互关联的建造客体（Built Object）所构成的。继而，他划分出 4 个层次来定义这些建成物：建筑（Edificio）、建筑群组（Tessuto）、城镇（Città）和区域（Territorio）。❸ 而且，每个层次的建成物都是一组要素、结构、系统和有机式组织的复合整体，层次之间是互相关联，互成机体紧密联系。❹

　　由于独特的认知观点，穆拉托里-卡尼吉亚的研究方法被城市形态学者称之为"类型学"，由于该方法关注到更局部的物质要素，如建筑和开敞空间；同时，也被建筑类型学者称之为"形态学"，因为是从建筑单体到区域整体，从建筑尺度到区域尺度来认知组织和构成。❺ 不管被归类到哪一个阵营，其研究理论与方法的根本，是以重构建筑自身结构的历史特征为基础，继而以一种历史角度考察由这些建造物及其关联空间（街道、开敞空间）组成的更宏观的物质空间的组织与构成方式。

2.2.1　类型

　　穆拉托里-卡尼吉亚建筑类型学的类型（Type）观点，可以追溯到穆拉托里的基础理论，他认为："首先，建筑类型（Architecutral Type）是一种以往经验的综合，或者是某种文化中特殊的自发意识，在时间和空间上都在不断变化。其次，房屋史（Building History）是一系列的自发性构建现象；另外，建筑史（the History of Architecture）是一系列的设计性构建现象……"❻ 穆拉托里坚持城镇的建造物及其关联空间也有类型之分，而且每种类型都是各自的物质空间特征的本质，能用于定义建成环境肌理（Building

---

❶ Muratori S. Studi per una operante storia urbana di Venezia[M]//I: Quadro generale dalle origini agli sviluppi attuali, Palladio，3-4 1959. 2nd edition.. Roma: Istituto Poligrafico dello Stato，1960.

❷ Muratori S，Bollati R，Bollati S，et al. Studi per una operante storia urbana di Roma[M]. Roma: Centro Studi di Storia Urbanistica，1963.

❸ 4 种层次名字的原文语言为意大利语。

❹ Moudon A V. Getting to know the built landscape: typomorphology[M]//Franck KA，Schneekloth. LH. Ordering space: types in architecture and design[M]. New York: Van Nostrand Reinhold. 1994：291.

❺ 沈克宁 . 建筑类型学与城市形态学 [M]. 北京：中国建筑工业出版社，2010：102，105。

❻ Cataldi G. Designing in Stages; Theory and Design in the Typological Concept of the Italian School of Saverio Muratori[M]//Petruccioli A Typological Process and Design Theory. Cambridge，Massachusetts: Aga Khan Program for Islamic Architecture，1998: 35-57.

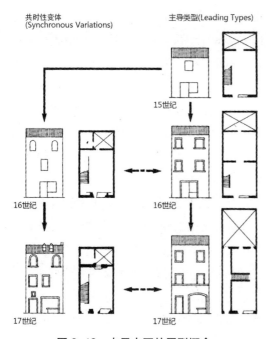

共时性变体
(Synchronous Variations)　　　　　主导类型(Leading Types)

15世纪

16世纪　　　　　16世纪

17世纪　　　　　17世纪

图 2-13　卡尼吉亚的原型概念

资料来源：Dialettica tra tipo e tessuto，笔者重新绘制

Fabric）。因此，他指出类型不是分类学中为了起实证作用而针对一系列实例所进行的提炼工作，而是用于预示一些变化的先验性的、内在的综合性构建。

随着穆拉托里的离世，其研究团队的成员进入到不同的学院，以其理论为基础展开独立的研究。其中，卡尼吉亚的研究的影响甚为广泛。卡尼吉亚的观点是关注维持城市各部分和其中原型（Leading/Initial Type）在形态上的连续性。[1] 他把城市的构筑物分成两种大类：基础类型（Basic Type）和特殊类型（Special Type）。住宅是所有城市肌理（Urban Tissue）的基础类型。基础类型会随着社会和经济条件而改变：当经济增长，房屋会因为要满足更多特殊的用途，而增加房间或空间，继而变得更加复杂。当经济放缓或衰退，这个过程会逆转：削减多余的功能与用途，房屋会变回一个简单的体系。这种演进，都是以原型为基础产生变异（图 2-13）。原型是所有人建造房屋时参照的理想结果，而与之最为接近的具象实体，是没有受到周边城市肌理单元干扰的传统住宅。特殊类型是各种有用特殊用途与功能的建筑，如宗教建筑或市政建筑，即公共建筑。

2.2.2　类型学进程

类型学进程（Typological Process）是一个特定时间段内某种类型变化的始末的重构。在这个特定的时间段里，类型的实质建成物之间可以形成连续性的差异。特殊类型（公共建筑），是其组成部分的渐进式的特殊化所催生的。因此，经常有可能某部分特殊化后，就足以形成一种新的原型，继而开启另一种特殊类型的演进轨迹。这种演变常常与功能、经济条件、社会条件，以及不同文化间的交流情况有所关联。而基础类型（住宅），由于深入社会和个人的各个层面，其类型学进程是一种只是概要性的历史式定义。

基础类型的类型学进程中有两种较为重要行动：被设计的（Designed）与自适应的（Adaptive）。先从原型的变异开始：处于一些特殊基地条件，例如在不规则的地块，地

[1] Levy A. The typo-morphological approach of G. Caniggia and his school of thought[J]. Urban Morphology, 1997, 1: 52-56.

块系列的端头、街区转角的地块或边坡上的房屋,容易产生一些新的"特例"。这种"特例"属于原型的变异体,产生的过程是一种被设计的行动。这些变异会进入平行演变进程(Parallel Process):"特例"成功应对特殊情况,被邻里仿效、推广。经过一定时间,"特例"被固定下来,成为原型的分异体,这就是自适应的过程。只要保证城镇持续发展,这些分异的类型会出现独有的形式,作为新的原型衍生出相继的类型。

随着城市发展,基础类型会出现两种重要的衍生轨迹。一种是在城市新区中,新的原型会"自我调整"来适应规划出来的新城市肌理;另一种是在平面格局上比较稳定的旧城中心,居民必须在稳固的城市肌理和为新需求而产生的新原型之间作出妥协。这种妥协可能会引起两种新的共时性的类型:在不改变内部和主体结构前提下把可变要素进行革新;第二种是推倒并重新建设。❶ 在特定的时间段里,这两种变化轨迹的实质建成物之间会形成带有延续性的差异特征。

可以看出,类型的演变中有个体演变和群体演变的区别,而且两者间存在密切的内生联系。克罗普夫的一些观点有助于理解其中区别与关联:"类型学进程是一种人们和周遭环境的互动作用结果,进程中会消耗人们的体力和脑力,因为类型不会自发地产生变异。"❷ 然而,人们的这些投入,总是偏向于产生差异性,即"'我'建造的东西应该是与众不同的"。每种类型并非是不断重复的某种差异性产生的集合,而只是一部分人依据某种共享概念(Shared Conception)而进行建设后的结果的集合。这种共享概念可以是一种心理图像或者观念,是人们回应周遭环境的媒介。类型学进程描述新建筑的出现,到更替,到检验,再到新建筑出现的反复并递进的一系列过程,像是一种生成与测试的过程。在描述类型学进程的时候,需要清晰区分类型和类型中的特例,群体和个体。

2.2.3 针对住区的类型学研究

首先,需要重申卡尼吉亚划定基础类型与特殊类型的初衷,因为,这是涉及住区研究与形态类型分析法的密切关系,并有助于理解类型学进程一些基本概念。

在建筑学,"建筑"(Architecure)与"房屋"(Building)代表了两种截然不同的价值观与建造体系。"建筑"是为特殊的使用功能、历史意义或文化意义而建造,带有强烈的"异质性",其设计者也一直被引导与训练出创造有别于其他构造物的技能。可以认为"建筑"就是公共建筑的集合。"房屋"则是一种大量存在的构造物,建造过程必然是通则式,可以等同于住宅。"'建筑'也是建成环境的一部分,可以算是一种'特殊存在'(Specialized Emergences,特殊的房屋)……(可是)城市不是那些少数存在

❶ Petruccioli A. Alice's dilemma[M]// Attilio Petruccioli. Typological Process and Design Theory. Cambridge, Massachusetts: Aga Khan Program for Islamic Architecture. 1998: 57-72.

❷ Kropf K S. Conceptions of change in the built environment[J]. Urban Morphology, 2001, 5(1): 29-42.

的'建筑'所构成的,而是由无数由不知名的'建造者'塑造的'房屋'所构成的。"❶
而穆拉托里 - 卡尼吉亚有关类型学的认知,更多是由"房屋"——建筑历史学者所忽
视的构造物——的阶段性与地域性的差异的历史性和系统性分析研究总结出来的。卡
尼吉亚的这种理解,把穆拉托里对类型的哲学性认知从"建筑"扩展到可以深入理解
人为构造体的整体——城市。❷

1. 研究要素

类型是在建造者的两种意识——自发意识(Spontaneous Consciousness)和批判意识
(Critical Consciousness)的作用下产生。❸自发意识是一种约定俗成的思维,是带有地域
性和历史性的群体式认知。例如,当建造房屋时候,最佳朝向、是否需要天井、是坡屋
顶还是平屋顶、色彩、美感认同等,都已经存在于建造者的深层意识中,不需多作思考。
批判意识,是建造者需要在既定方法中作出割舍,或者需要创造与借鉴新的手段来应对
建造过程的不利因素的思考。这两种意识,不论建造者是有意左右还是毫不知情,都会
同时作用在单个或多个构造物的建造过程。两种意识会最大限度地投影到住区的各种物
质空间特征上。因此,住宅与住区是了解这两种意识最合适的"切入媒介",从而理解
出类型,以及获悉人文、社会与经济因素对塑造城市物质空间的影响作用。

在分析过程中,住宅的平面形式、功能、结构、材质以及立面形式,都是理解住
宅的类型的要素。其中,房屋的平面形式最为重要,立面形式以及剖面次之,而这些
要素被称为"构造性格局"(Structural Arrangement)。通过综合分析这些要素,进而界
定出不同的类型,以及在时间维度和不同地域中理解类型学进程。平面形式是包含了
各个功能房间的大小以及组织方式,是人们日常空间使用习惯的集中体现。同种建筑
类型,虽然每栋住宅作为该类型的特例而存在,但其平面形式是有一种固定模式。房
屋的立面和剖面,都是平面形式的三维外延,其形式会更为多样,但是在相同的建造
时期和地区,由于建筑材质和建造技术是类似的,也会存在某种程度的相似性。

另外的研究要素,就是建设地块(Building Lot)和街区(Block)。建设地块是空
间的限定,用于分析房屋建设范围与院落空间的虚实关系。而街区则是由研究尺度,
以及相关要素的层次所决定。例如研究一系列房屋的类型学特征时,街区就是由道路
围合的空间;如果研究更大规模的城市建成区,街区则是模块式城市空间组成部分,
是多个前者以及其内部道路系统的组合。❹

---

❶ Caniggia G,Maffei G L. Architectural composition and building typology: interpreting basic building[M]. Frienze:
   Alinea Editrice,2001:33.

❷ Cataldi G. From Muratori to Caniggia: the origins and development of the Italian school of design typology[J]. Urban
   Morphology,2003,7(1):19-34.

❸ Caniggia G,Maffei G L. Architectural composition and building typology: interpreting basic building[M]. Frienze:
   Alinea Editrice,2001:43-47.

❹ Caniggia G,Maffei G L. Architectural composition and building typology: interpreting basic building[M]. Frienze:
   Alinea Editrice,2001:247,249.

综合分析以上各种要素后，可以理解城市肌理（Urban Tissue）。城市肌理是同种类型的房屋个体按照特定的有机组合方式协调在一起的城市空间模块，是一种城市空间单元。城市肌理也存有类型上的差异，而这些差异是其构成要素，特别是房屋类型的差异所产生的。既然空间模块是由相同类型的要素构成，则这种空间模块其实在建设之初就存在可预见或者确定的最终形态，实现这个最终形态的必要条件是同类型要素维持着渐进式构建。通过这种认知方式，并结合特殊类型（公共建筑）的研究，便可理解更宏观的城镇空间特征（类型）和区域聚居特征（类型）。

2. 分析方法

综合的对比分析是类型研究的最重要手段。而且，这种综合对比是建立在时间和空间维度上的。

类型是一种先验性（Priori）的存在，是一种自发意识。[1]这导致了房屋（实体，Object）就是一种特定文化背景下的先验经验在回应特定建设情况的个体表现。房屋作为这种经验的最终投影，其实在建设之初就被"设定"了。针对房屋的类型分析，是一种带有"滞后性"的研究。因此，需要通过不同时期房屋的不断对比，确定出后置与前置的房屋之间的差异，从而理解出哪些"经验"被继承，哪些是由于应对特定建设情况而出现差异性特征。如果房屋的这些特征存有连续性，则可以获得一组阵列图示（图 2-14）。建筑类型在不同情况下产生的个体差异，以及这些差异随着时间的推移再产生的差异，都在这个阵列图示中展现，各种差异之间的关系也变得一目了然。这种在时间维度上连续的综合分析，被称为"后验式分析法（Posteriori Analysis）"。[2]

当房屋实体的综合分析与类型的认知被桥接起来后，才开始进一步理解同类型的房屋是如何组合成街区，最终形成空间模块，即城市肌理。分析过程会用到一种特殊的历史地图资料，这种地图能显示街廓内部所有建筑首层平面形式，被称为全平面图（True Ground Plan）（图 2-15）。通过全平面图，可以直观看出在街区范围内，每栋房屋如何有机地构成一个协调的整体，即个体有机组成群体的过程。这种组合过程是具有独特的自我组织性。例如在街区转角处，建设地块会互相垂直，远离转角处的建设地块的长度也随之增加，形成一种 45° 的"拉链式"咬合状。而建设地块内部的房屋，即使是相同类型的实物投影，也会存在一定平面形式的差异，例如房间数量的差别，后院大小的差别，甚至没有后院。而在街区中段的房屋及后院的平面形式则趋向同质。需要指出一点，这种构建方式也存在"先验性"，可以理解为：只要由该类型的房屋有机组成的空间模块，在建设之初就由一种"自发意识"引领到一种被设定好的"形式"，而"批判意识"只会在一定程度上左右这种"形式"。

[1] Cataldi G. Designing in stages: Theory and Design in the Typological concept of the Italian School of saverio Muratori[M].//Petruccioli A（ed）.Typological Process and Design Theory[M]. Cambridge, Massachusetts: Aga Khan Program for Islamic Architecture, 1998: 35-57.
[2] Caniggia G, Maffei G L. Architectural composition and building typology: interpreting basic building[M]. Frienze:Alinea Editrice, 2001:51. Architecture, 1998.35-57.

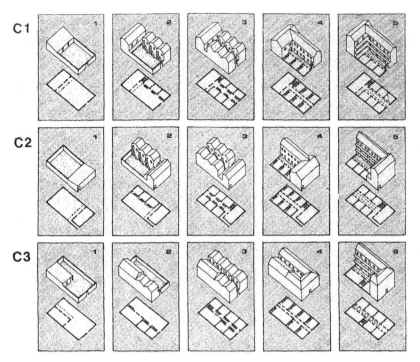

图 2-14　楼房进程（Isulea Process）中各种院落式住房类型的关系

资料来源：Typological Process and Design Theory

图 2-15　建筑类型学研究时的全平面图

资料来源：Architectural composition and building typology：interpreting basic building，P77，Table 1B

共时性（Synchronic）与历时性（Diachronic）是类型在时空中蔓延的两种特性。共时性可以简单理解为同一时期中不同区域出现同种类型的特性，表现为类型在地域性（空间）连续特征；历时性则是同一区域不同时期出现同种类型的特性，表现为类型的历史性（时间）连续特征。当两种特征反映到作为类型的实体投影的房屋时，则体现为共时性变体（Synchronic Variations）与历时性变体（Diachronic Variations）。

两种变体需要更为详尽的地域性、历史性的综合对比分析。从佛罗伦萨、罗马和热那亚三地的基础类型的演变特征（图 2-16）可以看出两种特性是如何投影到房屋上。以单个家庭的房屋为例，三个城市的房屋的原型是基本一致。但是在演变成多层楼房时，由于楼梯位置以及是否设置后院的差异，造成后来建设的房屋平面形式的差异，也导致了建筑立面上的差异，从而形成类型的变体。可以看出，横向所列出的都是历时性变体，而竖向列出的是同种类型的共时性变体。通过这样的矩阵对比，可以理解类型在时空维度上实体投影的变异情况。

2.3 形态类型分析法

从康泽恩城市形态学和穆拉托里-卡尼吉亚建筑类型学的介绍中，可以看出两个学派在研究要素，要素之间的关系，核心思

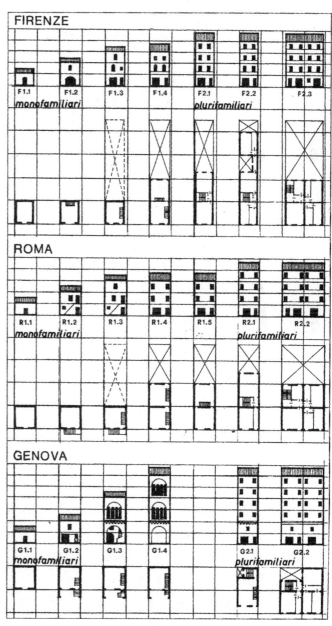

图 2-16 佛罗伦萨、罗马和热那亚的房屋主要历时性变体对比

说明：F1、R1、G1 为单个家庭住宅，F2、R2、G2 为集合住宅

来源：Architectural composition and building typology：interpreting basic building，P101，Table 13

维和最终成果等研究特征上是存在差异的（表 2-1）。这种差异是由于形态学的背景是人文地理，而类型学的是建筑学，以及理论发源地的地域差异所造成。

形态学与类型学研究特征对比　　　　　　　　　表 2-1

	康泽恩城市形态学		穆拉托里 - 卡尼吉亚建筑类型学
研究要素	地平面 （Ground Plan）	建筑平面（Building Block）； 地权地块（Plot）； 地块系列 / 街廓（Block）； 道路系统（Street）	构造性格局 / 平面与立面（Structural Arrangement）； 建设地块（Building Lot）； 街区（Block）； 道路（Route）； 基础 / 特殊类型（Basic/Special Type）
	建筑与土地使用功能（Utilization）； 建筑类型（Building Form）		
要素之间关系	形态框架（Morphological Frame）； 地平面、建筑类型、使用功能，逐层向下约束		建筑、街廓、城市肌理、城市、区域，逐层向上有机组合
核心思维	要素的形状，之间的组织方式和结构形式产生形态的异质性； 形成历史，社会和经济波动性推动差异的形成		自发意识与批判意识形成了类型及其变体； 类型可以作用于不同空间层次，使不同的空间层次也差生差异
最终成果	平面单元（Plan Unit）； 形态单元（Morphological/Landscape Unit）； 形态学周期（Morphological Period）； 城镇景观是由 CBD、居住区、边缘带（Fringe Belt）组成		类型的共时性与历时性特征； 城市肌理（Urban Tissue）； 类型学进程（Typological Process）； 城市、区域也存在类型的特征
研究目的	认知形态的形成与转变以及参与其中的各种团体的作用		形成可操作性的设计方法，实现类型的连续性

来源：Alnwick，Northumberland：A Study in Town-plan Analysis 和 Architectural composition and building typology：interpreting basic building，笔者重新绘制

形态学把分析重心放置于城镇景观的形态生成，偏重于概念性与结构性的分析，因此整个研究框架的逻辑较为严密。但是形成初期的形态学过于理性与严密，被一些重视物质形态深层次"艺术性"的形式主义的设计师与建筑学家认为过于局限，也有一些学者认为没有全面考虑经济力量的影响作用。[1]后来，以怀特汉德为主的地理学学者，已经完善了社会与经济变动所产生的建设周期与城镇景观变化之间的关系（部分研究成果见本书第 25 ~ 26 页）。

类型学是基于一种能应对现代建筑设计问题，以及城市设计的研究。[2]因此，整个研究重心偏向于认知训练与"可操作"（Operative）的重构。自发意识对应的类型与批判意识所产生的变体之间的解构关系,桥接起意识导向（实践主体）与物质投影（建

---

[1] 科斯托夫. 城市的形成：历史进程中的城市模式和城市意义 [M]. 单皓译. 北京：中国建筑工业出版社，2005：26。

[2] Cataldi G, Maffei GL,Vaccarop. Saverio Muratori and the Italian school of planning typology[J]. Urban Morphology, 2002，6（1）：3-14.

造客体）的关系，这种成果得益于穆拉托里受教育过程中的哲学训练。❶而且，研究空间层次的逐层有机构建，使类型学的研究能全面认知人类聚居空间是如何被最小物质单元所组建而成。

虽然两者之间存在差异，但还是存在共通与互补之处，而这种特征也是导出形态类型分析法的基础。

首先，在研究的时间法向上，是正向的、顺叙式的。从原型到变体，从形态的形成之初到其变化之末。而这种观念是理解形态演变过程的根本，是认知由各种社会经济、民俗文化变化所产生差异的实体投影的正确思维。

其次，人类聚居空间的物质元素结构方式在时间维度上都存有"段落式"的特征。其中形态学的"形态学周期"与"类型学进程"就是这种特征的概念性总结。这是由各种作用于物质空间特征的影响要素的周期性特征引发的。

最后，认为整个城镇建成区可以被划分成各种空间单元。如形态学中的"形态单元"与类型学中的"城市肌理"，都是类似的概念，用于描述构成方式相似的一系列研究要素集合。

2.3.1　研究思维

从形态学和类型学的核心研究思维（表 2-1），可以得出一个对城镇物质空间形态的"基础认知"，即城镇物质空间、社会和经济条件与形态塑造者之间存在相互的作用，而最终结果是推动城镇景观的生成与演变（图 2-17）。

以这个基础认知为前提，形态类型分析法可以被概括为：

形态类型分析法，就是一种从社会、经济以及文化的周期性变化分析城镇建成区的形态以及演进特征的分析法。其中，形态是由其构成要素的空间结构和组织方式所决定。社会、经济以及文化的特征会像"一只看不见的手"规范着特定时间段中整个建设过程，使最终建成形态限定在一定的意识蓝图中。这个意识蓝图可以理解为形态类型，而限定过程就是形态类型投影到实体的过程。

分析法以城市形态学的分析性和概念性认知框架来理解形态的结构与特征（物理性质），配合类型学中演进的观点来审视这些形态形成与变化的逻辑关系（人文性质）。简而概之，就是一种"形态解读为外，类型认知为内"的分析法。

从以上定义可以看出，分析法有三个核心主张：第一，形态类型是形态塑造者的意识产物，受到社会和经济状况的左右，而这一主张则是由类型学的认知思维引导出来的；第二，人为建造过程是把意识产物投影到实体，创造出各种物质空间形态的过程；第三，以形态构成要素的空间结构与组织方式来认知形态类型的物质特征，这一主张深受形态学的研究方法的影响。

---

❶ Cataldi G. From Muratori to Caniggia: the origins and development of the Italian school of design typology[J]. Urban Morphology，2003，7（1）：19-34.

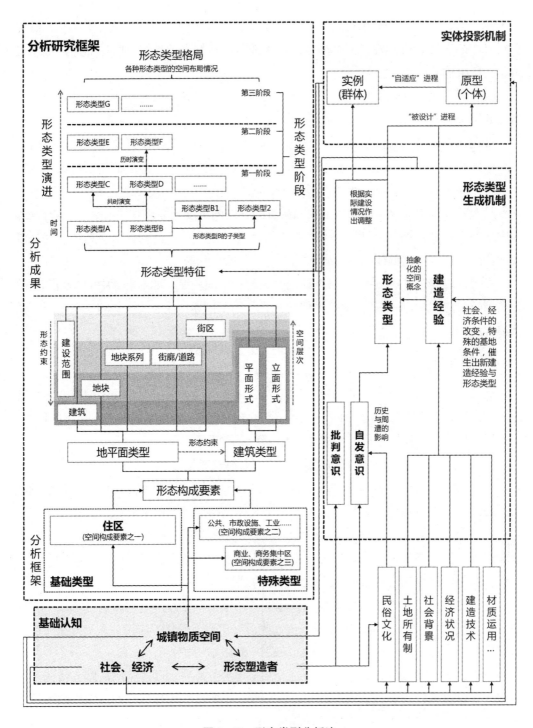

图 2-17　形态类型分析法

2.3.2　形态类型的生成机制

　　研究思维中的第一个主张,就是为了解析形态类型是如何生成,生成过程的机制是什么。为了解析这些要点,首先要说明两个重要概念:形态类型与建造经验。

形态特征是各种构成要素通过有机空间结构与组合方式集合在一起后的表征。而构成要素的概念性空间结构与组织形式，就是形态类型。只要是以相同的空间结构和组织方式把形态的构成要素有机地组合在一起，则为同种形态类型。

类型的概念放置于形态，则是对形态从生成到成形的先验性认知，也就说，形态类型是一种"被预先设定"的自发意识。其中，各种构成要素是有空间层次之分，同层次的构成要素会以某种有机的组织方式，按照一定的空间结构方式构成一个整体。依据这种结构方式，可以界定出形态的特征。当某种层次的构成要素的特征发生类型上的变化时，其他层次的构成要素的组织方式与空间结构也会随之发生变化。例如，某个住区中，原来都是联排住宅的建筑类型，当这些住宅改建为集合住宅后，原来的地平面结构就会随之产生颠覆性的变化，从而产生另一种住区的形态类型。

建造经验就是指特定时间段中各种社会、经济以及文化背景下，城镇各种建造个体与团体对其建设项目的最终实体及如何建成的认知。

该认知带有浓重的历史性，因为在建项目的建造个体与团体的认知，在理论上，都会受到所有现存的建成项目的影响。而类型是建造经验中对建造物的空间形式的认知，是建造项目的最终实体的理想化的抽象空间概念。由于建造过程是发生在一定时间段之中，这种认知会由于周遭条件的变化产生批判性修正，使认知图像（类型）与其投影实体（实例）之间存有差异。这种差异会存在于个别建设项目之间，也会存在于各种量产项目之间。因而，同类型的实例，其构造性格局都会存在普遍的、群体上的相似性，同时，个体之间又会存有那么一点点的差异。

可见，社会和经济状况，以及城镇建成区的物质空间形态（周遭条件）都会左右形态塑造者的建造经验（图 2-17）。该认知会受到当下的民俗文化、土地所有制形式、社会背景、经济发展情况、建造技术等一系列人文的、社会的、经济的和技术的因素所影响。当各种影响因素发生变化，以及城镇物质空间演变造成建设基地条件有所变化时，形态塑造者就会调整其建造经验。在这个过程，形态塑造者的自发意识和批判意识在不断博弈。一些原来习以为常的先验性建造认知，在新的条件下会面临风险，因而塑造者需要不断被动式修正或剔除某些习以为常的认知，塑造者会在意识中重新勾勒出整个建造项目的理想化的抽象空间概念。新的形态类型也就随之形成。

2.3.3　实体投影的机制

实体投影就是一种建造过程。新建造经验的引入，就会形成新的形态类型，从而建造出新的城镇物质形态。但这个过程不是一蹴而就，需要一个从单独零星的建设到成片构筑物都表现出某种共通的特征，从个体变化到群体变化的过程（图 2-17）。

某种形态类型最早被建造的某个或若干个实例，就是原型。原型是通过形态塑造者各种批判式思考，设计出新的形态构成要素的组织方法，用以应对已经发生变化的社会、经济状况。这个过程是一个物质空间形态被设计的过程。当这些原型经过实践，被证实是能成功应对新的社会、经济或者基地条件后，就会被其他塑造者纷纷仿效，原型就会被大批建设。然而，不同的塑造者，又会依据其实际情况，建造出与原型有所差别的实例。到最后，这些实例会表现某种基本的共通特征，但是又会和原型存在一定差异，而这个过程就是自适应的过程。这个实体投影的机制，只是一种概念性的说明，而且产生作用的过程会经历很长时间。

2.3.4 分析框架

从形态学和类型学研究的最终成果（表2-1）可以看出，人为塑造的物质空间都能被划分成各种构成单元或者空间模块并加以认知。因而，形态类型分析法也能以单元的形式去理解城市建成区。

在城镇物质空间层面，形态可以被划分为两种最基本的类型：基础类型和特殊类型（图2-17）。基础类型就是住宅、住区，是城镇物质空间最主要的空间构成要素之一。特殊类型则包含两种空间构成要素：商业、商务集中区，以及公共、基础设施、工业、公园、开敞空间区域。这两种空间构成要素，就是形态学中的CBD和边缘带。这种划定方式，正好把类型学与形态学中对各种城镇物质空间形态的划分方法（表2-1的"研究要素"与"最终成果"有所说明）融合在统一的框架中。

分析框架中，最重要有两个基础：第一，可以从各种构成要素的组合方法和空间结构的特征认知城镇物质空间的形态特征，最终，这些认知会指向把城镇形态划定出各种异质的空间单元；第二，城镇空间形态从形成，到演进，再到新的形态形成，存在一定的周期性特征。经济发展速度存在高低起伏，社会发展也有缓急轻重，这些特征都会投影到各种城镇建设活动中。

形态类型分析法，主要关注形态结构的类型是如何被设计出来，并通过自适应的过程被广泛应用。针对被设计的研究会追踪研究对象的首个案例并分析其建造时的社会和经济情况，总结出该案例是在"何时，何地，由何人在何种思想下"设计并建造的，以及首个案例出现后，该类型的建设情况。当社会和经济情况发生变化时，该形态类型也发生变化，或者消失。适应新社会和经济情况的新形态类型也随之产生。而这个过程，就是一个完整的形态类型演进的阶段，也就是这个某种特定形态存在的特定周期。

阶段性、周期性的特征，是桥接形态学和类型学研究的关键点之一，是形态类型分析法中对城市物质形态的形成与演变的认知基础，也是形态类型分析法的核心之一。

形态类型与社会经济、民俗文化这两部分之间，存在对应与投影关系。而且，形态类型也存在周期性。倘若在每个周期中，各种人为塑造的物质空间，只要不是整体被推倒重建或者被自上而下地控制建设，而是保持自发的渐进式的建设，不同类型的形态及其变体必然存有特定的地理分布特征。

形态类型分析法所划定的空间单元，就是相似的社会经济条件，相似的建造经验的实体投影。在该单元中，研究要素的结构形式和组织方式是相似，也可以被理解为同质单元。由于研究要素会存在层级关系，因此这些空间单元会产生出层级关系。

2.3.5　形态构成要素

形态类型分析法需要重点关注的形态构成要素有两大部分，地平面类型和建筑类型（图 2-17），具体如下：

建筑：构成形态的最小尺度要素。研究时，主要探讨建设之初的建筑平面布局形式特征，并兼顾其层数、面积、外观以及建筑材料的特征。

建筑群体：单个产权地块或者建设范围内，多栋建筑的布局形式及其附属道路结构形式的组合。

地块与建设范围（Site）：地块也称为"产权地块"。当土地所有制形式是私有制为主时，一般是"先划地，后建设"，"产权地块"对建设活动的空间约束力非常明显。1949 年后，我国大部分城市经历了将土地收归国有的过程，建设过程变成"先建设，后划地"，建设活动不再受到私有的"产权地块"的约束。1979 年开始，土地逐渐变为有偿有期使用。但是有些建设活动会超越街廓的限定，包含部分公共空间，如道路，突破了传统认知中"产权地块"应有的空间界限。遇到这种情况，会使用"建设范围"代替"地块"。

建筑覆盖情况：建筑覆盖情况，在数理上，为建筑密度；在空间上，则关注建筑在地块或者建筑群体在建设范围中的布局特征。如果建筑与地块一一对应，本书称之为"一宅一地"关系。

地块系列：多个地块的二维空间组合形式。地块系列的内部可以存在内部路，但不存在道路。

街廓 / 街道 / 道路：地块和建设范围外围的公共道路系统。

街区：多个街廓组成的城镇物质空间。

以上要素的综合分析属于地平面类型分析的范畴，需要以形态学的"城镇平面分析"法为基础。

建筑类型方面的分析，主要是关注建筑的构造性格局特征，即平面形式和立面形式。以此为基础，可以将各种人为构筑物划分成不同类型的建筑和房屋。

上文所述的各种形态构成要素，还存在两种特征：第一，每种构成要素都基本分属于不同的空间层次；第二，所处规模越大的空间层次的形态构成要素对处于规模较小的空间层次的要素有"形态约束"的作用，而地平面类型对建筑类型也存在这种约束作用。

2.3.6　分析成果

形态类型分析成果主要有两部分（图 2-17 分析成果）：

（1）认知形态类型及其演进的特征。认知过程，需要综合分析建筑类型以及地平面类型的特征。而且，需要从形态类型的首个建成案例为起点，追踪这种形态类型在此之后的建设与变异情况。这是一个在时间维度上顺叙式的、正向式的认知过程。同时，从形态类型的演进规律中，划定出不同的形态类型阶段，从而获得对城镇物质空间的形成与演进的周期性特征的认知。

（2）以形态类型为基础认知城镇建成区的单元式构成现象。这是形态类型分析法对城镇建成区复杂性和多样性的认知与描述的最重要方式。最终的成果就是用地图记录（Mapping）各种构成单元的成果，即"形态类型格局"。格局中的每一个构成单元，就是"形态类型单元"。这个分析结论结合上一部分的分析成果，可以形成一套有明确规划引导原则和相对应空间载体的城市规划指引。这也是城市形态分析法与城市规划的编制有着密切的关系逻辑基础。

2.4 分析法的调整

上文的形态类型分析法，是以中国一些特殊住建背景为基础而构建的，具有普遍性。由于广州的文化背景、历史进程以及可供研究分析的历史资料存在差异，需要作出相应的调整。这种局部调整也体现出该分析法的某些局限性。

2.4.1 广州的历史资料概况

怀特汉德在探讨将康泽恩城市形态学和卡尼吉亚建筑类型学应用到中国城市形态研究工作的可行性时，有过这样的描述："在欧洲与北美，记录现在与过去的，含有产权地块的地形测量图，甚至是全平面图，是常见的资料，……也是形态研究以及相关概念形成的基础，……而在中国，这些资料以及相关的田野调查的缺乏，反映在历史上，中国鲜有'阅读'（Reading）城市的传统。"[1] 然而，在广州，一个与西方长期保持贸易往来以及文化交流，有过短暂的小规模殖民化的城市，其历史资料是否会有不同情况？下文将逐一介绍。

1. 舆图

明清以来的历史文献中，反映出广州市全貌的地图就只有舆图与地方志中的城图。[2] 而最早最为详细的广州城图是《永乐大典》[3] 的"广州府境之图""广州南海县之图"与"广州番禺县之图"。但是，该图只反映出广州城大概的街道格局，城墙的轮廓与城门位置，重要的庙宇、府衙和地景的位置。而且，这些重要地物都是以"符号

❶ Whitehand J W R，Gu K. Research on Chinese urban form: retrospect and prospect[J]. Progress in Human Geography，2006，30（3）：337–355.

❷ 曾新. 明清时期广州城图研究 [J]. 热带地理，2004，24（3）：293-297.

❸ 永乐大典·卷一 [M]. 北京：中华书局，1986。

化"的形式进行表达，难以追踪其实际情况。《广东通志》、《南海县志》、《番禺县志》中印制了一些广州城的全貌图 ❶，以及一些官方独立绘制的舆图，如"广东广州府舆图"（1685—1722 年）、"广州府"（1685 年，附带"广州府说"）、"广东省图"（1692 年）等。这些历史地图都是采用绘景法绘制，反映出的地物地貌信息基本相同。

2. 地籍图

清同治年间邹伯奇等编修的《南海县志图说》所附的"学宫尝田图"便是地籍图。但是，对广州进行全面的房地产地籍测绘始于民国时期。市政公所于 1918 年成立，正式开展经界（地籍）测量及行政区域的勘界、划界，绘制地籍图等工作。开始的时候，采用英制长度计量单位，测图比例尺为 1∶600。1933 年改用米制，测图比例尺改为 1∶500。到 1937 年，对市中心区的地籍图进行了一次总复测，共完成地籍图 543 幅。1938 年 10 月，广州沦陷，地籍测量工作中断。1945 年 8 月日本侵略军投降，国民政府恢复地政局，地籍测量工作得以继续。1953 年上半年，为配合农村土地改革，测定了各乡乡界，并完成了 56 个乡镇共 2000 多幢房屋的查丈及查田定产工作。1954 年6 月测绘科与登记科合并为产权科，地籍测量工作从此中断。❷ 这一时期完成的地籍图由总索引图以及各分幅图所组成，包含地籍边界和编号的信息。这些图纸反映出地块边界，以及由此组成地块系列和街道系统。但是，这些经界图没有建筑覆盖地权范围的信息，只能根据当时房屋建设时基本满覆盖地块范围的情况大概推断出房屋布局形式。

3. 外国人绘制的地图

1746 年，约翰·哈里斯（John Harris）绘制了"广州市图"（A Plan of the City of Canton on the River Ta ho）。❸ 该图以透视方式，相对写实地反映出当时广州城的景貌，包括城廓、附近山脉、井然有序的街道布局以及一些重要建筑。清咸丰年间以后，开始出现由外国人使用现代方法绘制的广州城图。当时，邹伯奇等人也使用过类似的方式绘制地图。❹ 笔者翻阅的历史地图资料中，最早的是冯曼（D. Vrooman）绘制的"广东省城图"（1851—1861 年）。该图与之后的"粤东省城图"（1900 年之前），以及由德国营造师舒乐（F. Schnock）绘制的 1∶5000"广东省内外全图（河南附）"（1907 年），都是采用彩色方式记录广州城貌。这些地图使用了一定的投影方法，基本准确反映地景地貌的位置、形状。其中，以舒乐绘制的图纸最为详细，但是其精细度也仅限于表现出当时的街道系统。

---

❶ 例如：《广东通志》的"广州府舆地图"（1522—1566 年）、"广州府疆图"、"广州府城廓图"（1723—1735 年），《南海县志》的"隶省城图"（1628—1644 年）、"县治附省全图"（1835 年），《番禺县志》的"番禺县舆图"（1685—1722 年）、"全城图"（1736—1795 年）。

❷ 广州市地方志编纂委员会. 广州市志（卷三）[M]. 广州：广州出版社，1996：128，129。

❸ 该图原图藏于英国伦敦，彩色，规格为 310mm×210mm。

❹ 邹伯奇与陈澧在 1866 年绘制的"广州府附佛岗厅总图"，已经开始使用经纬度定位。

在英法殖民者进攻广州期间,以及日本侵华期间,外国人也绘制了一些广州城地图,并反映出当时广州城的一些重要地景元素。例如由詹姆斯·怀尔德(James Wyld)于1857年绘制的"英法进攻广州示意图(Plan of the Attack & Bombardment of Canton)",显示出当时广州城廓、城门位置、城墙内主要街道布局和郊区(Suburb)范围。《中国带城墙的城市:中国城廓简况地图集》(Chinese walled cities: a collection of maps from Shina Jokaku no Gaiyo)❶一书中,汇集了中国大部分带城墙城市的地图,也有广州的。但是这些地图都只是记录了主要街道,以及一些重要公共服务和基础设施,而街区的内部巷道,建筑物都被忽略。

这些广州城的历史地图大部分藏于广东省图书馆、广东省立中山图书馆、广州市档案馆,国家图书馆以及部分省市图书馆(如大连图书馆、上海图书馆),也有一些典藏于香港、澳门和台湾地区,其中一些由外国人绘制的地图,皆典藏于制图者所在国家的图书馆。

4. 地形测量图

民国时期,军事测量局与广州市公务局根据地形原图,完成了一批军用地形测量图❷以及广州城图。其中由广东陆军测量局完成的《一万分之一广州市市区》(1928年)是笔者翻阅的历史地图资料中最早、最为全面而详细地反映广州城以及周边地区全貌的地图资料。该图是由总索引图(附说明)以及13张分幅图组成,彩色制作,结合统一的图式反映出当时广州城以及周边地区的地物地貌特征。其中建成区以红色色块表达,在广州城区还可以清楚地识别出主要的街道布局。1938年,由于日军入侵,该类地形测绘工作中断。

中华人民共和国成立后,广州市开始系统的地形测量工作,也延续了民国时期的小比例尺的地形测绘。当时的1:10000与1:5000地形图都是以民国的地形测量图为基础进行修测,为进行城市总体规划工作而准备的。1960年后,这类小比例尺的地形测绘工作停止,并开始大比例地形测量图缩编方法。

1:2000的地形测量工作是始于1954年。而这些地形测量图都基本可以反映出地面上所有地貌地物的情况,而且能够识别出建筑的轮廓、围墙、路灯等地物。使用更大比例尺的地形测量工作,开始于1959年,共417幅,覆盖当时的越秀、荔湾、东山和海珠区共20km²的范围。这些测量图是为广州进行总体规划而制作,然而,由于局限于当时的测绘技术和条件,成图的精度不符合《城市测量规范》,只能算是"简易测图"。❸但实际上,该批地形测量图已经是最为精细和全面地记录当时广州地貌地物的历史地图。1978年后,广州市开始了新一轮的地形测量工作。此时开始,使用了更先

---

❶ Wallacker B E, Knapp R G, Van Alstyne A J. Chinese Walled Cities: A Collection of Maps from Shina Jokaku No Gaiyo[M]. HongKong: Chinese University Press, 1979.

❷ 例如:由陆军讲武堂于民国2年(1913年)印制的"广州东门外附近图"。

❸ 广州市地方志编纂委员会. 广州市志(卷三)[M]. 广州:广州出版社,1996:117。

进的测绘仪器和精细的测量技术，而且覆盖的城市范围更广。到 1990 年末，完成了
139.6 km² 的 1∶500 的地形图。

5. 其他历史地图

在民国时期，制作过警界范围❶ 和都市计划的相关说明图纸❷，这些图纸是在军用
地形测量图基础上绘制的。当时一些工社与出版社，皆印制了数版广州马路详图。❸
这些马路详图主要反映广州城中心城区的各大街道、马路及村镇所在位置与名称。

6. 建设工程规划许可证

1990 年，《城市规划法》实施以后，"一书两证"成为我国城市规划管理的基本制
度。其中的《建设工程规划许可证》是城市各项新建、改建、扩建建设工程实施前的
重要法定文件。该文件记录了整个工程的重要信息，包括工程项目信息，如名称、位置、
宗地号以及子项目名称等，建筑的特征，如使用性质、栋数、层数以及结构类型，工
程技术指标，如容积率面积及各分类面积等等，其中的附件包含以 1∶500 或者 1∶1000
的地形图基础上绘制出建设工程的总平面，各层的建筑平面图，各向立面图以及剖面图。

自 2004 年起，广州全市的工程规划许可证都可以通过网络进行在线查询❹，直至
2014 年初，可查询到 15000 多件许可。这些公开的规划许可，记录了工程项目信息，包括：
许可批准时间、项目规划设计总平面图、公共建筑配套设施标示（可无）、建设单位信
息、项目位置、建设规模、项目主要建筑功能以及其他基本信息。

7. 研究使用的历史资料

依据各种历史地图反映出来的元素复合的种类，可以看出上述介绍的历史资料，
只有一部分能用于本书的研究（图 2-18）。明清时期的舆图，由于以绘景法制作，缺
乏准确的坐标体系，以及缺失很多重要地平面的信息，难以支撑全面的形态类型研究。
而清末开始出现的由外国人绘制的地图对地貌地物的定位较为准确，记录足够的地平
面要素复合，可以支持本书的研究。20 世纪 20—30 年代绘制的《民国经界图》是第
一份记录广州城内地块权属边界的地籍图，是本书的重要历史资料之一。而民国以来
的地形测量图，都详细记录各种要素复合的情况，完全能支持本书的研究。

因此，本书的住区形态类型研究，主要使用以下历史资料：

外国人绘制的地图：舒乐的 1∶5000《广东省内外全图（河南附）》（1907 年）。

地籍图：《民国经界图》。

---

❶　例如：广州市土地局于 1923 年与 1928 年编制的"广州市区域图"，1933 年版的"广州市区域图"。
❷　例如：推断成图于 1919—1921 年的"广州市第一期新辟马路名称图"；由黄谦益等设计、刘纪文审定的于
　　1932 年成图的"广州市道路系统图"；广州市工务局绘制，1932 年成图的"广州市马路路线图"、1948 年成
　　图的"广州市马路图"、1948 年成图的"广州市马路计划图"、1947—1948 年成图的"广州市市场建设分布图"等。
❸　例如：1936 年由武昌亚新地学社出版的"新广州街市详图"，光和眼镜公司制作的"最新测绘广州市面马
　　路区域全图"、广州市书籍行远安堂（远安工社）1937 年印行的"广州市最新马路全图"、香港光荣出版社
　　1949 年发行的"广州市最新马路大地图"等。
❹　广州市规划局. 规划在线 [EB/OL]. http://www.upo.gov.cn/channel/szskgk/?columnid=007.

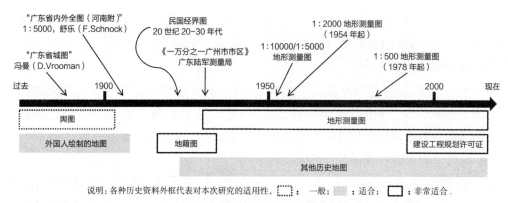

图 2-18　广州历史资料情况

地形测绘图:《1955 年广州市航空影像地图册》《1978 年广州市历史影像图集》与中华人民共和国成立后广州市的各版地形测量图,广州市总体规划中整理的"土地利用现状图"。其中前两个地图集,都含有相应的地形测量图。

建设工程规划许可证:2004 年起。

辅助性资料:民国时期广州马路详图。

从支持形态类型分析法的广州的历史资料的深入分析,正好回应了第一章研究时间界定的说明。

2.4.2　研究尺度

研究尺度的层级性,从形态类型分析法的研究要素中有所体现,尺度由微观到宏观的递进关系为:建筑→地块(建设范围)→街廓(道路系统)→街区(单元、空间模块)→城市→区域。而本书研究的对象为广州市住区,因此研究尺度被直接划定在"街区"以下。

建筑层次:该尺度的研究,主要是关注建筑单体的空间特征,包括平面与立面的形式。

地块(建设范围)层次:这是分析法最为重要的空间层次,也是本书最重要的空间层次。

在广州,从 1949 年起,新建的住区就不再受到产权地块的边界约束,"先建设,后规划"的建设方式使很多住区的建设边界变得模糊。这种现实,是我国的社会背景导致的。而且大批量建设的集合住宅,使得特定的建设范围中,其形态都表现出高度相似性。而在土地开始有偿有期使用后,还是维持着这种情况。因此,这两个时间段,会使用"建设范围"来代替"产权地块"。而且引入了"建筑群体"要素,用以描述该范围内多栋住宅建筑的空间布局形式。这种调整,保证了在整个研究时间范围内,该空间层次内的各种形态塑造活动都是由该空间的拥有者或使用者所发动,而且,其中的各种形态特征,是拥有者或使用者一系列行动的结果。该空间层次中,不论面积大小、形状如何,其拥有者或使用者(个人、团体、开发商或者政府)将自身对经济、社会和文化变化的反应，以建造有形的实体的方式体现出来。土地的拥有者或使用者变成了经济、社会和文化特征投影到实体空间过程的媒体或介质。

街廓层次：街廓是链接地块（建设范围）层次和街道的空间层次。可以由多个地块构成，到近 30 多年，很多街廓与建设范围逐渐一一对应。

街道层次：街道与街廓相对的空间层次。街廓是作为建造实体的房屋所填充的空间，街道则是房屋不能占据的空间。

街区（单元、空间模块）层次：本书涉及这一层次的，主要都是 20 世纪 80 年代起统一建设的大规模住区。

形态结构以及类型特征的差异都会在不同的空间层次有不同的表现。例如某些住区在街廓层次表现出同质性，但是在建筑层次存在差异，则该形态类型的特征分析就主要集中在建筑层次，反之亦然。

2.4.3　密切关注的问题

由于本书重点关注广州市的住区形态类型特征与演进，因此，只是完成形态类型分析法中第一部分。而第二部分——以形态类型为基础认知城镇建成区的单元式构成现象，则是在有限的空间范围进行，作为第一部分工作的补充性说明。整个分析过程中，会重点关注以下问题：

1. 各种形态类型的初始状态

这种初始状态可以是存在于建筑的空间层次，也可以是建设范围的空间层次。这是由住区的形态要素的空间结构与组织方式，以及表现出类型特征的空间层次所决定的。初始状态，通常是新的住区形态的类型的首个实体投影。这个状态的特征的研究，主要是关注是在什么经济社会背景下，塑造者如何建造该实例。这个初始状态，本书称之为"原型"。原型的确定；还需要对比之后出现的各种建设项目，是否都带有该原型的形态特征，否则，该状态只是一种建造特例。

2. 形态类型的演变

演变过程，主要是关注某种形态类型的初始状态出现后，通过不断自适应广州城市建设的具体情况而形成的建设实例情况。后来大量建设的住区形态，其构成要素的空间结构与组织方式，有可能与初始状态的有差异。这些差异正好可以说明，塑造初始状态的建造经验与当时和未来的社会经济发展吻合度不高，需要不断调试。通过这种变化也可以理解出，住区形态类型是如何在经济发展背景下产生出历时性变体。

2.5　本章小结

形态类型分析法的基础理论是源于英国康泽恩城市形态学以及意大利穆拉托里-卡尼吉亚建筑类型学。可以看出形态学是偏物质性，对形态构成要素的特征非常"敏感"，而类型学则偏向人文思考，更关注塑造物质形态的内在"思想"的传递特征。在深入阐述以及对比两种基础理论的研究方法、研究要素以及研究思维等特征的基础上，通过融合两种理论，确定了形态类型分析法的研究思维、要素与分析框架。形态分析法，就是关注各种形态构成要素的特征及其组成方式的种类，从而生成不同的物质形态，以及这些形态内在"思想"，即所对应的历史、经济和社会背景。

之后，根据我国的经济文化背景，把研究要素进行一定的修正，而且针对研究对象的实际情况再作出局部调整。而这些工作，对于完善形态类型分析法研究框架来说，都是必要的。

缺乏有效历史资料是该分析法在实际应用中最大的阻碍。因此，通过对广州相关历史资料的情况的分析，再次阐明研究时间段的界定依据。并根据实际建设情况作出了研究尺度上的说明：地块与建设范围是研究的重要空间层次与要素，只是这个层次的要素在一些建设实例中会从街廊以下的空间层次直接跃迁到街廊或者街区的层次。虽然，形态类型的特征及演变过程是本书的重点，但也只是完成了形态类型分析法的其中一部分目标。

第3章 私有化下的协调互融：1911—1949年的
住区形态类型特征

1911年民国政府成立，次年"中华民国"正式成立。广州城的土地政策依照民国政府的相关规定来落实。民国政府期间的土地所有制，没有在根本上改变清朝以私有制为主的土地所有制，因此与清朝的土地所有制是存在一定的顺承关系的。❶虽然民国政府推行过很多土地改革政策，但到了20世纪30年代初，情况也并没有较大改变；到了抗战与内战时期，民国政府更加没精力去贯彻"土地改革"。直到中华人民共和国成立以后，确立以国有制和集体所有制为主的土地制度，土地所有制才有根本变化。

精确地说，民国时期广州城的土地所有制是一种多元复合的结构：公有制和私有制并存，但以私有制为主导。公有制的主体包括历任的政府机关及其官僚资本家，而私有制的主体包括民族资本家、外国资本家，军阀官僚、地主和市民。政府当局的房地产管理，主要是土地权属管理，房屋只是视为土地的附着物。而全市的土地与房屋大部分是私人占有，公共的较少，主要是机关办公楼、公共与文教卫生事业用房、机关员工宿舍和公租房（Council House）以及少部分名胜古迹。

最后，须说明一个问题：民国时期有超过12万人住在破烂的木屋，以及6万多人住在疍船和疍棚上 ❷，尽管其数量众多，但由于这些住房的地块边界不固定，或者根本就没有地权边界，也没有相应的记录，难以应用本书研究视角进行分析，暂不展开探讨。

3.1 旧肌理上更新与建设住区

3.1.1 城市建成区的扩展

在探讨民国时期住区建设的空间特征时，还难以用建设数据和空间定位的方法来具体描述，但本小节将通过两个侧面：城市建成区的扩展以及1949年统计的房屋的建设年代，来反映出当时住区建设的总体情况。

追踪民国时期广州市建成区扩展情况，主要基于两份历史资料：一份是德国营造师舒乐绘制的1∶5000《广东省内外全图（河南附）》（1907年），单幅图，采用彩色方

❶ 高海燕 . 20世纪中国土地制度百年变迁的历史考察 [J]. 浙江大学学报（人文社会科学版），2007（5）：124-133。
❷ 广州市地方志编纂委员会 . 广州市志（卷三）[M]. 广州：广州出版社，1996：357。

式表达广州城貌；另一份是 20 世纪 20 年代末到 30 年代初由当时的广州市公务局测绘，1933 年印制的《民国经界图》，由 211 份分幅图构成，比例尺为 1:600。

两份历史地图所记录的地平面信息也不尽相同。1907 年的《广东省内外全图（河南附）》以正投影方式记录了当时广州城的重要地貌地物，图上蓝色色块代表水体，主要山体用等高线表示，以淡红色块填充建成区，并绘制了主要的道路网格局，另外以大红色记录 50 处重要公共设施场地，还记录了明清城墙的位置。《民国经界图》由总索引图以及各细分幅图所组成，图上记录了各区分属情况以及当时的各个街巷名称、各宗地边界与地号。一些非居住功能的宗地，例如公园绿地、市政与公共设施、宗祠、会馆以及商场等，都会在图册上标注名称。通过这些信息，能确定各宗地的使用功能，以及宗地是否已建设（没有地号和宗地界线的区域），各地块的形状、大小，以及由此组成地块系列和街道系统的特征。

但是这两份历史地图存在一定局限性，就是地图所记录的空间范围只覆盖了当时的主城区，即现在的荔湾区北部、越秀区和海珠区西北角。然而，广州市在民国时期的建城区，早已覆盖到天河区、中山大学一带，而这些地区都没有记录。因此，本小节研究需要用到其他的历史地图予以补充说明。这些历史地图有 1927 年印刷的《一万分之一广州全图》与 1948 年出版的《广州市马路计划图》。虽然《1955 年广州市航空影像地图册》也可以作为一份研究的补充资料，但是通过对比会发现，该地图记录范围是远大于 20 世纪 30 年代初的建成区。这种建成区突变现象与期间曾爆发过战争的事实存在逻辑冲突。因此，1955 年的地图不作为本节研究的补充材料，而其中的突变区域只能断定为战后建设的成果。

1927 年的地图是由广东陆军测量局制作，测绘时间与《民国经界图》出版时间相近。该图由 13 张分幅图构成，涵盖范围与现今中心组团范围❶相近，图上地貌地物记录详细，可弥补《民国经界图》涵盖范围的不足。1948 年的地图与 1947 年出版的《广州市马路图》是一样的，只是多标注了"计划"二字并加盖"广州市政府印"，表示市政当局认可。其实 20 世纪 30—40 年代末广州市的各种历史地图，都基本是在 20 年代末 30 年代初的测绘基础上增加信息，主要是因为战争干扰了测绘工作，因而 20 世纪 40 年代末广州市建成区具体范围还是很难测定。以上历史地图加以对比，大概可以获得 1907—1947 年广州市建成区的扩展情况（图 3-1）。从图中可以看出，这 50 年的建设发展过程，广州市的建成区扩展不大，主要围绕原有建成区往外扩展 200～1000m，有些大型的市政和公共设施，如中山大学、天河机场（1931 年启用）则以"飞地"形式出现。

民国时期，整个广州的房屋都基本被翻新一遍。按照建筑年代来统计，民国前的建筑有 8340 栋，面积是 93.34 万 m²，占 1949 年全市房屋总面积的 7.58%，其余的房

❶ 广州市现今中心组团是指 2005 年行政区划调整后的荔湾区、越秀区、天河区、海珠区、白云区。

屋都是民国政府主政时建设：其中 1911—1927 年的建筑有 61565 栋，面积 822.64 万 m²，占 66.82%；而 1928—1938 年的有 26793 栋，面积为 315.2 万 m²，占 25.60%❶；1938 年后整个广州市建设基本是停滞状态。这个统计结果，与扩展图（图 3-1）反映的情况基本吻合。

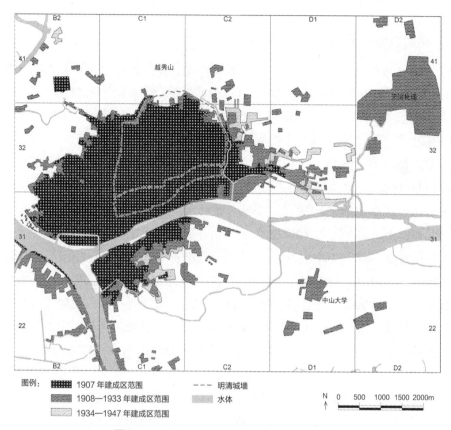

图例：
▓▓▓ 1907 年建成区范围	- - - 明清城墙
1908—1933 年建成区范围	水体
1934—1947 年建成区范围	N　0　500　1000 1500 2000m

图 3-1　1907—1947 年广州市建成区扩展图

　　很多记录都认为民国时期主要的城市建设事件是"拆城筑路"与"扩大城区范围"。但从以上分析可以看出，民国时期的广州市（现代）城区是扩大了，但是建成区却没有明显扩张。因此，可推断应该还有一个主要的城市建设事件——"翻新广州市"，其中，住区作为城市建成区的主要组成部分，也必定被大量重建。对以上历史地图记录的路网系统进行对比分析，即可发现，"拆城筑路"工程其实没有改变整个广州市的肌理。当时拓宽和开辟的道路，东山区有 31 条，越秀区有 47 条，荔湾区有 19 条，海珠区 4 条，天河区 2 条（以老八区区划为统计基础）❷，而其他道路基本没有变化。因此这一时期，绝大部分新住区应该就是在清末旧有住区的肌理上进行拆迁并重建。政府当局也统一

❶ 广州市地方志编纂委员会 . 广州市志（卷三）[M]. 广州：广州出版社，1996：363。

❷ 陈代光 . 广州城市发展史 [M]. 广州：暨南大学出版社，1996：132-140。

平整城内的一些闲置场地（如古箭道，图 3-1，C1-32 区的左下处，明清城墙内）和城市边角地作为新建设用地用于住区建设。观音山（越秀山）南端（图 3-1，C1-32 区的右上角）和东山一带（图 3-1，C2-32 区的右半以及 D1-32 区）是模范住宅区计划的实施场地，后者更是最主要的建设场地。1933 年海珠桥落成，河南地区（图 3-1，C1-31 区水体以南）与城区有了更便捷的联系，也有一定的建设扩展。

3.1.2 塑造者的概况

广州市一直是中国南方的政治、文化与经济中心，也是人口聚集中心。1918 年（民国 7 年），广州市人口就有 70.49 万，10 年后增加到 81.4 万。到 20 世纪 30 年代初，人口首次突破 100 万人，至 1933 年（民国 22 年），统计人口已达 112.26 万人。1938 年（民国 27 年）冬，广州沦为日本占领区，城市遭到严重破坏，至 1940 年（民国 29 年），人口锐减到 54.5 万。1945 年（民国 34 年）日军投降后，外迁人口开始迅速回迁。同年 10 月回升到 61.7 万，至该年年末，达到 97 万（含 18.8 万流动人口）。次年统计显示，人口再次突破百万，为 123.3 万（含军队与流动人口）。此时，广州的人口数量仅次于上海、北平、天津，位居全国第四。[1]

当时广州市房地产权属主要有三大类型，外国人占有房产、公有房产和私有房产。当时外国政府、教会、企业和侨民持有的土地占全市面积 1.17%，他们所占有房屋的建筑面积为 26.12 万 m^2，为全市房屋总面积 2.12%。公房是被国民政府所占有的，主要是机关办公楼，市政与公共设施等，公有住宅主要是公租房（平民宫）和机关员工宿舍。公房数量不多，面积为 78.72 万 m^2，占全市房屋总面积 6.39%。而私有房产的数量是最多的，占全市房屋总数 74.04%。[2]

广州市大量的私房是由身份各异的业主所持有（表 3-1）。其中，地主、富农以及社团在广州城内占有的私房并不多，还不足一成；而将近四成私房业主都是一般市民；有三成多的是资本主义工商业者。因此，当时广州市的房屋建设主力军，都是普通个体市民和工商业者。还有一点需要说明，当时有 8410 栋私有房屋的业主为华侨，而这些房产占私房总量的 9.49%。华侨是通过独资经营，组织置业公司集资经营等方式不断增加房地产业的投资，而这部分投资占华侨在广州总投资额的 70% 以上。

民国时期，还缺乏现代的建造工艺和机械化建造技术。房屋建造时各种工序，如打桩、做木、打石、磨砖、砌墙、搭棚等，都需要手工操作完成。尽管当时住宅建筑规模不大，但建造周期漫长，所需的工人也较多。建造过程的重要工序，如拉线、砌砖和外立面灰塑装饰等，都要泥水工人（瓦工）完成，因此泥水工是当时较为重要的技术工人。当时住宅建造行业多为私人独资经营，技术工人数不多，组织简单。当建

❶ 广州市地方志编纂委员会. 广州市志（卷二）[M]. 广州：广州出版社，1998：277，278。

❷ 广州市地方志编纂委员会. 广州市志（卷三）[M]. 广州：广州出版社，1996：357。

造工程需要更多人手时，则雇用临时工。广州城内有种特别的市集，方便建造行业的老板或者工头招募临时工。在主要马路口和十字街头，都会聚集很多建筑临时工等待招雇，这种市集在当时被称为"企市"。20世纪二三十年代，"拆城筑路"工程使大片临街建筑需要改建，自建房工程也常见，加之手工操作建房是最主要和普遍的方式，工人需求大，广州城的"企市"十分兴旺。到抗战胜利后，"企市"在朝天路一带也曾出现。❶

1949 年前广州私房占有情况

表 3-1

类别	占有房屋（栋）	面积（万 m²）	占全市私房面积（%）
地主、富农	4198	74.93	8.22
国民政府军政人员	1458	15.91	1.74
资本主义工商业者	21328	301.39	33.06
置业公司		7.46	0.82
社团（宗祠、书院、善堂、会馆）	3497	60.00	6.58
宗教团体	991	15.28	1.68
私人共有和一般市民所有		358.59	39.34
产权不清	4735	78.00	8.56

数据来源：《广州市志》（卷三）第 362 页，笔者绘制

3.1.3　住宅建设概况

从上述说明可以看出，土地私有为主导时期的住区建设轮廓大概如下：

1. 人口增长必然推动城市建设更多空间来容纳新增人口

获得更多建设空间的方式有三种：平面铺开、提高建设强度或两者结合。但是，平面铺开的方式在当时的广州建设中不明显。当时广州的建成区没有大规模扩大，住房已经是基本铺满建设用地，所以增加层数是提高建设强度的唯一途径。

2. 大部分住区的平面肌理没有大变化

住区的街廓形状、道路系统没有较大变化，加上土地以私有为主，建设方式是"先划地，后建设"，地块边界难以随便调整，可以断定街廓的内部结构和组织方式也不会有较大调整。

3. 广州的住宅"翻新"各式各样

"翻新"行动主要由数量庞大的普通个体市民和工商业者独立地在自己房产上实施。虽然政府当局也颁布过一些建筑章程和细则作出规范与统一，但效果不佳。在众多个体的独立实践前提下，当时住宅建筑在外观形式和装饰风格上都是各式各样。

---

❶ 陈炳松 . 广州"西关大屋"的建筑工艺与"企市"[Z]// 广州市荔湾区政协文史资料研究委员会 . 荔湾文史（第 2 辑）. 1990: 107-111.

4. 外来因素的影响不断提高

首先广州市存在一定数量的外国人房产，这些房产必定以实物形式影响本土的住宅建造经验。另外，华侨对房地产的投资不断提高，其建房数量也不断增加。华侨是最能接受外来建筑文化的住区塑造人群，其建造的住区形式更容易西式化，并影响其他住区的建设。

3.1.4 住区的形态类型概况

这一时期建设的住区，主要有4种形态类型：竹筒屋联排住区、青砖大宅住区、骑楼屋联排住区、红墙别院住区。前三种住区形态类型的地平面结构特征相似，而且建筑类型都属于"传统建筑类型"。但由于建筑类型之间存在明显差异，因此划分为3种住区形态类型。

可以认为，4种住区形态类型的差异性，都是体现在"建筑"这一空间层次，而在地块、街廓、街区这几个空间层次上会表现出空间结构和组织形式的同质性。在分析这4种住区的形态类型特征时，会强调各种住宅建筑类型的特征。而地平面类型上特征，会首先说明最基本的结构与组织特征，这是4种住区地平面同质性的基础，再针对4种住区地平面构成要素的形状、大小差异，分析出它们之间的微小差异。

除此之外，民国时期出现了以政府出资建设，出租给低收入群体，以非营利为目的的住宅。到20世纪30年代末，市政当局共筹划18个项目，但实际只建设了13个。❶这些公营住宅分布零星，没有大规模建设，而且至今基本没有保留，因此暂不深入讨论。

3.2 竹筒屋联排住区

竹筒屋联排住区，是指住宅建筑以竹筒屋为主，住宅以联排方式组织起来的街坊式住区。这种住区是当时广州城内最主要的住区形态类型，而且遍布于广州城的各个区域。总体上，竹筒屋联排住区是构成城市肌理的基质，其他住区形态类型就像斑块一样镶嵌其中。

本节将详细介绍该类型住区形态的住宅建筑的类型学进程，以及地平面的组织方式与结构特征的几种形式。由于民国时期的竹筒屋住宅建筑类型是由清末的传统竹筒屋住宅类型演变而来，平面形式没有太大变化，类型学进程的分析主要关注层数变化所带来的平面和立面形式的变化，同时，还有立面装饰风格与构件的变化。地平面特征主要是关注地块系列的内部组织规律。住区的地平面虽然形式多变，但内部的各种元素复合的组织与结构方式只有3种，都是为了在临街面争取更多住宅出入口而产生的。

---

❶ 孙翔，民国时期广州居住规划建设研究 [D]. 广州：华南理工大学，2011：98。

3.2.1　传统竹筒屋

广州属于粤中地区,该地区的传统民宅基本形制是以院落或天井为中心,组织起厅堂、房、横屋、廊道与过厅等功能空间。由于气候与地势原因,院落的规模比北方住宅的要小。按照开间数量,住宅的主要类型有 3 种:竹筒屋、明字屋与三间两廊。本书把这些建筑类型定名为"传统住宅类型",3 种基本类型分别为:

图 3-2　清末广州城鸟瞰
来源: http://special.lifeofguangzhou.com/2009/node
_879/node_883/2009/06/04/124409217065180.shtml

传统竹筒屋、传统明字屋与传统大屋。这些住宅建筑都是 1 ~ 2 层,石基砖墙,木构瓦面,坡屋顶,带有浓厚的中式建筑特征(图 3-2)。

传统竹筒屋是单开间住宅,一般 4 ~ 5m 宽,也称"直头屋"。整体特征是小面宽、大进深,形状视地形而定。由于单开间缘故,功能房间以串联方式组织起来。入口一般位于开间方向,先进入厨房,再到天井、厅、卧室,或者是先进入厅,然后到房(天井),再到厨房,有些则是厨房和厕所与其他功能空间分离,独立设置。由于房屋进深大,天井起到通风作用,并为中间和后置的功能房间提供自然采光条件(图 3-3A)。当家庭人口较多时,两间竹筒屋会并联成一户,打通中间的部分山墙,联系起左右两间屋。

3.2.2　建筑类型特征

广州存在两种竹筒屋建筑类型,民国竹筒屋和传统竹筒屋。民国竹筒屋,都是在民国时期建设的,与传统竹筒屋在外观上虽然大为不同,但实际上是传统竹筒屋通过自适应过程演变而成。民国竹筒屋的平面布局与传统竹筒屋的没有太多区别:单开间,各种功能房间在纵深方向一节一节地串联起来(图 3-3A)。民国竹筒屋的层数通常是 2 ~ 3 层,也有公寓式的楼房,大部分新建的住宅都是平屋顶,立面用到水磨石刷面、钢筋水泥构件,以及西式装饰元素,如柱式、西式线脚、拱券。可以看出,传统竹筒屋属于类型原型,民国竹筒屋是在适应民国时期的一些社会与经济特征而产生的类型变异。

1. 平房演变成楼房

当时很多市民都是自建住房,而建房的土地可以通过三个渠道获得:自持、购买和租用。平民建房者可以在自持的土地上改建房屋或进行新建,也可以从其他土地持有者和政府当局手上购得土地后建房。当时广州的地价较高,普通市民一般支付不起高昂的地价,租用土地变成平民获得土地建房的一种重要方式。当时广州市政府颁布过《租地建房标准》，其中规定"城区国有土地分为十一等，每平方米每年租金最高不超过两块大洋，最低不低于银元一角；一家一户只能租赁一块土地，而且必须是无房户"，土地租用期为 30 年，之后上盖的物业则归公家所用。❶

很明显，对于私有土地，不管是通过买卖，还是租用获得，其地块的大小已经很难变更，只能维持原状。清末时住宅都建在窄长型的小地块上，建筑基本满覆盖整个地块；到了民国时期，地块大小也基本维持现状。而当时旧城区内出售的新地块，也是小地块形式。例如 1924 年 3 月，财政局登报出售现荔湾区来正街 20 亩土地。该土地最终被划分成 160 块小地块，每块地平均面积约 80m²。❷可以认定，民国的住宅都是建设在小地块之上，保持"一宅一地"的形式。综上可看出，民国时期不管以何种方式获取土地，住宅建设的地块都维持着窄长型小地块的特征，也没有新增大型地块，单个地块基本只能建设一栋房屋。

传统竹筒屋的平面形式本来就能适应窄长型的小地块，因此民国竹筒屋可以直接继承这种平面形式来应对当时的生活需求。传统竹筒屋也有 2 层，但基本是同一家庭使用，因此楼梯放置在房屋的中部或尾部，不会设置独立入口（图 3-3B）。民国竹筒屋楼房，基本都是一层一套房的形式。有时候是几户人家一起自建房屋（现实中也有私人共有的房屋出现），每层都需要有独立的出入口和楼梯直通地面。因此楼梯就从中间或者后部位置转移到建筑的前端，靠边设置。为了节省面积，尽量少打断首层临街界面的整体性，以及尽量少占用本来就很窄的开间宽度，楼梯都很窄，为直跑式。楼房会在楼梯间设独立入口，首层的房屋就从正面的大门进入，二层以上的就在楼梯的各层休息平台进入（图 3-3C）。这样共用楼梯间，每层楼都可以互不干扰，又提高空间利用率。有些为了更加节约面积，对称的两栋住房在中间位置共用一个楼梯，楼梯也是狭窄的直跑式（图 3-3D）。这种情况，可能是两个相邻地块拥有者联合建造，或者都同属一位拥有者，进行整体建造。

由于历史资料的局限，难以确定广州应用以上建造经验的首批建筑业主是谁，设计建造的工匠的背景。以上的演变过程，暂只是以当时社会与经济状况为基础所推断。这种建造经验将传统住宅类型从平房演变成公寓式楼房，简明又适宜地应对了当时居住要求，加上现存的具有以上平面特征的住宅建筑，其立面风格都有民国时期的特征，还可以推断出这种演变过程在清末就开始，并在民国时期广泛存在。

2. 结构

民国初年，政府颁布了一系列用于城市管理的行政规章，展开现代化的城市管理与建设。其中一些章程规定了建房时的建造用材与方式、立面开窗等。这些细则一方面对建设起到管制作用，但另一方面，也反映出当时建房的趋势以及市政当局的引导

---

❶ 李开周.怎样在民国广州自建房 [M]// 梁力.羊城沧桑 2.广州：花城出版社，2012：189。
❷ 李开周.怎样在民国广州自建房 [M]// 梁力.羊城沧桑 2.广州：花城出版社，2012：190。

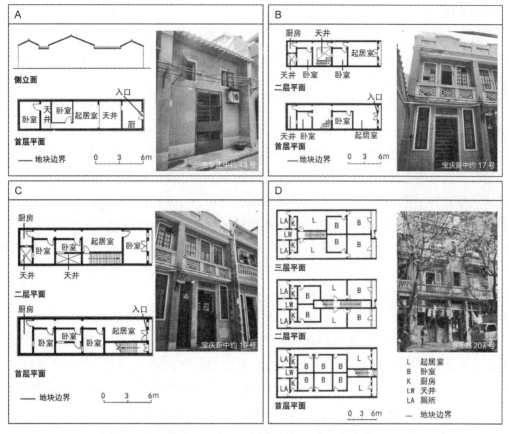

图 3-3　各种竹筒屋平面与外观特征
A- 单层竹筒屋；B- 两层竹筒屋；C- 竹筒屋集合住宅；D- 共用楼梯间竹筒屋集合住宅
来源：平面图，《广东民居》，笔者重新绘制；立面，笔者于 2011 年 2 月摄

方向。从不同年代颁布的建筑建设相关章程可以看出，不同年代对建筑结构的合理性与建筑材料运用的管理有所不同，从侧面也反映出当时房屋结构与材料的改变。例如，1912 年《取缔建筑章程及施行细则》❶中提到：

"第二十条　凡建房屋，其墙壁用单隔砖砌造者，檐高不得过一丈❷，并不得架楼。双隔砖砌造者，檐高不得过二丈，得架楼一层。三隔砖砌造者，檐高不得过三丈，得架楼两层。四隔砖砌造者，檐高不得过四丈，得架楼三层。五隔砖砌造者，檐高不得过五丈，得架楼四层。至墙身除双隔砖墙不许减砖外，其三四五隔砖至上半截，得酌量减少一隔或两隔砖。

此条系指新建墙壁全用佛山青砖按照普通造法砌筑者而言，倘用明企红砖及其他大样结实之砖，加用英泥灰沙过板实心砌造或系旧墙加砌者，其高度仍可体察情形，

❶　广东省城警察厅，取缔建筑章程及施行细则 [M]// 赵灼编 . 广东单行法令会纂：第 5 册 . 广州：广州光东书局，1912。

❷　说明：1 丈等于 3.333 米。

临时酌量增减……

第二十五条 房屋凡全用砖柱建造者,如用四隅丁方,檐高不得过一丈,五隅丁方,檐高不得过两丈。其高两丈以上者,酌量禁止建造,至每柱距离,最宽以一丈二尺为度。"

还有,该细则的第二十条至第二十八条,1918年《临时取缔建筑章程》❶ 的第十七条到第三十七条都是对砌体结构和粘结材料作出详细规定。1924年《广州市新订取缔建筑章程》❷ 中的第三章"建造限制"、第四章"材料"与第六章"众墙",对原有的条例进行调整与细化的同时,添加了钢筋混凝土建造方式的条例。从中可以总结,20世纪初,住宅的结构都是砖混结构,开间宽度(柱距)是限制在4m内。承重体多为砖砌体,常用佛山青砖,也有明企红砖,水泥是比较常用的胶粘材料。到了20世纪20年代,房屋也是砖混结构,柱梁和楼面一般使用钢筋混凝土材料。在新建造技术的推动下,住宅更加稳固,而且建造法规对建筑高度的限制也开始放宽,可以建造更多楼层数,屋顶做法从传统的坡顶逐渐变为平屋顶。

3. 立面与装饰

1861年,沙面沦为英法殖民地。之后,英法殖民者在该处建设办公楼、住宅与学校,这些建筑从平面格局到外立面,建造方式到细部装饰都带有地道的西方建筑特征。沙面的建筑,成为住宅建筑的西式装饰手法的直接借鉴实例。加上当时广州对外贸易还较为发达,很多华侨又归国定居,西式特征的住宅很容易被接受与推广。

民族工业的发展,为当时住房建设应用新技术和新材料提供了良好基础。1907年,广东士敏土厂建立,是继澳门青州英坭厂和唐山启新洋灰公司后,中国的第三间水泥厂。该厂的建立为近代广州提供价格低廉、质量较高的水泥❸,也为住宅建造与装饰提供了大量可塑性更高的材料。

水泥在装饰上的应用很广,可以制作成装饰构件、花阶砖,也可以作出拉条和拉毛效果,和细石子混合可制成水磨石用来装饰建筑立面,而这些装饰技术,最初是应用在沙面租界的建筑。当时新建住宅(包括坡屋顶的建筑)已经开始在其临街立面不设突出檐口,改为女儿墙,并统一成西式风格(图3-4)。而且,栏杆使用了这些新材料后,表现出不同的形式,装饰性也更强(图3-3B、C、D立面)。民宅的这种新式装饰风格,就是在适应广州的地域文化条件的前提下,从传统装饰材料以及应用新材料而产生的新形式❹,是一种受西方文化影响下的住宅建造经验变迁的外在投影。

---

❶ 广州市市政公所,临时取缔建筑章程 [M]// 赵灼编.广东单行法令会纂:第6册.广州:广州光东书局,1912。
❷ 广州市工务局,广州市新订取缔建筑章程 [Z]// 广州市政厅总务科编辑股,广州市市政例规章程汇编,1924。
❸ 广州市社会局编.广东事业公司概况 新广州概览 [M].1941。
❹ 薛颖.近代岭南建筑装饰研究 [D].广州:华南理工大学,2012:225。

图 3-4　往北俯瞰广州城

来源：卡尔·麦登斯（Carl Mydans），1949 年 3 月 1 日，估计摄于爱群大厦

3.2.3　地平面的特征

地平面特征分析主要以《民国经界图》为依据，并结合相应的实地调查展开。竹筒屋联排住区中，地块都是被整栋竹筒屋覆盖，因此，地块宽度一般就是 4m，和竹筒屋的开间宽度相等。在经界图里记录的住宅宗地宽度如果是 4m，则可以断定是竹筒屋住宅。有些竹筒屋楼房是双开间，或者几间一起建设的，经界图可能会记录为大块的宗地，而这种特殊情况则需通过实地调查来确定。

1. "三"字形

"三"字形地平面的形态特征是两种"要素复合"按照"三"字形排列，上面是道路，中间是住宅地块，下面也是道路。道路是东西向的，形成"三"字形，也可以是南北向，形成"川"字形。住宅地块系列的组织特征有两种：单排地块和双排地块。

为了清晰说明单排与双排住区的空间结构与组织方式的特征，必须定义两种地块边界的叠合特征。以规整的地块为例，临街的一边为地块前端（主入口所在边），相反的一边为地块末端，两者通常为短边，而其余两边为地块侧边，一般都为长边（图 3-5A）。当两个相邻地块的临街的边是相反的时候，重叠的边线称为"地块末端重叠线"；当两个相邻地块临街的边是垂直的，或者非相反时，重叠的边线则称为"地块侧边重叠线"（图 3-5B）。这两种重叠线的走向可能会顺着地块末端、地块侧边，或两者皆有。而最重要的是，通过绘制这种重叠线，相邻地块前端的空间关系可以容易解读，即可以知道主入口方向是相反还是垂直（非相反）。街廓边界是唯一能设置地块出入口的位置，本书将此与地块前端重叠的边界称为"有效边界"（图 3-5C）；当界面被地块的侧边（长边）所占据时，这段边界称为"非有效边界"，因为这段边界被"有效边界"上某个地块重复占用。而对于一个地块系列（街廓），与地块末端叠合线的线性走向平行的面，本书称之为地块系列（街廓）正面，与之垂直的两边为侧面（图3-5D）。然而，这种关系并不绝对，因为地块系列（街廓）的形状不会全是规整的，侧面和正面都是较为相对的概念。

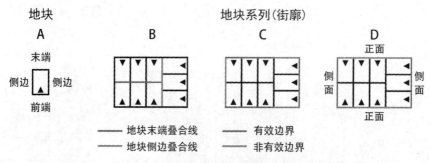

图3-5 地块与地块系列（街廓）各种边界定义（见彩图1）

单排"三"字形地平面中，地块系列的内部没有"地块末端重叠线"，两端位置可能出现"地块侧边重叠线"，即在地块系列（街廓）的短边会设置地块主入口（图3-6A中部）。针对中部的各个地块，有前后两个临街面，但是这些位置的建筑普遍没有后门，就算有后门，都很不起眼，而且立面几乎没有装饰。从图3-6可以看出，对于单排"三"字形地平面，有一半的街廓边界为非有效边界，这部分街道界面都是由装饰简单的背立面所组成。单排"三"字形地平面主要在一些特殊的地貌地物周边出现，一般分布在民国时期广州城内各渠道的两侧，"边角料"用地，旧城墙附近，特别是"拆城筑路"工程切割后的剩余用地。图3-6A所在位置为广州明清城墙的西门口（图中中部靠右）位置，城墙再往西约50m就是西濠（涌）（图3-6A中部，南北走向，边界不规则的带形空间）。

在双排"三"字形地平面（图3-6B，C）中，地块系列内部必定出现"地块末端叠合线"，而且在其两端的位置，会出现"地块侧边重叠线"。两端地块的进深一般较小，并且比中间地块的小很多。假设某个街廓边界的长度不变，"非有效边界"越长，"有效边界"就越短，用作地块出入口的界面就变少，该街廓可容纳地块数量相应减少。可以推断，双排"三"字形地平面两端出现"地块侧边重叠线"，主要是减少街廓边界与地块侧边的重叠，保证与尽可能多的地块前端重叠，增加地块系列内的地块数量。"地块末端叠合线"的线形都是非常曲折，很少出现平直的情况。在私有制为主导的土地制度下，这种小宗土地的交易一般不会重新划定地块边界，也不可能将单个地块细分后再交易（除非地块的侧边正好与街廓边界重叠）。而且，在民国时期，市政当局没有颁布如何针对住区地块划分与布局方式的规章制度。综合以上可以推断，住区的这种地平面特征，应该在地块划分之初就形成，而且，划分时鲜有自上而下的控制，多是土地持有者之间互相协调的结果。

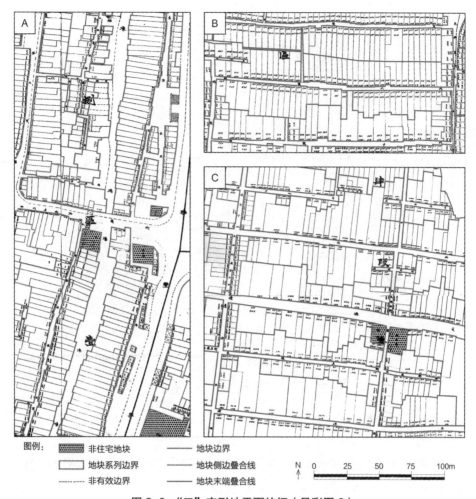

图例：　▨ 非住宅地块　　—— 地块边界
　　　　▢ 地块系列边界　　—— 地块侧边叠合线
　　　　┈ 非有效边界　　　—— 地块末端叠合线

N　0　25　50　75　100m

图 3-6　"三"字形地平面特征（见彩图 2）

（A- 单排"三"字形地平面；B、C- 双排"三"字形地平面）

来源：《民国经界图》。A 为第 47、48 分幅图，B 为第 46 分幅图，C 为第 65、92 分幅图，笔者绘制

2. "凹"字形

"凹"字形住区是"三"字形地平面的变体，是在"三"字形结构形式的基础上增加内巷，即尽端路。街廓增加内巷后，街面周长显著增加，从而提高了街廓容纳更多住宅地块的能力。

这种地平面内部会出现一圈围绕支路的"叠合线"，而这正是"凹"字形的几何平面特征（图 3-7A）。这种地块组织方式，是尽量减少"非有效边界"，增加可划分的地块数量（户数）。"凹"字形住区也有一种变体，就是内巷的尽端出现"丁"字路，向两侧再伸出尽端路。"有效边界"也顺应街道走向，形成了一种较为致密的地块组织形式（图 3-7B）。但是《民国经界图》中，这种组织方式不常见，其余的都只是"非有效边界"较多的"凹"字形住区变体。这种变体中，尽端的内巷都是链接地块的末端，实际服务的户数不多，功能上更像是檐水冷巷（图 3-7C）。

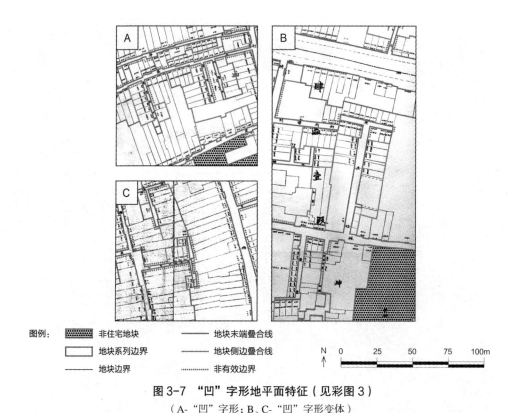

图例：
▨ 非住宅地块 ——— 地块末端叠合线
▢ 地块系列边界 ——— 地块侧边叠合线
——— 地块边界 ········· 非有效边界

N↑ 0 25 50 75 100m

图 3-7 "凹"字形地平面特征（见彩图 3）
（A-"凹"字形；B、C-"凹"字形变体）
来源：《民国经界图》。A 为第 123 分幅图，B 为第 97、98 分幅图，C 为第 54、55 分幅图，笔者绘制

这种"凹"字形及"凹"字形变体地平面，与英国住区重组地块后的地平面（见图 2-7）甚为相似：大地块中引入内部巷道，然后再细分成小地块，同时形成内部道路与小巷。但是有一个差别是，英国的地块重组过程是为了增加该住区的建筑密度，而广州城的情况只是为了增加地块数量。因为，从竹筒屋建筑与地块的关系可以得知，每个住区的建筑密度都接近 100%，没有再提高的可能性。反而，增加地块数量会更有意义，因为可以为更多的市民提供更多地块进行自建住房。

3. 发梳形

清代广州城墙南侧一带，范围大概是西至现黄沙大道入口处，北沿梯云路、杉木拦路、十三行路、一德路、泰康路、万福路，东至江湾桥，南以珠江为边界，出现很多垂直于珠江的窄长形街廊，形成很多垂直于珠江的发梳形肌理（图 3-8）。

发梳形地平面也有单排和双排之别，但是这两种子类型都不是独立存在，而是混合在一个街廊之中。这些街廊中，多由面宽约 4m 的地块并联而成，地块纵深方向大多是南北向，垂直于珠江，其深度基本就是街廊的短边长度；也有双排并联的，街廊的短边就是 2 倍地块深度，足够宽的街廊在长边一侧还会出现很短的断头支路深入街廊。这些发梳形地平面中，也有全部由长条形地块组成的街廊。其中，垂直于六二三路的调源上街东侧的街廊，就是全由 100 多米深的地块所组成（图 3-9A）。这种街廊就不再是明显的窄长形，而是南北向深度即为地块深度，东西向宽度就是地块面宽的总和，一般是深度远大于宽度。这些长条形地块都是当时广州最深的居住地块。从《民国经界图》相应分幅图可见，纵深最大的地块达到 160m，位于垂直于长提大马路的迎珠街东侧（图 3-9B）。

图例：　■ 非住宅地块　----- 清朝城墙
　　　　▨ 街巷　　　　…… 19 世纪中期珠江岸线（推测）

N↑　0　200　400　600m

图 3-8　珠江前航道北岸的发梳形地平面分布（见彩图 4）

（A 为图 3-9A 位置，B 为图 3-9B 位置）

来源：《民国经界图》，笔者绘制

图例：　▨ 非住宅地块　　　— 地块末端叠合线
　　　　□ 地块系列边界　　　— 地块侧边叠合线
　　　　-- 地块边界　　　　…… 非有效边界

N↑　0　25　50　75　100m

图 3-9　发梳形地平面特征（见彩图 5）

来源：《民国经界图》。A 为第 140 分幅图，B 为第 125、126、144、145 分幅图，笔者绘制

　　发梳形地平面的形成原因和过程，尚未有确凿的历史资料记载，只能通过其他关联因素进行推测性演绎。在说明发梳形地平面的形成过程之前，需要提出两个疑问：第一，在清朝，迎珠街一带是广州城娼楼妓馆最集中、最繁华之处，而且都是鳞次栉比的浮家泛宅。❶这种情况是否暗示着泛家浮宅的存在和这些发梳形地平面有着密切关系？第二，一般情况下，当水上运输为主要物流方式时，临近水道、江河的地区为了获取更多的临水界面，会形成沿水道、江河方向延伸的街道肌理。清朝时期的广州，基本不存在现代交通运输方式，很多货物流通还是依靠水上运输完成。水运条件较好的水道两侧，容易形成沿水道方向一字排开的商业街，街巷肌理也随之形成。学者周霞指出，今大德路、大南路、文明路，与一德路、泰康路、万福路之间地区的平衡珠江的街巷肌理，就是因为这个原因而形成的。❷然而以珠江的水运条件，河岸地区却形成了垂直于河道的发梳形街巷肌理，这种结果又是受到什么因素所影响？

　　基于以上两点疑惑，该区域的形成历史以及浮家泛宅的居住形态，或许会是解答发梳形地平面形成过程的突破点。

　　该地区在明清时期，还是珠江水域的一部分，尚未形成陆地。学者曾昭璇从史料记载总结出，清初的珠江岸线位于梯云路、杉木拦路、十三行路、一德路、泰康路、万福路一带（图3-8虚线位置）。之后由于河沙淤积，河道收窄，这一带才逐渐成为陆地，范围与窄长形街廓与地块较为集中的区域基本重叠。❸

　　历史上，珠江前航道两岸聚集大量水上居民。水上居民一般居住在"疍艇"（图3-10）或者是"疍棚"，而这些水上居所在清朝还一度成就了"水上浮城"❹的壮丽景象，形成独特的居住形态。疍艇主要用于接送珠江两岸居民来往，运输货物，有些是商客的暂时居所，有些较大的疍艇还可以作为水上娱乐场所。❺疍棚形式类似吊脚楼，建于河滩上，以竹木为桩，下可入小艇，上架板结房或以船篷为顶。这些疍艇和疍棚首尾相接，鳞次栉比，呈梳形排布，依靠密密麻麻的垂直于珠江的板桥或水巷（担水和上落货物道路）与陆地相连，水陆交通方便。这种肌理模式，在20世纪二三十年代的珠江两岸，还清晰可见（图3-11）。

　　综合珠江岸线推移的范围、疍民居所位置及其独特的肌理，可以认为该地区的发梳形肌理与水上居民独特的职住形式所对应的空间模式（图3-11A）有着密切联系，而且可以大胆推断发梳形肌理是从"水上浮城"的梳形肌理演变而成。以下将对该演变作出模拟。由于时间推移，河沙淤积，珠江岸线南移，位置较为靠岸的疍艇已经不能移离，逐渐变为固定的居所（图3-11B）。随着河道继续收窄，"被困"在陆上的疍

❶ 黄佛颐.广州城防志[M].广州：暨南大学出版社，1994：237。
❷ 周霞.广州城市形态演进[M].北京：中国建筑工业出版社，2005：44。
❸ 曾昭璇.广州历史地理[M].广州：广东人民出版社，1991：59。
❹ 亨特.广州番鬼录·旧中国杂记[M].冯树铁，沈正邦，译.广州：广东人民出版社，2009：26，27。
❺ 黄新美.珠江口水上居民（疍家）的研究[M].广州：中山大学出版社，1990。

艇居所越来越多，固定下来疍棚也演变成陆上居所（图 3-11C）。同时，工人、商客、陆上居民和疍民都频繁使用水巷、板桥路来往陆地和江面，使得这些通道重要性不断提高，逐渐变成固定的街巷。人流和物流的频繁往来，促使原来疍艇和疍棚的位置出现建设更新，出现棚屋住房，固定的居所也随之形成。在这种演变过程下，疍艇和疍棚首尾相接，鳞次栉比的梳形排布结构便逐渐固定成发梳形的街巷结构，形成具有窄长形街廓的空间肌理。而窄长形的地块，也是将类似的建设经验应用到棚屋建造中，地块的前后贯通需要统一协调，最终归并到同一权属所有者（图 3-11D）。

图 3-10　20 世纪 30 年代初的疍艇

来源：http://zh.wikipedia.org/wiki/File：海珠公園 .jpg

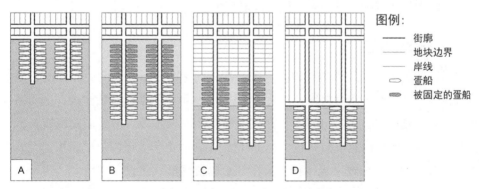

图例：
—— 街廓
—— 地块边界
—— 岸线
⬭ 疍船
▨ 被固定的疍船

图 3-11　发梳形地平面形成过程（推测）

3.2.4　形态类型的特征

20 世纪初以来，竹筒屋联排住区是在清末住区的基础上演变而成。在建筑的空间层次，建筑类型都是以明清时期固定下来的传统竹筒屋为原型。平面形式基本不变，只是在层数、建筑结构、立面形式与装饰、材料方面有变化。这种变化反映出该时代的建造技术、审美偏向。由于地块形状、地块系列的组织方式都没有变化，街廓的空间层次，即地平面，并没有变化，因此街廓的形状也没有改变，当时的特征就是清末时期的特征。

整体肌理是由"三"字形地平面及其各种变体所构成，"凹"字形住区只是点缀在这种基质性肌理之中，因此整个住区才出现或密或疏、纵横交错、内巷众多的街巷网络结构。在特殊的城市区位会出现特别的地平面——发梳形地平面。这种形态特征推测是由没有固定地块的浮家泛宅在固化过程中形成。

住区街廓边界大都是规则的，地块形状也因此变得规整。但是内部的各种"叠合线"是曲折，很少有平直的状态。因为在形成过程，土地拥有者之间的不断相互协调是一种自下而上过程。

各种要素之间的约束情况中，地块形状是决定性的要素。因为地块形状不能改变，旧有的建筑平面形式可以继续被使用，而建筑的形式则随着经济和社会的变化而产生变化。二维空间特征上，多为 4～5m 宽，地块的宽度也随之被固定成这个标准尺寸。地块组合成地块系列和街廓后，有效边界的长度就变成这个标准尺寸的倍数。

3.3　青砖大宅住区

青砖大宅住区是指由民国明字屋和传统大屋类型住宅建筑构成的街坊式住区，是当时广州市较为富有市民所居住的住区。这些住宅的规模都比竹筒屋大，墙体由青色烧结砖砌成，多以大块花岗石为基座，立面特征可总结为"青砖石脚"，因此该类型住宅称为"青砖大宅"。当时没有现代的建筑工艺和机械化建筑技术，各种建造工序需要泥水工手工操作完成，建造这种"青砖大宅"耗时甚多。也因此，相对于竹筒屋联排住区，青砖大宅住区的数量不多，住区规模较小。

3.3.1　建筑类型特征

广州城的传统大屋的种类有很多，较为常见的是明字屋和三间两廊，由于主要分布在西关一带，也称为西关大屋。西关大屋早在 19 世纪初期就开始建设，三间两廊的大宅到清末民初就基本停止建设。❶ 在建设早期，因为西关一带尚未大规模开发，用地宽裕，传统大屋可以建成园林式。到 19 世纪中期，由于大屋的单层面积太大，加之四周民居日渐增多，导致采光不佳，大屋开始以楼房形式建设。到后来，西关一带的竹筒屋分布密集，鳞次栉比，已甚少将大块土地用于大屋建设，一些富裕家庭选择了用地充裕、地价较低的河南一带建设大屋。❷

---

❶ 广州市房地产管理局修志办公室. 广州房地产志 [M]. 广州：广东科技出版社，1990：157。

❷ 曾昭璇，张永钊，郑力鹏，等. 广州西关大屋及其演变试探 [M]// 曾昭璇. 曾昭璇教授论文集. 北京：科学出版社，2001：266-276。

有学者认为，由于用地紧张，西关大屋建设时不断从三开间减少到单开间，最终形成大量的单开间大屋——竹筒屋❶；也有学者认为西关大屋只是"三列竹筒屋并联而成"。❷这两种认知隐含着对三开间大屋和单开间竹筒屋的形成先后，哪种是原型，哪种是变体的不同观点。同时也深刻反映出，竹筒屋、明字屋和三间两廊的空间特征上表现出一定的同根同源特征：开间的划分明显，开间宽度相仿，而且在开间的纵深方向，功能房间都是如竹筒般一节一节地串联起来。

1. 传统明字屋

从平面布局来看，明字屋或许是从双拼竹筒屋演变而成。相对于双拼竹筒屋，明字屋中间的墙体不再连续，两个开间可以大小不一，可深可短。两个开间的空间分割方式也不对称，房间功能明确，平面布局组合方式紧凑又灵活多变。但也因为这些特点，很难再通过中间隔墙划分成两间房屋来单独使用（图 3-12A）。建筑正立面有一半是带窗实墙，另一半是凹斗状入口（图 3-12A1）。这是其中一个辨别双拼竹筒屋与明字屋的依据，但也不是绝对。明字屋的空间组织方式和竹筒屋的基本一样，也是因厨房位置不同或是否独立而形成不同的形式。明字屋楼房一般是富裕人家的宅邸，如果是书香之家还会在次间屋的前厅设置书斋。更富裕的家庭，还会把后部天井开辟成庭院。

2. 传统三间两廊

传统大屋三间两廊住宅是三合院建筑，前部带有两屋廊和天井。平面形式普遍都是厅堂居中，房间在两侧，厅堂前是天井，两翼为厨房和杂物房。这种形式的住宅比较注重风水，例如厅的后墙不开窗，以免"漏财"；两翼的屋顶要向天井倾斜，可以"聚财"。大门的布置方式有两种，从正面凹斗状大门进入；从侧面进去，如果独户使用，一侧为凹斗状大门表示为主要入口，另一则为普通大门表示非主入口，也有两侧都为凹斗状大门表示两家合用。入口位置主要视住宅内部空间布局和外部道路系统而决定。

三间两廊的住宅在增加楼层和房间数量时，为满足采光与通风，院落和天井的数量与位置就更为重要。院落或者天井都是位于座中的开间，视房屋进深，大概有 2 ~ 3 个，其中一翼房的部分空间会留作花园。楼梯会设置在翼房中部，或者花园边上，厨房则后置（图 3-12B）。

3. 民国时期青砖大宅

青砖大宅的类型学进程中，主要是增加层数，转换立面风格。民国时期建造的青砖大宅，外立面只是部分保留着"青砖石脚"的特征，增加了很多西式的装饰与构件（图3-12A2、B2）。

---

❶　曾昭璇,张永钊,郑力鹏,等.广州西关大屋及其演变试探 [M]// 曾昭璇.曾昭璇教授论文集.北京:科学出版社,2001: 266-276。

❷　汤国华.岭南历史建筑测绘图选集（一）[M].广州:华南理工大学出版社，2001:119;陆元鼎,魏彦钧.广东民居 [M].北京:中国建筑工业出版社,1990: 58。

大宅从单层建筑演变成楼房的方式和竹筒屋的演变方式基本相同，就是说应用相同的建造经验来应对提高层数的需求。对于三间两廊形式的大宅，需要的土地较大，工序复杂耗时长，建设成本较高。在现实情况中，这种类型的大宅也是数量较少。建造这种大宅的业主不仅富有，而且对西式装饰接受度较高，因为很多清末建造的三间两廊大宅的外立面就使用了很多西式的构件与装饰元素，有些还使用了柱式，但是基本上还是保持"青砖石脚"的特征。而到了民国期间，明字屋类型的大宅还有建设，数量也比三间两廊的多。尽管建筑的平面形式没有大变，但是立面风格变化就非常大。有些明字屋大宅立面使用较多灰塑的装饰，西式的构件，也有使用水磨石饰面。有些明字屋的墙身砖砌方式使用了45°斜交方式，增加了墙面的装饰性，例如恩宁路吉祥坊1号的明字屋（图3-12A3）。虽然这些明字屋的"青砖"这个最标志性的特征已经不再明显，但从明字屋大宅的平面形式，建筑基底与地块的关系来看，还是保持着"青砖大宅"的特征。立面上凹斗状大门的位置、开窗的位置、阳台的位置还是与传统的明字屋大宅保持一致，只是装饰材料与风格变了。因此，这些大屋还是归类为"青砖大宅"，并且是一种变化较大的变体。

3.3.2 地平面的特征

青砖大宅住区没有独立的建设区域，只有青砖大宅较为集中的住区，住区内部也建设了很多竹筒屋。本节将以多宝街（现多宝路）和蓬源街（现龙津西路）交界处300m×200m范围为例，说明大宅集中的住区的地平面特征。

大宅的地块上也是基本被建筑所占满，只有一些花园和天井所在的位置才没有被构筑物所覆盖。一般情况下，明字屋和三间两廊大宅的宽度分别都是竹筒屋的2～3倍，大宅的地块也基本是竹筒屋地块的2～3倍。因此，4m左右宽的地块可以直接认定为非大宅地块。其他较宽的地块则结合实地调查，从而分辨出这些大地块是否都是大宅地块。但有些进深较短和地块里面标注的宗地号码较多的地块，则不属于大宅地块。

从《广州府志》（同治年间，1862—1872年）中的《省城图》与成图于1900年左右的《粤东省城图》❶可以看出，该区域是逐渐从东向西，从南往北铺开。住区内部路网是规整的纵横格局，推断该格局在形成的时候是人为规划控制。街廊的形状为长方形，东西向的边长都比南北向的边长大。地块系列的组合特征与竹筒屋联排住区的"三"字形地平面相似，组织形式以双排为主，局部为单排，而单排的位置为单个大地块所占。为了增加有效界面，地块系列的两端都出现地块侧边重叠线，从而增加街廊内部的地块数量。但这样增添的地块，基本都是竹筒屋地块，也就是地块侧边叠合线基本是经过竹筒屋地块。从宗地号码的标注方向，可以得知这些竹筒屋基本都是

---

❶ 广州市规划局，广州市城市建设档案局.图说城市文脉：广州古今地图集（第一部分）[M].广州：广东省地图出版社，2010：24-27。

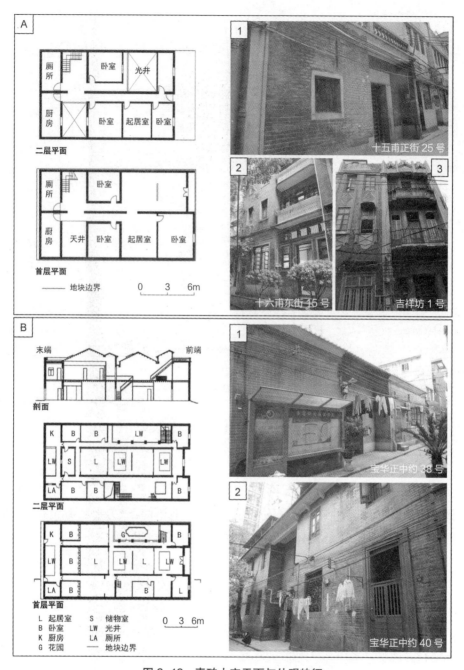

图 3-12　青砖大宅平面与外观特征

A. 明字屋；B. 三间两廊

来源：平面图，《广东民居》，笔者重新绘制；立面图，笔者于 2011 年 2 月摄

东西朝向的。大宅作为商人富贾的住房，投资也巨大，自然会非常讲究朝向。因而，大宅地块都是保持南北朝向，而且朝南的居多。针对单个地块，大部分都是 9m 宽，一些较宽的地块达到 30 多米，但有多个门牌号，可推断为多户使用，而地块深度达 10～35m（图 3-13）。

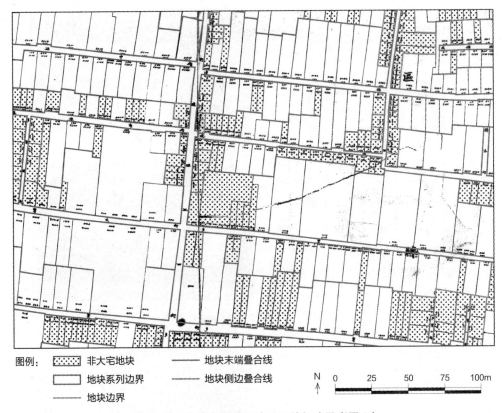

图例： ∴∴∴ 非大宅地块 ———— 地块末端叠合线

□ 地块系列边界 ———— 地块侧边叠合线

——— 地块边界

N↑ 0 25 50 75 100m

图 3-13　青砖大宅住区地平面特征（见彩图 6）

来源：《民国经界图》第 91、92 分幅图，笔者重新绘制

在河南一带，大宅住区的地平面特征则基本和西关地区相同，例如洪德街的基督教洪德堂旧址一带，都与上述例子相仿，方格网的街巷格局，长方形的街廊形状。但是，大宅地块所占的比例会更低，只是点缀在竹筒屋联排住区里面。

3.3.3　形态类型的特征

可以看出，青砖大宅住区和竹筒屋联排住区没有很大区别。只是地块的开间宽度变大，地块上所建设的住宅建筑的类型有所不同。而大宅比较集中的区域，住区的街巷格局都较为规整，地块都以南北向为主。

青砖大宅住区和竹筒屋联排住区在单个街廊中可以完美耦合，这种现象主要是由于这两种建筑类型在建筑平面形式方面有着强烈的关联性，多个地块组合成地块系列的经验相同。青砖大宅是竹筒屋建筑类型的变异，而大宅的建筑形式在适应当时建造技术的同时，又能满足商人富贾对当时高质量居住生活的需求。明字屋形式的大宅，地块面积比三间两廊的小，在当时建设土地紧张的广州城内，适应性更好，因此建设的数量更多。地块系列的组合形式都是与双排"三"字形地平面的特征一样，但两端出现地块侧边重叠线的情况会少一些，规模相对也小。正是这些原因，青砖大宅住区和竹筒屋联排住区可以在一个街廊中共存并互相协调，而不同的两种住区形成地平面也不会出现强烈的冲突。

3.4　骑楼屋联排住区

3.4.1　建筑类型特征

骑楼是广州的传统住宅类型，加上华侨以及西方建筑的影响，以广州拆城筑路以及相关建设政策为契机演变而成，主要分布在建成区的主要商业街道。骑楼住宅类型是被设计出来应对新的建造问题的。而广州骑楼的建造历史是快速建成、快速衰退的过程。❶ 通过分析其演变过程，可以追踪出被设计时所参照的原型以及自适应的过程的影响因素。

1. 官方原型

骑楼所限定的檐廊空间在传统住宅建造经验中是存有原型，但是柱廊的形式则不是由传统经验演变而成，算是一种"舶来物"。清朝后期，广州城内商业兴旺的街道边上，都是传统类型的建筑，没有柱廊空间，这种特征可以从一些历史图片得以佐证。街道两旁的建筑一般都设有凹斗门，户主会利用挑檐或者添置雨棚营造檐廊空间让路人停留购物（图 3-14）。这种檐廊空间遮盖面积小，只能让行人停留后入铺购买货品，而且铺与铺之间有山墙阻隔，并没有形成骑楼那种连续的便于步行的柱廊空间。

檐廊空间是广州骑楼的重要空间特征雏形，与西方"柱廊"（Arcade）的营造方式相结合后才演变成骑楼。❷

檐廊空间与柱廊形式相结合的建造经验，有学者认为是从新加坡或香港传入广州，但在官方层面，传播途径并非如此。19 世纪，带有"铺廊"的民宅在东南亚一带较为常见。如在新加坡，带"前廊"的建筑常见于华人集中的区域，改良了街道两侧建筑的同时，还可提供适应当地气候的有效的商业空间。香港也比较重视"前

图 3-14　19 世纪中期的广州商业街道

来源：约翰·汤姆森（John Thomson）1870 年摄，
http://www.davidrumsey.com/amica/amico
952272-61622.html

---

❶ 林冲. 广州近代骑楼发展考 [J]. 华中建筑，2005（S1）：114-116。
❷ 高海鹏. 广州市骑楼及骑楼街 [D]. 西安：西安建筑科技大学，2003。

廊"建筑，并制定法令鼓励和规范骑楼的建设，例如 1878 年颁布的《骑楼规则》中，允许在公有土地上进行骑楼建设，以获得更多居住空间。在广州，两广总督张之洞提出长堤修筑之时，才开始官方的有计划地建造骑楼。当时的修筑计划中虽然以"铺廊"之名称之，但实则为骑楼。张之洞作为两广总督，对新加坡和香港的骑楼建设是早有所闻。特别是香港的骑楼，由于地缘关系与贸易关联的原因，应该更加容易对张之洞的建设计划产生影响。然而，从广州的建设情况与张之洞的一些奏折，可推断实际情况并非如此，更加直接的影响是来源于广州本土。在明清时期，带柱廊的建筑早已出现。当时广州城作为重要的对外通商口岸，十三夷馆与沙面建筑就有最典型的西方柱廊建筑特征。这两种特殊的建筑，证明西方柱廊建筑形式早就被当时民众与官僚所认知。而从张之洞当时呈上的奏折❶与奏议❷看出，他对沙面建筑的重视度更高。当时长堤修筑的"铺廊"，张之洞有如下建议："……修成之堤一律竖筑马路，以便行车……马路以内通修铺廊，以便商民交易，铺廊以内广修行栈，鳞列栉比……马路三丈，铺廊六尺。"

综上所述，当时长堤计划修筑的"铺廊"，可以算是清末民初广为建设的"骑楼"的官方原型，而且这种原型主要以广州本土的殖民建筑为蓝本演变而成。❸"铺廊"所营造的空间关系，道路→人行道→商铺，也是骑楼的街道空间关系雏形。

2. 自适应过程

"铺廊"的出现，为政府当局系统地推广和应用骑楼建造经验制定了范本。在推广和应用的过程中，华侨、相关建造条例和"拆城筑路"工程都是重要的影响因素。

华侨主要是在引入西方营造经验和投资建设两方面推动骑楼的自适应进程。骑楼在广东省的分布状况与比重，和华侨在广东省祖籍的分布格局与比重有正相关关系❹，华侨集中的地区，骑楼的建造就多。从华侨的背景可以理解，他们在归国的时候不单是带入货物、作物，而且引入了一些营造的经验。❺久居海外的经历，让这些华侨能亲身见识到"柱廊"建筑与西式装饰风格，当归国投资建设时，则把这些体会应用到建设项目中。"柱廊"与西式装饰的元素就会出现在传统建筑之中，建成骑楼的形式。20 世纪 20—30 年代，广州的商业发展也非常迅速。1909 年，广州城区的店铺约有 2.7 万家；到了 1930 年，店铺约有 3.6 万户（其中商人约有 6 万～7 万人），占全部户数的 19.04%。❻这一时间段中，华侨投资在房地产上的金额约 1.08 亿元，足有同期华侨在

❶ 张之洞. 珠江堤岸接续兴修片（光绪十五年十月二十二日）[M]// 王树枏编. 张文襄公（之洞）全集：卷二十八：奏议二十八. 台北：文海出版社，1967。
❷ 张之洞. 札东善后局筹议修筑省河堤岸 [M]// 王树枏编. 张文襄公（之洞）全集：卷九十四：公牍九. 台北：文海出版社，1967。
❸ 彭长歆. "铺廊"与骑楼：从张之洞广州长堤计划看岭南骑楼的官方原型 [J]. 华南理工大学学报（社会科学版），2006，8（6）：66-69。
❹ 林琳. 广东地域建筑——骑楼的空间差异研究 [D]. 广州：中山大学，2001。
❺ 许桂灵，司徒尚纪. 广东华侨文化景观及其地域分异 [J]. 地理研究，2004，23（3）：411-421。
❻ 广州总市两商会. 广东商业年鉴（商业调查类）[M]. 广州：广州总市两商会，1930：7。

广州投资总额的 3/4。❶ 投资房地产时候，华侨为了增加一些租税收入，会把房屋改建或建造成较受欢迎的 "西式洋房" 建筑❷，把沿街房屋建成骑楼形式也是较为常见。

　　民国时期，骑楼建设是受政府 "法令" 所控制。1912—1936 年期间，当局曾颁布 22 份与骑楼建设相关的建筑章程。❸1912 年由警察厅颁布的《取缔建筑章程及施行细则》中，推广建设 8 尺宽、10 尺高的有脚骑楼以利交通，这是全国最早订立的有关骑楼的建设法规。继此之后的相关法规，则不断细化规定骑楼建设中的各种问题，包括：能建设骑楼的街道，骑楼的空间尺度、结构做法，骑楼空间权属、管理与租赁，沿街立面的开窗等等。这些规定之中，1920 年颁布的《马路两旁铺屋请领骑楼地缴价暂行简章》、1923 年颁布的《催迫业户建筑骑楼办法》、1925 年颁布的《催领骑楼地办法》、1926 年公布的《骑楼地加价办法》和《骑楼地领回被割地减价办法》以及次年发出的《修正催领骑楼地章程》，清晰地划定了骑楼的空间归属以及建立完善交易市场规定。因为骑楼下面的人行空间权属不清，作为道路的一部分，应该是公有地，但是骑楼的功能房间又归临街的铺主所使用，那应该是私有地，加上市政当局财政条件不足以把这些土地收为公有再统一建设。这种情况下，骑楼空间变得 "不公不私"，或者 "亦公亦私"，导致建造者存有担忧，无建设和改造的积极性。而颁布了以上的章程后，骑楼空间的投影地块与临街铺屋的地块划分成两个独立的地块，权属明确，并且有完善认领制度与定价依据。而 20 世纪 20 年代，正是广州骑楼建设全盛时期，刚好与以上重要章程颁布的时间相呼应，从中可以看出，这些章程对广州的骑楼建设起到一定的促进作用。

　　其中 1911—1929 年，针对骑楼设定的规范开始完善，骑楼也进入全面建设时期。之后的 7 年时间，骑楼兴建政策有所转向，广州市的骑楼街也基本固定成形。❹ 此时广州集中建成的骑楼街有中山一马路至中山八马路、东华路、西华路、龙津路、上九路、下九路、恩宁路及六二三路，大北门内的解放北路和小北门的小北路，南华路、同福路、洪德路。❺ 而这些骑楼街全部是 "拆城筑路" 工程后修建的，大部分都是开辟新马路时通过改建道路两旁的商铺而成。

　　3. 建筑类型特征

　　骑楼建筑所在位置都是市中心寸土尺金的商业繁华地段，层数 3 至 8 层不等，而且沿街连续排接。有些是在更大的地块建设成大型多间式骑楼，这种形式的骑楼基本是广州市独有的，尽管广东省其他城镇也有出现，但数量不多。❻ 这些大型多间式骑楼主要分布在沿江路一带往北推 1 ～ 2 个街区。

❶　广州市地方志编纂委员会. 广州市志（卷三）[M]. 广州：广州出版社，1996：427。

❷　广州总市两商会. 广东商业年鉴（商业调查类）[M]. 广州：广州总市两商会，1930：9-10。

❸　林冲. 骑楼型街屋的发展与形态的研究 [D]. 广州：华南理工大学，2000：158。

❹　林冲. 广州近代骑楼发展考 [J]. 华中建筑，2005（S1）：114-116。

❺　广州市地方志编纂委员会. 广州市志（卷二）[M]. 广州：广州出版社，1998：146。

❻　林琳，孙艳. 广东骑楼的平面类型及空间分布特征 [J]. 南方建筑，2004（3）。

　　由于骑楼建筑是原有建筑前端被新修道路切割改建而成，平面形式还是以原来的竹筒屋布局为基础。建筑底层为店铺，二层以上主要为住宅（图3-15）。一层前端划分出规整店铺空间，后端仍然有完善的居住功能房间，包括厨房、卧室，大部分会作为存储货物的房间来使用。楼梯间是靠边设置，出入口在前端，直跑形式。到了二层，平面布局基本与竹筒屋楼房相同。由于骑楼地与原有房屋的土地已经被划分成两宗土地，二层前端房间和楼梯的使用会根据情况有所变化。如果两宗土地的所有者相同，二层及以上的平面分割较为灵活，限制也少。如果属于不同的持有者，则前端房间的大小和形状都与骑楼一样。此情况下，由于骑楼的底层空间作为公共空间，不能再建设直通二层的楼梯，骑楼业主也只能和铺屋业主共用原来铺屋的楼梯至二层及以上的楼层。

图3-15　骑楼平面与外观特征

来源：平面图，《广东民居》笔者重新绘制；立面：笔者于2011年2月摄

　　骑楼建筑都为楼房建筑，大部分为3～4层高。这个特征是由于当时的房屋以砖混结构为主。其中，市政当局也对此结构的建筑作出过高度限制。砖混建筑的高度从1912年的《取缔建筑章程及施行细则》限制在2丈（约6.7m）以下，逐渐放宽到1930年的《取缔建筑章程》所限制的52尺（约17.3m）。对于建筑的开间（柱距）宽度，限制只是从12尺（约4m）提高到15尺（约4.5m），可见，骑楼建筑的开间还是维持在竹筒屋的开间范围内。

　　建筑立面方面，骑楼建筑的西式元素较多。商业街道两旁的骑楼绝大多数使用方柱柱廊，柱头上方有叠砖、托架（牛腿）等装饰。立面开窗则受到相关建设章程限制，例如1930年的《取缔建筑章程》的第三十六条中，就规定了最小开窗与有效的面积，开窗的限制与窗户上方的楣梁结构。因此，当时的骑楼建筑立面，开窗方式与大小相似，街道界面较为规整统一。屋檐山头则有多种风格，以三角形、弧形和矩形为基础，演变出各种变化型和复合型。这些屋檐山头有栏杆，或有圆镜装饰和各种中式、西式图案装饰。❶

3.4.2　地平面的特征

　　为了展示联排骑楼住区的地平面特征，以上下九路与长寿里（现为德星里）交界处的骑楼街为例进行说明（图 3-16）。现今上下九路是广州典型的骑楼街之一，道路两边的骑楼鳞次栉比、整齐划一。但是在 20 世纪 20—30 年代，上下九路只有零星的骑楼，长寿路还没有被开辟成为马路。图 3-16 中东西向较宽的马路为上下九路，中间有道路交叉口，与此相接的南北向道路则为长寿里。

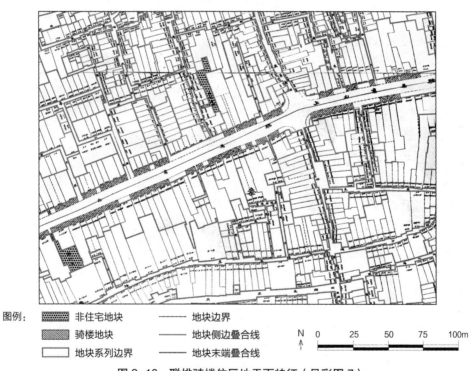

图例：　▨ 非住宅地块　　—— 地块边界
　　　　▧ 骑楼地块　　　—— 地块侧边叠合线
　　　　▢ 地块系列边界　—— 地块末端叠合线

N　0　25　50　75　100m

图 3-16　联排骑楼住区地平面特征（见彩图 7）
来源：《民国经界图》第 96、122 分幅图，笔者重新绘制

　　从图 3-16 可以看出，整个案例范围内，都是以竹筒屋联排住区为主。双排"三"字形地平面的地块组合较为常见，下方由于原来是濠涌，出现曲线形的单排"三"字形地平面。其中，街廓中两种重叠线特征与竹筒屋联排住区的分布相同，"地块末端重叠线"位于中间，两端为增加"有效界面"形成"地块侧边重叠线"，两种重叠线的线

---

❶　林冲 . 骑楼型街屋的发展与形态的研究 [D]. 广州：华南理工大学，2000：166-170。

形较为曲折，呈犬牙状。上下九路两侧的地块系列，大多是以正面临街，即地块系列的走向是平行于道路的；也有以侧面临街的，图 3-16 中也显出两组这样的地块系列。马路两侧的地块都是铺屋地块，前端临街，垂直于街道，宽度与竹筒屋地块的相同，约为 4m 宽，也有一部分为 8～12m，为竹筒屋地块的 2～3 倍。马路的人行道上有着不连续的地块依附在道路两侧的铺屋地块，这些地块为骑楼地块，其宽度等于被"依附"的铺屋的地块，深度为人行道宽度，约为 3.3m。当出现骑楼地块后，被"依附"的铺屋的地块在平面投影下就呈现"被堵死"的状态，四周被地块所包围，没有临街面。但是骑楼的造型特征，以及市政当局颁布了规范的共用楼梯细则，在实际建设和使用过程中解决了这种问题。骑楼屋的"地块"，本书称之为"挂起地块"。原因是这种地块对应的地面是不能被构筑物所占用，只能在一定的空间高度之上进行建设。

图 3-16 中的上下九路两侧的骑楼地块并不是连续的，有些是整个街廓的"有效边界"上都没有骑楼地块。说明当时的骑楼地块是逐一认领，然后逐步建设骑楼，骑楼街也只是在一段较长的时间内市民的个体建设活动的集合，而不是一种自上而下的快速改造的结果。

从上下九路两旁联排骑楼住区的地平面特征可以总结，联排骑楼地平面也就是"三"字形地平面的变体。地块的形状特征，以及地块组成地块系列的方式都是一致的。变化在于其中的地块系列靠近商业街道的界面。这些临街地块的都是竹筒屋地块的特征，其组合而成的街廓边界基本都是参差不齐，由于在开辟新马路的时候，原先的边界被切割，变成整齐划一的界面。这些被切割的地块都是铺屋地块，被切割的过程中基本没有合并或者重新划分，维持着竹筒屋地块的特征。以铺屋地块两侧边的延伸为限定，新道路的人行道区域则成为骑楼地块。当骑楼地块出现后，原来的铺屋地块的四边就被地块所包围。而这一点就是联排骑楼住区地平面的最重要的专属型特征。

3.4.3 形态类型的特征

骑楼屋联排住区就是竹筒屋联排住区为了适应高商业价值地段的社会和经济需求演变而成。

骑楼的原型是本土的檐廊空间，是结合西方"柱廊"空间演变而成的。官方原型为张之洞长堤修筑时所建造的"铺廊"，而"铺廊"主要是受到沙面与十三行的西方建筑所影响。建设"铺廊"是广州城"拆城筑路"工程中最为重要的商业街改造方案。在华侨的带动和相关建设章程的配合下，骑楼被迅速建设。各栋建筑骑楼空间的高度和开间都基本相同，沿街立面的开窗位置与大小也基本统一，这是由于当时的建筑技术和建造章程共同限制。

其地平面特征与"三"字形地平面没有根本上的区别，建筑还是基本满覆盖地块，地块宽度就是建筑开间宽度或者其自然倍数。地块联排布置，鳞次栉比，地块系列的组合与结构方式不变。主要区别在于沿主要街道的地块的前端被划分出一宗独立的地块作为骑楼地块。这个地块是基于明确地权、配合骑楼建设的目的而划分出来的，有一系列章程所支持。由于地块的划分，骑楼建筑被划分成铺屋和骑楼两部分。即使地块被划分成两部分，骑楼建筑铺屋部分的平面形式还是保持着竹筒屋楼房的特征，楼梯间的位置和功能房间的布局方式都没有变化。不同的是建筑前端的底层架空，形成骑楼空间，而架空的区域就是骑楼地块，形成"挂起地块"。

在以上种种条件下，竹筒屋联排住区最终演变成骑楼屋联排住区，而其街道空间也变成最具有广州特色的骑楼街。

3.5　红墙别院住区

红墙别院住区相对于以上三种住区形态，笔者认为是"颠覆"性的。传统住宅类型是一种"外封闭、内开敞、密集，方形的平面和空间布局形式"[1]，而且开敞空间大部分由建筑或连廊所围闭。而别墅建筑类型，则是一种外向型的。住宅建筑与地块之间关系，传统住宅是基本满覆盖地块，而别墅则是着落在花园（开敞空间）上。这类别墅建筑，主要集中于当时的东山地区（图 3-1，C1-31 区）、河南（现海珠区）宝岗地区（图 3-1，C1-31 区水体以南）也有。这些别墅有些是当时的"模范住宅"建设计划的结果，与当时位于明清时期的广州市建成区范围内的紧凑式开发的密集型住宅建筑形成鲜明的对比。住宅的业主大多是旅居海外的华侨和当时的军政官僚，都是社会的上层人士，因此形式上与装饰上都比较多样化与西式化。东山区的别墅被称为"红墙别院"，而同样是当时上层人士的住宅，位于西关的则是"青砖大屋"，反映出两种类型住宅在形式上的巨大差异。

3.5.1　建设背景

"红墙别院"住区，是广州的花园式郊区住区。这种建设方式深受当时西方"花园式郊区"（Garden Suburb）建设的影响。19 世纪末，英国开始建设花园式郊区，这些住区虽然是"田园城市运动"（Garden City Movement）的产物，但是与"田园城市"又有所区别。[2]首先，田园城市是出于社会改良而建造的独立区域，其建设密度是很高的，而且是为了作为新的"磁力点"把居住在拥挤的城市中的普通市民"吸引"过来。但是，花园式郊区是依托大城市，住户需要便捷的公共交通与市中心保持紧密联系。其次，花园式郊区以独栋别墅和双拼别墅为主，居住环境优美，是当时新兴中产阶级的专属。[3]这种实质差异在广州参照"田园城市"理论进行规划建设的时候被忽略了，直接把花园式郊区认定为田园城市的物质形态特征。

❶ 陆元鼎，魏彦钧. 广东民居 [M]. 北京：中国建筑工业出版社，1990：146。

❷ 彼得·霍尔. 明日之城 [M]. 童明 译. 上海：同济大学出版社，2009：101-117。

❸ Whitehand J W R, Carr C M H. Twentieth-century suburbs: a morphological approach[M]. Routledge, 2001.

清末时期的东山一带，为郊外坟场，岗陵起伏，人烟稀少，该区的建设可以分为三个阶段：19世纪末，外国人开始建设阶段；20世纪前20多年间，华侨带动建设阶段；1921年起市政引导建设阶段。

第一阶段是少量开发阶段，也是奠定广州市花园式郊区的建设基调。1907年美国南方浸信会在寺贝通津、恤孤院路、培正路一带购买地块，建设公共设施，期间英、法传教士也到此购地建房。由外国人建设的住宅，虽然分布零星，但颇具有花园式郊区的特征。住宅都是独栋别墅，带有较大的花园，而且由于住户大多为外国人，建筑的形式与西方别墅相似。

第二阶段是建设的高潮。这一时期正是华侨归国投资的高潮，建设的积极性高，而郊区住宅的建设项目满足了他们对住房投资的需求。比起人烟稠密、市廛栉比的市区，东山一带环境优越，加上1911年后广九铁路通车，该区与广州城之间的交通联系开始紧密，这些特征吸引了大批华侨在此择地建房。1911年，华侨首次在东山开始投资建设。这一年美国侨眷钟树荣就组织其他华侨集资，以郭全益堂名义向当地乡民购买现烟墩路整块土地，并划分为6块地出售，随后就有华侨在此建设洋房。1915年，美国归侨黄葵石最先在东山龟岗一带投资，他组织置业公司大业堂集资在此购地18亩多，平整后开辟4条马路，分段出售，随之吸引一批华侨在此购地建设花园洋房。由于该项目获利颇丰，开始吸引更多华侨在此投资房地产。1920年，华侨投资的合群置业公司开始在龟岗的南边开发西式洋房。1921年，华侨开始在新河涌一带投资建设。之后美国归侨杨远荣、杨廷霭等人组织大华公司，于1925年首先在竹丝岗购地，欲新建园林式住宅。❶ 通过该阶段的建设，东山的红墙别院住区基本成形，住区内市政设施完善，道路两旁种植绿树，环境幽静，各种欧美式叠阁重楼坐落于自家花园，形态上与西方建设的花园式郊区甚为相似（图3-17）。该阶段所建设的区域有龟岗各条横路、江岭路、恤孤院路、德安路、烟墩路、培正路各横街、启明路各横路、新河涌一带、瓦窑街、保安街及各横路、松岗路以及广平路等。

1921年孙科主政广州时开始倡导建设"模范住宅"❷，到1927年由市政当局拟定了《筹建广州市模范住宅区章程》和《模范住宅区建筑计划》，展开真正的有计划的有章可循的郊区花园住宅建设。

整个模范住宅的设计理念原型都是源于英国的田园城市思想，但是只是停留于对"Garden City"一词的字面理解："此种新村市，地一英亩（4 hm²），例只建住宅六家至十家。余地悉属公有，为树植花草叶木之用。村既建成，望之俨如一大公园，此'花园都市（田园城市）'名义之所由来也"。❸ 而这种认知所制定的各种建设计划，只会停留在塑造花园似的物质形态空间，也就是花园式郊区。该阶段虽然有之前的建设为基础，

❶ 广州市东山区地方志编纂委员会编.广州市东山区侨务志[M].广州：广东人民出版社，1999：24页

❷ 李宗黄.模范之广州城[M].北京：商务印书馆，1929：80。

❸ 孙科.都市规划论[M]//民智书局.建设碎金：第2编：.上海：民智书局，1927：139-140。

郊区花园住区也获得了社会上层人士的认可和偏爱，市政当局也建立完善的制度来倡导，但实际上建设成效不高，使整个计划实质上"计划有余，实施不足"。❶其中原因有当时政权斗争频发，时局非常不稳定，市政当局财政也拮据，很多市政设施都无法全面铺开，计划在颁布不久就一度搁置。而且，当时规划设计多变，限制诸多，使得有意向建设者无所适从，有能力建房者不能如愿❷，最后只有零星住宅建成。加上这类花园住宅在购买土地，建造过程就耗费大量资金，可谓是当时官僚权贵、华侨富商的一种特权，非一般市民能承受。

图 3-17　民国时期东山模范小区

来源：《图说城市文脉：广州古今地图集（第一部分）》第 69 页

---

❶ 李淑萍，张洪娟.略论二十世纪二三十年代广州模范住区计划 [M]// 广州市地方志办公室 编.民国广州城市与社会研究.广州：广东经济出版社，2009。

❷ 杨国强.近代广州房地产发展研究 [D].广州：广州大学，2009：11。

总体上，虽然花园式洋房与"青砖大宅住区"都经历过二三十年的建设时间，但实际建成的规模远不及"青砖大宅住区"。在建设过程中，东山一带只是集中建设区，在河南和观音山（现越秀山）一带也有建设。经过历史变迁，能保存下来的已经非常稀少，主要分布在越秀区的东山一带、越秀公园北的大华街，还有海珠区的同福路一带。

3.5.2　建筑类型特征

东山一带的洋房，建筑形式从平面布局到立面形式都与竹筒屋、青砖大宅和骑楼这些传统住宅有很大的区别。由于地块宽度变大，形状也不再是窄长形，建筑平面已经不再拘泥于单开间或者并联式单开间布局形式，而是依照功能需求变得更为灵活。例如伍景英设计的寺贝通津42号住宅，现称为"隅园"，为五大侨园之一，建筑平面是自由布局的形式（图3-18）。而且在建筑立面上，"隅园"住宅的墙身为红砖砌体，窗户与门洞边缘为灰塑包边，坡屋顶为硬山式，山墙顶，阳台顶和墙体转角处也有简单的灰塑压边，现代修缮时，这些边线才涂上白色用以装饰（图3-18）。

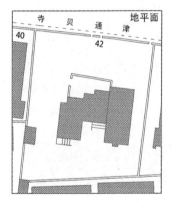

图3-18　寺贝通津42号住宅

来源：地平面、二层平面、首层平面，21世纪初1∶500广州地形测量图以及现场调研，笔者绘制；立面，笔者于2013年5月摄

再观察位于新河浦路的22、24、26号的"春园"（图3-19A），位于恤孤院路9号的"逵园"（图3-19B），位于恤孤路24号的"简园"，位于培正路12号、14号、16号的"明园"的建筑立面形式（图3-19C），墙身基本是红砖砌体，而"春园"是在首层墙面加上勾缝灰塑装饰。窗户有平拱楣梁或者窗洞四周有包边，拉线处理。主要门洞处会用圆拱，与窗洞类似的装饰方式，有些还会在两边加上柱式装饰，带有巴洛克风格。阳台会带压顶加拉线处理，有些分层线也会用到类似的装饰方式。东山一带的别墅都带有以上的外观特征，红砖砌体墙身（个别经过抹灰处理而不显红色），带折中的西式装饰风格，被花园包围，因此这些花园式洋房也被称为"红墙别院"。而本书则把这些住宅集中的住区，称为"红墙别院住区"。

图 3-19　三处红墙别院住宅

A. 春园；B. 逵园；C. 明园

来源：笔者于 2013 年 5 月摄

进入"红墙别院住区"的第三个建设阶段，市政当局专门绘制住宅标准图式引导建设。1928 年《修正筹建广州市模范住宅区章程》公布实施，与此同时，工务局也展示多种住宅图式供市民建设选用。负责设计这批图式的建筑师为邝伟光，负责审查的是伍希吕，而伍希吕有留美经历。这批图式有四组，为不同的地块规模而设计，而四种住宅都为坡屋顶形式，设有烟囱，都带有双边斜角凸窗或者斜角突出的房间❶，立面形式与英国后维多利亚时期的别墅外观形式非常相似。1929 年，程天固主持广州工务事宜，开始推行更为行之有效的模仿住宅计划，并由有留法背景的建筑师林克明设计了五套标准图式用以保证新式住宅的建设。这四套标准图式所设计的住宅，全都是带坡屋顶的独栋别墅，其中一套是平房别墅，其余三套为两层洋房，建筑平面规整，都设有壁炉，都是欧美式独栋住宅的形式（图 3-20A）。

但是，这些图式只是停留在规划层面，最终建成住宅数量很少，并且住房也未完全按照当时推荐的图式建造。❷ 第二套的标准图式是用于松江模范住宅区（现梅花村）的住宅建设，而该地段住区直到 1960 年也只是建成了几套别墅。从当时的实景照片（图 3-20B）也是可以确定实际建成的"红墙别院"并没有完全依照图式来建设，别墅只是保持西式洋房的风格。标准图式是作为一种引导，反映了市政当局勾画出一幅有别于广州城内稠密的住区的西式别墅住区，而实际建设顺应了花园式郊区的住宅特征，按照住户各自的情况建成欧美式风格洋房。

3.5.3　地平面的特征

红墙别院住区中，地块形状已经不再是竹筒屋那样的窄长形，而地块组合形式是以"三"字形平面为主。早期华侨开发的龟岗，各条横路的地块的前端与侧边之比平

❶　广州市市政报告汇刊 [Z]. 广州，1928: 232-245。

❷　刘业. 广州市近代住宅研究——兼论广州市近代居住建筑的开发与建设 [J]. 华中建筑，1997（2）: 117-123。

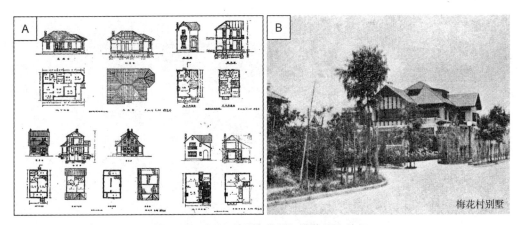

梅花村别墅

图 3-20 松江（现梅花村）模范住宅特征

来源：A，《广州市工务之实施计划》第十图；B，《广州市工务报告》第十三图，1933

均值为 1 ：2，而之后开发的新河涌各横街，该比值的平均值则为 1：1.5（表 3-2），说明在建设过程中，地块的形状越来越趋向正方形。地块面积一般在 150 ~ 400 m²，早期建设时所划分的地块较小，面积为 160 m² 左右，之后建设的地块才开始变大。❶当时最大的"红墙别院"是由美籍华侨梅彩遁在 1926 年于烟墩路建设的"彩园"，占地约为 3000 m²，建有三座楼房和一座平房。而伍景英所建造的两座洋房之一的"隅园"（见图 3-18），地块面积为 648 m²，建筑位于花园中间，占地面积为 121 m²，建筑覆盖率为 19%。而建筑覆盖率方面，由于地块面积逐渐增大，覆盖率也逐渐下降，从早期的 75% 慢慢减低到 48%。

民国时期红墙别院住区地平面特征　　表 3-2

序号	位置	地块前端与侧边长度之比平均值	"三"字形地块组合（街廊）特征				建筑覆盖率平均值
			单排		双排		
			数量	比值	数量	比值	
1	龟岗各横路	1：2	—	—	3	100%	75%
2	江岭路	1：1.7	2	18%	9	82%	73%
3	启明路各横路	1：1.7	5	56%	3	33%	62%
4	恤孤院路	1：1.5	2	50%	2	50%	63%
5	瓦窑街	1：1.6	2	25%	6	75%	58%
6	培正路各横街	1：1.6	1	11%	8	89%	52%
7	新河涌各横街	1：1.5	3	38%	5	62%	53%
8	保安街及各横路	1：1.3	2	20%	8	80%	45%
9	松岗路	1：1.2	6	40%	9	60%	48%

注：位置的排序按照建设时间的先后顺序。

来源：笔者绘制，部分数据来自《广州新河涌地区城市形态发展过程》第 52-55 页

❶ 廖媛苑. 广州新河涌地区城市形态发展过程 [D]. 广州：华南理工大学，2007：52。

　　1927 年，市政当局组建广州市模范住宅区筹备处，筹备处对于模仿住区的土地大小，也有过这样的规定：房屋分四等，"甲等每户约六十华井（约 840 m^2），乙等每户约三十华井（约 420 m^2），丙等每户约二十华井（约 280 m^2），丁等每户约十五华井（约 210 m^2），住宅地段之内建筑物，不得占多过该地五分之二（40%），其余五分之三留作花园"❶。

　　以 1929 年松江模范住宅区规划（图 3-21），地块划分完全是按照筹备处要求，只是规划的甲等地块是对应"规定"的乙等地块，如此类推。地块组合 4、5、6 是双排"三"字形平面，地块组合 1、2、3、9 为单排"三"字形平面，而 8 为混合"三"字形平面，道路系统强调几何构图。由于缺乏相应历史地图资料，只能在 1955 年的地形测绘图的基础上一窥当年的实际建设情况。从这一时期的地平面（图 3-22）可以看出，整个规划只基本实现右半部的道路系统，街廓 1、2、3、4、5、7 按规划实现，街廓 6、8 有少许变化，而规划中的花园（街廓 7）变成了开发用地。尽管地块组合方式还是尽量依据规划（地块组合 1、2、5），但实际划分后的地块面积是大于规划的限定。例如，图 3-22 的地块组合 1 的地块就明显大于图 3-21 的地块组合 1，地块面积约为 750 m^2，达到规划的甲类住宅地块大小。图 3-22 地块组合 1，地块前端长度为 16 ～ 24m，与侧边长度之比平均为 1∶1.7，而地块组合 2 中该比值为 1∶2，地块组合 5 中该比值则为 1∶1.4。建筑全部都位于地块中部，从地块组合 1、2、5 统计建筑覆盖率，在 20% ～ 30% 之间，没有违反"不得占多过该地五分之二"的规定，而且密度远低于第二阶段（表 3-2）。

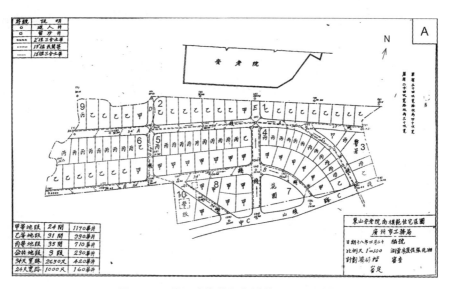

图 3-21　松江（梅花村）模范住宅区规划

来源：《广州市工务之实施计划》第 6 图，笔者重新绘制

---

❶　广州市模范住宅区筹备处 . 模范住宅区马路住宅之规划 [N]. 广州民国日报，1927-08-25（5）。

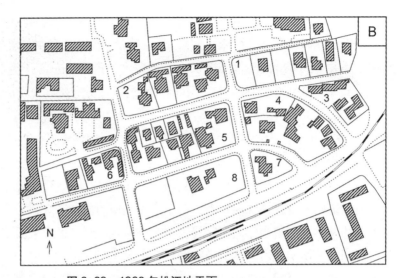

图3-22 1960年松江地平面

来源：《1955年广州市航空影像地图册》第15、12分幅图，笔者重新绘制

可以看出，虽然第三阶段的红墙别院建设总体是"成效不高"，但是已经实施的，都基本依照规划。倘若当时的建设发展背景更好，广州市政当局是可以通过引导，在城郊塑造出大片环境优美的红墙别院住区。

3.5.4 形态类型的特征

民国时期的红墙别院（花园洋房）住区，是一种主要由官僚权贵、华侨富商建设与使用的按照欧美花园式郊区特色建设起来的住区。该住区的建设分布于广州城城郊，大部分集中在东山一带。该住区的地块系列的组合特征和之前三种类型的住区相似，以"三"字形平面为主。地块形状趋向于正方形，地块侧边长度基本都小于地块前端长度的2倍。地块与住宅的关系维持着"一宅一地"的特征，只有一些较大的地块，如"彩园"就建设了3栋建筑。与之前三种类型的不一样之处，就是完全摆脱建筑满铺地块的关系，从"封闭"的传统形式走向"外向"，让建筑坐落于地块中间，塑造"花园式"的建筑外部空间。在整个建设周期中，建筑覆盖率有减低的趋势。到了建设的第三阶段，覆盖率能控制在市政当局规定的"40%"之下。由于地块前端长度增加，传统地块的约束不复存在，本类型住宅建筑的平面布局显得更加自由。建筑层数一般是2~3层，建筑外观有较多折中式和西式的装饰，大部分都是立面都是红色砖墙为主，也有抹灰作美化。加之，住宅位于"花园式"环境中，也被称为"红墙别院"。

3.6 本章小结

1911—1949年（土地私有为主导时期）的住区，主要有四种形态类型：竹筒屋联排住区、青砖大宅住区、骑楼屋联排住区、红墙别院住区。这四种类型住区，在形态上虽有着各种联系，但又能保持着各自的特征共存于广州城内。四种住区形态类型，主要是从建筑类型加以划分。在地平面特征上，都是以"三"字形平面为主，其中有单排、双排、混合之分，也有"凹"字形和发梳形的变体。可以认为，"三"字形平面是地平面的原型，其他都为子类型，或者是"变体"（表3-3）。

1911—1949 年各种住区形态类型的特征对比　　　　　　表 3-3

形态类型	建造经验	各空间层次的特征						区位
		建筑		地平面				
		平面	立面	地块	建筑布局	地块系列	街道	
竹筒屋联排住区	传统住区建造经验 + 建筑技术的发展容纳更多的人口 西方装饰的传入	单层（单家庭用） 2层（单家庭用） 2层（2家庭用） 3层（6家庭用）	单层 2层 2层 3层	L W $W=a$（3~4m） $L=b$ b 最长为160m	基本满铺地块	单排 双排 混合 "凹"字形变体 发梳形变体	街廊宽：X 街廊深：Y 单排 $X=na$；$Y=b$ 双排 $X=na$；$Y=2b$ 混合 $X=na$ 或 $na+2b$；$Y=n'b$ 或 $2b$	单排：原城内河道两侧 双排与混合：最为常见，几乎存在于城市各个区域 "凹"字形：明清城墙内某些区域，实例很少 发梳形：珠江前航道北岸
青砖大屋住区	传统住区建造经验 + 建筑技术的发展 西方装饰的传入	明字屋（2层） 三间两廊（2层）		L W $W=2a$ L W $W=3a$	基本满铺 基本满铺	双排为主；大屋的地块保持南北向；东西向的都是竹筒屋	$X=na$； $Y=b+nW$	西关、河南一带

续表

形态类型	建造经验	各空间层次的特征						区位
		建筑		地平面				
		平面	立面	地块	建筑布局	地块系列	街道	
骑楼屋联排住区	传统住区建造经验+西方的柱廊空间官方首例长堤	2层或以上		L_1 L_2 W $W=a/2a/3a$ L_1=铺屋进深 L_1=人行道宽	基本满铺	双排为主；以竹筒屋的为基础，在沿主要街道一侧，加上了骑楼地块	$X=na$；$Y=b+L_1+L_2$	小商业发达的街道两侧；道路经历过改造
红墙别院住区	西方花园式郊区；最早由外国人建设	隔园（2层）	形式多样	L W $L/W=1\sim2$	位于中间	双排为主	$X=nW$；$Y=2L$	东山一带，观音山、河南一带有少量

这一时期的住区虽然有着各种形态类型，但是彼此间还是协调统一的。具体原因如下：

（1）各种建筑类型一脉相承。除模范住宅，各种民国住宅类型都是传统住宅类型的历时性变体。这些民国住宅类型基本都是以传统竹筒屋为原型，是传统竹筒屋的变体，就算不同类型的建筑之间存有形式差异，但总体上保持着和谐状态。

（2）地块尺度有基本模数。这些模数是由当时的住宅建造技术所决定，建筑开间维持在3~4m之间。而地块宽度就是这个模数，或成倍数增大。加上当时土地以私有制为主导，更从制度上稳定了这种特征。私有制使住宅在建造的最初阶段把地块的形状固定下来。就算改变，也只是合并周边地块，或者从大地块划分成小地块。这种变化进程其实没有改变原来地块尺度的基本模数（见表3-3地块特征）。

（3）构成街廓的方式，即形态结构相似。"建筑→地块→街廓（街道）"是这一时期住区形态空间结构，而且组织形式都是建筑与地块——对应，形成"一宅一地"形式，多个地块规整地排列出地块系列，构成街廓。

因此，在三种空间层次中的形态构成要素都有一定的同质性，不同类型的住区形态能互相协调，并在整个街区空间层次中表现出较高的统一性。尽管这一时期的住区建设活动都是由众多的一般市民和资本主义工商业者完成，每栋住宅都是个体选择与行动的结果。而在以上统一的形态要素空间构成与组织方式的约束下，这种大量的个体活动的结果并不是混杂的住区形态景观，而是一种协调统一的状态。

各种形态类型的生成，正是当时各种条件催化下，建造者的选择集合的结果。

当时的土地制度和"先划地、再建设"的模式都是延续明清时期，可以认为土地的划定方式以一种稳定状态"约束"着建造活动的形态结果。这种稳态会使街道网络变得固定，即街道边界是不变，"街廓有效边界"变为一种"稀缺资源"。各个土地持有者都不希望周边的持有者过多占用"有效边界"而使自己的被削减。特别当时的小商业非常发达，经济潜力较高的街道，越多"街廓有效边界"就意味着越多铺面空间，所有者持有的土地和物业的价值就越高。当各方都希望自持的土地所对应的有效边界越长，结果只有是全体维持地块的面宽最小。对于当时的建造技术，房间开间对使用的有效度来说，3 ~ 4m 就是一个合理水平。这个模数也就被各种社会条件所约束，维持在一个稳定状态。

人口增加，对建造的压力就是需要增加建筑面积。在土地已经被"划定"，而且面宽基本固定的情况下，只有两种方式，增建层数，或者合并地块。对于竹筒屋来说，选择前者的"解决方案"，将会生成 2 层 2 家庭用的形式，而选择后者，则产生 3 层 6 家庭使用，但共用一个直跑楼梯的形式（见表 3-3 竹筒屋联排住区的建筑平面）。而在商业繁华的道路，"开路"工程削减了原有地块的面积。建设骑楼，可以作为这种"私转共"对原地块持有者的"补偿"，而且又能形成较为美观的街道两侧景观，政府当局必然会选择"鼓励"这种建设方式。而骑楼建设过程中的或促或缓状态，是当时一些政策对骑楼地的肯定与保障不足，造成政府当局和土地持有者的利益"拉锯"。

对于一些拥有大块土地的富商贵贾，必然选择建设南北向大宅，一来符合风水说法，二来有利于优化房屋内部的小环境。这种选择会使街廓的南北两侧的有效边界被大宅占有，而且南侧居多。剩下的有效边界，东西侧最多，北侧次之，被竹筒屋所占据。各种选择的导向下，广州城内，很少整个街廓都建有大宅，而是大宅和竹筒屋有机组合一起，形成独特的地块系列（见表 3-3 墙砖大宅住区的地块系列）。

而一些"厌倦"广州城内鳞次栉比的居住环境的官僚富贾，必然选择在郊区建设环境更为优美的住宅，当时的东山区就是他们的首选。而且当时在东山一带，外国人已经建设了一些"花园式郊区"的住宅，为寻求更好居住品质的上层人士提供了良好的实体借鉴。而且，政府当局也认为这种居住模式能提高广州的城市品质。这种"上下"同向的作用下，东山区的红墙别院住区也逐步被建设。

以上，只是概念式地阐述一些 1911—1949 年各种住宅建设者（塑造者）的选择。从中也可以看出，在这些不同的自发意识驱使下，建设者创造出特征各异的住区形态，从而生成不同住区形态类型。

第4章 公有化下的均质趋同：1950—1979年的住区形态类型特征

从1950年起，广州市人民政府陆续依据《广州市外人房地产申请登记办法》《城市郊区土地改革条例》，收回大部分外人（外国政府、企业与个人）、官僚、富农和地主在城市的市区和郊区的私有地或出租地，并将当时祠堂、庙宇、寺院、教堂和学校收归国有。1958年，市政府制定了《广州市国家建设征用土地实施办法》，陆续征用市内以及郊区一些属于集体或者个人的土地，变为国有。❶ 通过这些措施，广州市土地所有制逐渐从私有制为主导的复合所有制形式改变为国有与集体所有的二元所有制形式。

1949年后的一段时间，城市土地基本是无期无偿地由国家划拨给用地单位使用。当时各种用地单位负责向国家申请征用土地，统一建设并分配到个人或家庭，甚少有个人或团体获得土地自行建房。用地单位向相关政府部门提出申请，在不影响市政建设规划前提下，单位就能获得由国家划拨的土地进行建房。市政府在1982年对广州市的土地使用情况进行普查，发现市内很多土地闲置率高，有违法买卖和"三转"（转租、转借、转让）情况出现。尽管如此，土地还是归国家所有，用地单位只是无期无偿地使用。

4.1 均质蔓延式住区建筑

4.1.1 城市人口的变化

中华人民共和国成立后的30年，广州市人口一直保持着增长的趋势（图4-1）。1945年（民国34年）日军投降后，外迁人口开始迅速回迁。同年10月回升到61.7万，至该年年末，达到97万（含18.8万流动人口）。次年统计显示，人口再次突破百万，为123.3万（含军队与流动人口）。在当时的中国，广州的人口数量仅次于上海、北平、天津，位居第四。❷ 中华人民共和国成立后，广州市区人口数量一直在增加，只有在1952年、1956年、1961年、1963年和1968年出现人口数量下降。❸

---

❶ 广州市地方志编纂委员会.广州市志（卷三）[M].广州：广州出版社，1996：403。

❷ 广州市地方志编纂委员会.广州市志（卷二）[M].广州：广州出版社，1998：297，278。

❸ 这些年份与其上一年比较，广州市管辖面积都没有改变，可以认为没有调整统计口径。

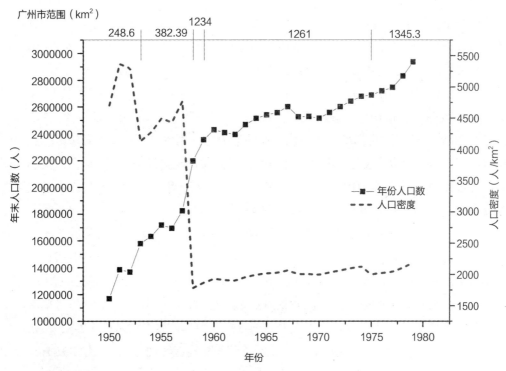

图 4-1 1950—1979 年广州市人口变化情况

来源：广州市历年统计年鉴，笔者绘制

4.1.2 城市建成区的扩展

本小节对广州建成区变化的研究，主要以三份历史地图为基础，分别是：1948 年出版的《广州市马路计划图》，2006 年出版的《1955 年广州市航空影像地图册》和 2008 年出版的《1978 年广州市历史影像图集》（以下简称"1978 年图册"）。《1955 年广州市航空影像图册》，由 58 份分幅图构成，共有三种比例尺，分别是 1∶12000、1∶16000 和 1∶32000，大比例分幅图主要是覆盖旧城中心与重点地区，小比例分幅图覆盖郊区范围。《1978 年广州市历史影像图册》由 76 份分幅图构成，分上下两册，上册影像区域为广州市中心城区，比例尺为 1∶5000；下册影像区域为广州市郊区，比例尺为 1∶8000。

《1955 年广州市航空影像图册》是一份地形测量图与航拍图相结合地图册，所记录的地貌地物信息比第一份地图详尽，但是没有宗地信息。建筑密度非常高的区域，以图案填充，也清晰绘制内部道路（街巷）格局。建筑密度不高的区域，则绘制出各栋建筑的外轮廓，以及一些主要地物，如围墙、建筑入户路。这些详细的地貌地物信息，已经能用于辨别各种建筑物是否居住性质，并可以支撑全面的地平面研究。《1978 年广州市历史影像图册》记录方式与《1955 年广州市航空影像图册》一样，但比例尺更大，更能清晰地反映地貌地物特征。

这一时期中，广州的建成区开始快速拓展。20世纪 50 年代新建的区域，主要是集中在东山一带（图 4-2，D1-41、D1-32），一些重要工人新村也是集中在这个区域中。还有，在珠江两岸也随着工业厂区的大量建设，形成了几片建成区（图 4-2，B2-41、C2-21、C2-22）。这些建成区中，自北到南，有广州士敏土厂、省饮料厂（增埗）、自来水厂、西村电厂、南元机电厂（以上集中在图 4-2，B2-41）、广东制药厂、广州重型机械厂、造船厂、钢铁厂、锻压机厂、漂染厂、塑料厂（以上集中在图 4-2，C2-21、C2-22）等等。这些厂房都是广州现代工业的集中区，也建设了很多配套住区。这一时期也有"飞地"建设，这些"飞地"都是以大型公共设施建设为主，例如白云机场（图 4-2，C-5）、中山大学及周边（图 4-2，D1-22、C2-22），华南工学院和华南农学院（图 4-2，E-4），员村一带也开始有所建设（图 4-2，E2-32）。

到了 20 世纪 60—70 年代，整个广州的城市建设扩展迅速。在西关的北面，形成了大片建成区（图 4-2，B2-41、B2-32，C1-41、C1-42）。东山一带则向外围进行了扩展。河南一带的建设较为密集（图 4-2，C-2），约有 16 km² 的新建城区。并且顺着新港路，向东延伸，形成带形的建成区（图 4-2，D2-22、E1-22）。依托华南工学院与华南农学院，该区形成大片城市建成区，并与员村连成一片（图 4-2，E2-41、E2-32）。在黄埔的沿珠江两岸，也形成了一些远郊的工业区及其配套住区（图 4-2，F-3、G-3、H-3 等）。很明显，20 世纪 60—70 年代的广州城市建设是比 20 世纪 50 年代更要快速，整体建设在空间平面上摊开的程度更高。

4.1.3 住宅建设概况

中华人民共和国成立初期，广州城市建设目标是变消费城市为生产城市，并以重建灾区为起点，建设工业生产城市。海珠桥、西堤、黄沙三大灾区是当时政府集中重建的区域。重建后这三个地区都各建造了一些主题突出的公共设施和公共建筑，例如海珠桥头的海珠广场，西堤的广州文化公园、南方大夏，黄沙地区的铁道南站、黄沙码头与仓库。基于把广州建设成生产城市的指导思想，南石头、赤岗、员村和鹤洞工业区在 20 世纪 50 年代发展起来，到 20 世纪 70 年代，黄浦区也建设了新的工业区。建设工业区的同时，市人民政府重视工厂的配套，建设了大批工人宿舍来解决几十万工人的生活居住问题。根据广州华侨多的特点，华侨新村于 1955 年在淘金坑附近奠基开建，建成后吸引了大批海外华侨购房。历史上，水上居民的存在是广州水上文化的重要体现，也是广州港口经济繁荣的一大特征，成就过"水上浮城"❶的壮丽景象，在民国时期还特设珠江区管理这些水上居民。随着城市发展，陆上交通的改善，水上交通的重要性远不如昔日，承担水上交通工作的水上居民生活境况也逐渐下降。1960 年起政府兴建了一批新村安置水上居民，直到 1990 年 6 月才把登记在册的水上居民安置

---

❶ 亨特 . 广州番鬼录 · 旧中国杂记 [M]. 冯树铁，沈正邦译 . 广州：广东人民出版社，2009：26，27。

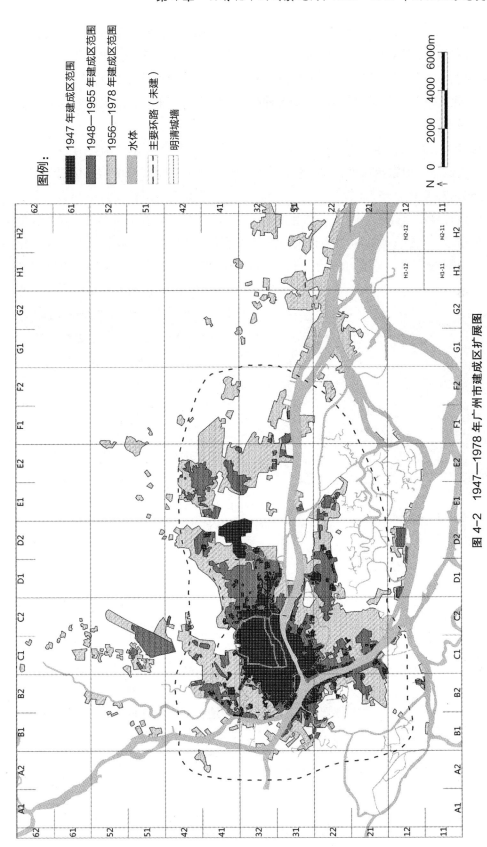

图 4-2　1947—1978 年广州市建成区扩展图

图例：
- 1947 年建成区范围
- 1948—1955 年建成区范围
- 1956—1978 年建成区范围
- 水体
- 主要环路（未建）
- 明清城墙

0　2000　4000　6000m

N

到陆上。❶ 1963 年起，在"自建公助"的办法下，全市大批木屋被改建为砖墙瓦面房屋，以改善市民的居住环境和条件。同时，为改善知识分子的居住条件，盘福新村、越秀北科学院宿舍、中山医学院教工宿舍、美术学院住宅区等当时较高标准的楼房也拔地而起。"文化大革命"期间，广州市由于各种社会问题，以及城市建设资金被大量缩减，城市建设活动停滞。

1949 年后，随着国家政策的调整，广州实施由国家或单位统包的住宅建设投资体制。住宅建成后，国家授权工作单位将住宅作为福利和实物工资分给本单位职工。在 20 世纪 50—70 年代，广州以发展工业为主，并逐步从消费城市转变为社会主义生产城市。在这种城市建设与发展方向的引导下，当时的广州市政府很难投放较多的资金用于住宅建设。在这一时期，住宅建设的投资总量始终维持在一个较低水平，1976 年及以前，每年投资额一直在 500 万元以下，整个广州市建设投资的比例一直徘徊在 5% ~ 17% 之间（图 4-3）。

中华人民共和国成立后到 20 世纪 70 年代末，广州市每年竣工住宅的面积徘徊在 25 ~ 66 hm^2 之间，但是整体趋势是上升的（图 4-4）。但是相对于整个广州的城市建设来说，在 1963 年之前，住宅建设相对于其他性质的城市建设来说，波动特别大，总在 48% ~ 28% 之间周期性起伏。1963 年才维持在 48% 的较为稳定水平，说明这一时期住宅建设与非住宅建设是同步推进的，广州市的整体城市建设活动处于一种"健康"的状态。

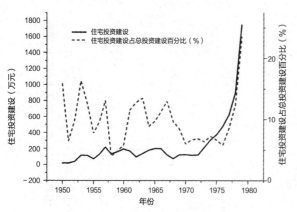

图 4-3 1950—1979 年住宅建设投资情况
来源：广州市历年统计年鉴，笔者绘制

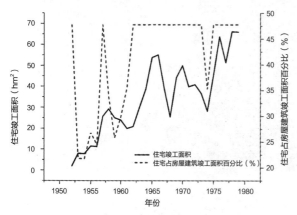

图 4-4 1950—1979 年住宅竣工面积情况
来源：广州市历年统计年鉴，笔者绘制

4.1.4 住区的形态类型概况

20 世纪 50—80 年代，广州市的住区形态类型主要有 4 种，分别是：20 世纪 50 年代的行列式集合住区、20 世纪 60—70 年代的行列式集合住区、知识分子住区和华侨新村。

---

❶ 广州市地方志编纂委员会 . 广州市志（卷三）[M]. 广州：广州出版社，1996：418。

前两种住区，虽然都是行列式集合住区，地平面结构也非常类似。但是两个时期所建设住宅建筑形式非常不同，而且各自有独立的演变规律。因而划分成两种不同的形态类型，以说明行列式集合住区在不同建设时期的形态特征。华侨新村是一个独特的住区建设项目，而且在当时的广州市内仅此一例，因此直接以该项目的名字代表这种形态类型。该住区的一些建造经验和红墙别院住区的类似，在分析其特征时，亦将加以对比说明。大部分知识分子住区是紧密联系着高等教育院校的，有些住区也具有华侨新村的物质空间特征，但是在地平面上有着不同的结构，两者不能混为一种形态类型。

这几种住区形态类型，不仅在建筑类型上存在差异，而且地平面类型上也存在差异，这种特征使不同类型的住区形态之间有着明显的差异。而且本章研究的时间段涉及的住区形态类型，与上一章存在较大的区别，都可以认为是新的类型。因此，本章在分析各种类型的住区形态的特征时，会加入一些建设背景简介，用于解答新的住区形态类型是"何时，何地，由何人在何种指导思想下"设计并建造的问题。

4.2　20 世纪 50 年代行列式集合住区

4.2.1　建设背景

20 世纪 50 年代是广州在 1949—1979 年期间人口快速增长的时期，人口从 1950 年 1168787 人增长到 1960 年的 2429342 人，人口数量增多了 1 倍（见图 4-1）。该十年内新建住宅竣工的总面积有 144.85 hm²，只占该时期竣工房屋总面积的 30%[1]，住房供求矛盾大。但是，当时的市政府资金有限，每年在住宅建设上投资不多，但是总体上是逐渐提高。20 世纪 50 年代的前三年，平均每年投入 26 万元到住宅建设工程，到之后几年才基本维持在每年 110 万元以上的建设投资。[2] 然而，当时的住宅投资比重还是很低，1953 年投资比重最高，但也只达 16.3%，整个 20 世纪 50 年代中，平均每年的投资比重为 9.6%。

在供求矛盾严峻、投资不足的情况下，住建重点在于改善居住条件，一般在已有工业区和旧城区的边缘地区修建住区。刚开始建设的住宅建设都是以"简易平房"和"临时建筑"为主，结构以砖木和砖混结构为主，使用年限只有 15 年。住宅的户型以小面积一室户和二室户为主，居室面积 10.61 m² 和 13.66 m² 为主。[3] 到了"一五"期间（1953—1957 年），广州明确提出"把广州建设成为社会主义工业生产城市"[4] 的城

---

[1]　广州市统计局 . 统计年鉴 [EB/OL]. http://data.gzstats.gov.cn/gzStat1/chaxun/njsj.jsp。

[2]　广州市统计局 . 统计年鉴 [EB/OL]. http://data.gzstats.gov.cn/gzStat1/chaxun/njsj.jsp。

[3]　广州市城市建设设计院 . 广州市区居住建筑调查 [Z]// 建筑工程部设计总局编 . 城市及乡村居住建筑调查资料汇编：第 1 册 . 1959：66。

[4]　广州市地方志编纂委员会 . 广州市志（卷首）[M]. 广州：广州出版社，2000：425。

市建设方针，广州的工业区面积迅速增加，周边的住宅建设也增多。当时较为集中的为工矿企业而建设的工人新村和职工宿舍最主要分布在西场一带、大沙头一带、员村、珠江后航道的前端的两岸，而且以楼房为主。

当时全国出现"在住宅建设方面向苏联学习……全盘照搬苏联的建筑规范、标准、设计方法乃至建筑形式"❶的思潮，开始了采用大面积户型的设计手法。结果实际情况是多户合用一个居住单元，造成"合理设计，不合理使用"。广州"一五"期间建设的集合住宅也出现类似的问题，具体情况是户型的房间过大。在 1955—1956 年间，居室面积在 14 ～ 20 m² 之间，最大的 21.6 m²（登丰路劳动人民宿舍）和 22.76 m²（小港新村）。❷ 随着 1955 年国家提出"适用、经济、在可能条件下注意美观"的原则，广州市 1957 年后建成住宅回归到小居室面积的特征。整个 20 世纪 50 年代的广州住宅，由于资金投入、社会思潮的问题，先出现小居室面积的平房住宅为主，之后以大居室面积楼房为主，再转变为小居室面积楼房为主。

这一时期的集合住宅的总体布局上，基本为行列式布局，只有极少量的自由式布局和周边式布局，其中的道路系统是网格式，形成各种规模的街坊。这种总体布局下，各栋住宅的周边环境大致处于一种无差别的状态，体现一种"均等性"，也迎合了当时大的社会背景。但这种特征表现出单调、呆板，使住区整体像一个兵营。当时的一些位于郊区的住区，由于远离市区而缺乏各种公共服务设施，则在一些内部街坊放置了学校、食堂、幼儿园等福利设施以弥补这种缺失。这种布局特征体现当时我国居住小区规划模式，"住宅组—小区—居住区"三级规划结构模式，这是向苏联学习时一同引进的"小区规划"理论。这种理论十分符合当时的意识形态，能与行政组织系统互相配合在一起，但在实质上，和西方的邻里单位思想没有本质区别。❸

4.2.2 建筑类型特征

这一时期集合住宅的平面形式已经应用了所有低层住宅的普遍形式，按类型划分最主要是平房和 2 ～ 3 层的楼房，其中，楼房的住宅单元有廊间式和梯间式两种。

1. 平房

1952 年，广州市人民政府为改善工人居住条件，成立"广州市工人福利事业建设委员会"，负责规划筹建工人宿舍。1953 年建成的建设新村 ❹，就是由工人福利事业建设委员会负责设计，是广州市 1949 年后第一个政府拨款的工人新村。❺

❶ 朱昌廉.解放以来住宅设计思潮的回顾 [C]// 中国建筑学会编.建筑·人·环境——中国建筑学会第五次代表大会论文选集.1981：199-202。
❷ 广州市城市建筑设计院.广州市区居住建筑调查 [Z]// 建筑工程部设计总局编.城市及乡村居住建筑调查资料汇编：第 1 册.1959：66。
❸ 吕俊华，中国现代城市住宅 1840—2000[M].北京：清华大学出版社，2002：137，138。
❹ 说明：建设新村所在的区域，也包含黄华乡建设局自建平房住宅区、孖鱼岗建设局平房住宅区。
❺ 广州市东山区建设街道办事处.建设街志 1840—1990[Z].1995。

为了快速提供数量足够的住房，建设新村的住宅以砖木平房为主，坡屋顶，设计简单。平面形式有一室房和二室房两种（图 4-5），两种平面形式都有入户空地，可作为小院落，而每个居室入口朝南，有自用厨房，功能房间都是串联式布局。建筑层高为 3.2m，开间为 4m，二室房的进深为 5.5m，厨房为 2.4m×2.3m，住宅的总进深 8m。其中建于孖鱼岗建设局平房的三室户（甲种户型）设计标准最高，户型建筑面积达 27.87 m²，有独立的厨房和厕所，其中厕所面积也有 0.81 m²。❶ 这些居住单元都能并排拼接成条式住宅建筑，居住单元的山墙都稍微突出，方便在入口处设置短挑檐（图 4-5）。从建筑平面到外观，这种平房式工人住宅与简化的单层竹筒屋联排住宅并没有太大的差别。

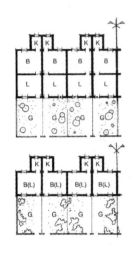 

图 4-5　建设新村住宅平面与外观

说明：住宅平面中，K 为厨房，B 为卧室，L 为起居室，G 为院落

来源：平面，《1949—1990 年广州住宅发展史》19，笔者重新绘制；外观，《广州城市规划发展回顾（1949—2005）上》第 47 页

1955 年，由工人福利事业建设委员会设计的广州造船厂眷属住宅、华南工学院速成中学住宅、广州水泥厂眷属住宅、广州第一糖厂眷属宿舍、十一橡胶厂职工宿舍住宅、有色金属冶金厂眷属宿舍的平房住宅，还有孖鱼岗建设局平房住宅都是以建设新村为基础进行设计，只是在建筑尺寸或房间布局上稍微有所调整。

2. 廊间式楼房

廊间式住宅的户型大多是不完整的，卫生间和厨房都是共用，有些是一层共用两组卫浴间和厨房，位于廊道的两端（图 4-6A、B、D），有些是两户共用一组（图 4-6C）。户型来说有一室户、二室户和三室户三种，每户开间基本是 2.8m 或 3.2m，一般都是两种户型混合布置在一栋住宅中（图 4-6A、B），有些是单栋住宅建筑只有一种户型（图

---

❶ 广州市城市建筑设计院 . 广州市区居住建筑调查 [Z]// 建筑工程部设计总局编 . 城市及乡村居住建筑调查资料汇编：第 1 册 . 1959：61-107。

4-6C、D）。这类住宅除了架构简单，单位造价低之外，实际使用效果并不理想。内廊式的，由于走廊光线不足，而外廊式的，由于交通功能强烈，基本不是适于楼层住户使用的良性公共空间。20世纪50年代的廊间式建筑还是保持坡屋顶的形式，而由于平面形式导致横墙面会均匀布置窗户，外观整齐但单调。

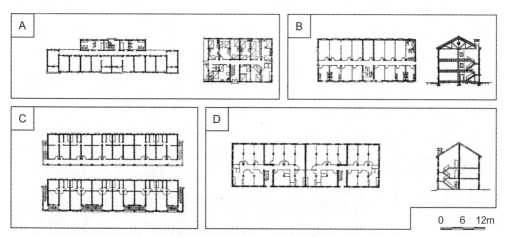

图4-6　廊间式住宅建筑

A- 小港新村内外廊式住宅（左）和内廊式住宅（右）；B- 苎麻纺织厂内廊式住宅（左）及其剖面（右）；C- 广州华侨糖厂外廊式住宅首层（上）与二层（下）；D- 广州市劳动人民宿舍平面（左）及其剖面（右）；来源：A左，《天井与南方城市住宅建筑——从适应角度探讨》第2页；A右、B、C、D，《广州市区居住建筑调查》第79、77、82、76页。笔者重新绘制

3. 梯间式楼房

20世纪50年代梯间式的住宅也是2～3层高，建设的种类与数量都不多，主要是冼家庄、电业新村和水泥厂职工宿舍，其中冼家庄和电业新村的梯间式住宅是单个住宅单元楼房，而水泥厂职工宿舍是几个住宅单元拼接成单元式楼房。这种梯间式集合住宅，每个户型都有独立厨房和卫生间，基本都为两室户（图4-7）。

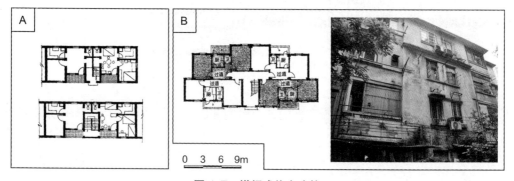

图4-7　梯间式住宅建筑

A- 水泥厂宿舍首层平面（上）和二层平面（下）；B- 冼家庄住宅平面（左）与外观（右）

来源：A，《广州市区居住建筑调查》第85页；B左，《广州居住建筑的规划与建设》。笔者重新绘制。B右，笔者于2013年5月摄

水泥厂宿舍为一层两户，楼梯间宽度为 2.4m。住户单元的面积约为 28 m²，两个居室开间都为 3m，面积分别为 8.13 m² 和 10.31 m²，户型布局较为合理，只是较大的居室至少有 4 处开门，导致家具难以布置（图 4-7A）。而冼家庄住宅为一层四户，居室开间与楼梯间的宽度基本和水泥厂宿舍的相似。户型布局比水泥厂的更加合理，两个居室之间有过道相连，使各个居室都只有一个门洞，利于布置家具（图 4-7B）。以上两处的住宅都设有阳台，虽然占用了一些居住面积，但是在多雨的广州，有阳台用于挂晒衣物尤为重要。

综上所述，整个 20 世纪 50 年代的住宅建筑是以低层建筑为主，刚开始的几年是大量建设简易坡屋顶平房建筑用以快速提供住房，之后都为 2 ~ 3 层楼房为主，这些住房大量地用于为工矿企业工人、单位企业职工及其眷属提供住所。平房住宅和廊间式楼房，普遍是几个居住单元共用厨房和厕所，梯间式楼房中则基本是独立厨房和厕所。

各个居室由于拼接简单，立面大部分是均匀地布置窗户，外观都较为单调，而梯间式楼房都设置了阳台，住宅立面才显得没有那么呆板。居住单元的面积一般在 30 m² 以下，一些只有一个居室的户型（宿舍），居室面积只有 14 ~ 18 m²，房间的开间都在 2.8 ~ 3.2m。对于现今的单身公寓来说，户型面积不算小，但是在 20 世纪 50 年代，每个居室基本都不是独户使用，而是几户共用，或者单个家庭的三代共用，因此显得非常局促。

4.2.3　地平面的特征

20 世纪 50 年代所建设的住区，住宅建筑都是以行列式布局、规整的路网，形成街坊式的结构，而只有少量住区的住宅建设是自由式、围合式和散点式布局。

1953 年建成的建设新村是广州市在中华人民共和国成立后第一个政府拨款建设的工人住宅区[1]，由广州市建筑设计院设计，以平房为主，"兵营式"布局（图 4-8A）。在中华人民共和国成立初期，除建设新村外，小港新村、造纸厂工人住宅区、造船厂职工宿舍（五一新村）为当时较为著名的工人新村。[2] 从《1955 年广州市航空影像地图册》[3] 可知，小港新村还处于建设状态（图 4-8B），中间有大片预留用地，或会按照当时的"居住区"规划方案实施。[4] 但笔者对比该地块 1978 年航拍图[5] 可以看出其路网系统还是与 1955 年基本一致，或许当时的"居住区"规划方案并没有实施。1955 年航空影像地图显示小港新村与建设新村的楼栋布局形式一致，楼栋之间的距离与外轮廓也一致，可以推断是这两个住区的住宅建筑平面布局形式类似。其间，造纸厂周边的南石新村（造纸厂工人住宅区，图 4-8C）和造船厂东面的沙园新村（五一新村，图 4-8D）已经建成，

[1]　广州市东山区建设街道办事处 . 建设街志 1840—1990[M]. 1995。
[2]　刘华钢，当代广州住宅建设与发展的研究 [D]. 广州：华南理工大学，2007。
[3]　广州市城市建设档案馆编 .1955 年广州市航空影像地图册 [Z].2006。
[4]　广州市城市建筑设计院（现广州设计院）. 广州市居住建筑调查总结 [R]. 1962：9、13。
[5]　广州市城市建设档案馆编 .1978 年广州市历史影像图集 [Z].2008。

也是行列排布，建筑形式也是一致。

从《1955年广州市航空影像地图册》可以测算住宅长度普遍为50m，也有长达75m的平房，建筑间距多为7m（表4-1）。行列式的住宅建筑都是保持南北向，就算房屋有所倾斜，也是控制在30°的范围之内。按照住宅建筑的特征（见图4-5）和各个住区的特征（见图4-8），可以断定当时的住宅大部分在南边设置入户口，住宅之间都有东西向的入户路，有些为节省入户道路，一栋入口向南，另一栋向北，两栋共用

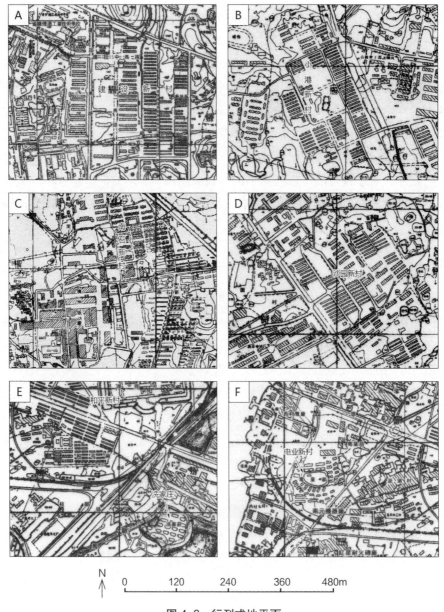

图4-8　行列式地平面

来源：《1955年广州市航空影像地图册》，A位于第14分幅图，B位于第6分幅图，C、D位于第5分幅图，
E、F位于第18分幅图

一条入户路。两栋住宅建筑的山墙间都有南北向的道路，道路间距只是比住房的长度大 10m 左右。可以看出，行列式住区内部的空间是非常单一、均质，各个街坊也是大小均匀。这种住区形态可以在统一标准下不断重复扩张规模，满足当时快速建设的需求。而且也显示出一种均等的意识形态，住区内没有某栋住宅是非常的与众不同或者周边环境优越于其他住宅的。

　　虽然当时广州市的新建住区大部分是行列式平面，但也有一些住区利用不同的住区平面灵活地组织多栋梯间式楼房。当时靠近清末广州建成区边界的冼家庄，住宅建筑是一层四户的梯间式楼房，建筑长度较短。虽然还是以行列式布局，但由于建筑变短了，行列式的布局演变成一种散点式的布局（图 4-8E）。而其西北方向约有 500m 距离的和平新村（图 4-8E），则又重复行列式建筑群体布局方式，规整划一，长条形的住宅建筑。

20 世纪 50 年代行列式住区的地平面特征　　　　　表 4-1

位置 *	住区名称	住宅建筑长度（m）	建筑间距（m）	朝向	南北向道路间距 **（m）
东山	建设新村	33、40、50、75	7	正南北	61
	广州铁道局职工宿舍	21	4.5	斜 18°	30
荔湾	和平新村	50	7	正南北，斜 20°	57
	水厂宿舍	50	6	正南北	57
海珠	小港新村	50	6	斜 22°	65、95
	基立新村	45	6	斜 18°	51
	凤凰新村	37、47	7	正南北	60
	沙园新村	50	7	斜 25°	62
	南石头新村	20、50	12、5	基本正南北	64、54
芳村	造船厂新村	60、45、35	13、4.5、12	正南北，斜 28°	75、42
	钢铁厂新村	31	12	斜 28°	36
员村	员村住区	30	14	斜 14°	24、50

说明：* 按照 20 世纪 50 年代行政分区；** 以道路中线计算。
来源：《1955 年广州市航空影像地图册》，笔者编制

　　尽管当时全国的建筑界一度大力推行向苏联学习，周边式（围合式）布局也一度盛行❶，但是在广州，这种平面形式并没有大量出现，这与广州的气候特征有密切的关系，而且行列式的开放布局有利住区的空气流动❷。笔者翻阅了《1955 年广州市航空影像地图册》，20 世纪 50 年代还是建设了 2 例围合式的住区，其中一个实例在小港新村

❶　吕俊华，中国现代城市住宅 1840—2000[M]．北京：清华大学出版社，2002：124。
❷　刘华钢，当代广州住宅建设与发展的研究 [D]．广州：华南理工大学，2007：56。

左侧（图 4-8B）。该住区并没有用到转角户型，而且是简单地把两侧住宅朝向改为东西向，从而形成中心开敞空间。该住区使用这种方法，建造 5 个被建筑围合的开敞空间。另外一个例子则位于沙园新村东北角 400m 处，也是使用了相同的手法形成围合式布局，但是中间的开敞空间被一排南北向的住宅建筑所填充。

另一特殊例子就是电业新村（图 4-8F），也是建设较短住宅建筑，从建筑平面投影可以肯定这种住宅是低层梯间式楼房。电业新村放弃了行列式的平面布局形式，带有一定的自由性。曲线形的道路划定出中心开敞空间，住宅楼房也不强制统一朝向，而是顺着道路放射形布置，外围再布置一圈楼房。然而，笔者对比了 1955 年与 1978 年的航空地图，也只有电业新村采用了这种灵活的平面布局形式。

4.2.4 形态类型的特征

从上文简述可以看出，20 世纪 50 年代的住宅建筑以平房和低层为主，立面形式简单，坡屋顶，平面形式是廊间式为主，每个居住单元都是"居室均等"平面形式。在建设范围中，建筑群体都是统一的兵营式布局形式，长条形的建筑平面，而且建筑之间的间距基本保持一致。这些都是 20 世纪 50 年代行列式集合住区的最主要形态特征，而且这是当时广州建设最多的住区形态。这种特征，是当时市政府统一划拨土地，统一设计标准，统一建设分配的建设背景所引发的。在当时的社会状况，住宅以及住区基本不需要明显的多样性和差异性，因为这些特征会不利于快速建设，并容易产生社会分异。因此，行列式集合住区的形态是这些综合因素所"设计"出来的，并在建设实践中被"认为"能"适应"当时的社会、经济和文化背景。

4.3 20 世纪 60—70 年代行列式集合住区

4.3.1 建设背景

20 世纪 60—70 年代的广州住宅建设波动较大（见图 4-4），出现三次大幅度下滑。1958 年年末住房竣工面积为 29.29 hm²，到 1961 年该数值下降到 20.01 hm²，经过一段时间的恢复，提升到 1966 年的 55.11 hm²，之后再度下滑到 1968 年的 25.53 hm²，之后经过 5 年时间恢复到 1972 年的 40.85 hm²，之后下降到 1974 年的 28.23 hm²。第一次下降的持续时间比较长，跨度有 4 年之久，正是"大跃进"时期，也是中华人民共和国成立以来广州住建投资比例最低的时期，1958 年时只有 4% 的资金是投放到住宅建设活动中（图 4-3）。第二次与第三次下滑是"十年动乱"时期（1966—1976 年），平均每年只有 8% 资金用于住建。然而，整个 20 世纪 50 年代平均每年住宅竣工量是房屋竣工量的 31.25%。1952—1979 年，该数值为 41.25%，而 20 世纪 60—70 年代，该数值则为 45.62%。以上统计说明，这 20 年期间，在横向比较下，住建活动有所下滑，但是纵观当时整个广州市的建设活动，住建的实质成果是在提高。

这个时期，住区建设主要有以下几个特征：

（1）继续应用行列式集合住区的形态来解决其他住房需求问题，例如为解决水上居民上岸问题而建设的滨江路、二沙头、石冲口等 10 多个住区。

（2）原有以平房、低层住宅建筑为主的住区开始扩展，部分住宅还更新为 5 ~ 7 层的住宅楼房。其中，更新是由于 50 处建设的一些"简易平房"的 15 年使用年限已经到期。

（3）近郊和远郊一带拓展了更多与以"飞地"形式建设的工业区相配套的住区，其中，最为突出的是 1962 年开始规划建设的员村新村、1963 年开始规划建设的文冲船厂生活区、1974 年开始规划建设的石油化工厂生活区等。其间，还有一批专家学者为住房的设计提出实验式方案，例如当时华南工学院陈伯齐教授设计的天井式住宅平面就应用到员村新村的住宅建设中了。

4.3.2 建筑类型特征

楼房住宅最为普遍的两种平面形式——廊间式和梯间式，在 20 世纪 50 年代已经有所应用，到了 20 世纪 60—70 年代，只是不断完善这两种平面形式来满足市民的生活需求。廊间式平面住宅，考虑增加住户共用厕所和厨房的数量，设计出一些外廊与内廊混合住宅平面，以及能应用廊间式平面的带有独立厨房和卫浴间的居住单元。对于梯间式，开始考虑设计更大的入户平台空间，用以组织更多居室较多的居住单元，以及使每个居住单元的居室都有良好的采光与通风条件。而梯间式的一些设计手法，会形成一种短内廊的空间，但笔者还是将此归类为梯间式的住宅。

1. 廊间式楼房的演变

20 世纪 50 年代末，当时的政府为了降低非生产性建筑的标准和造价，力图"少花钱，多做事"，因此，会出现一些以单位面积造价为评价标准的低造价住宅，同时，全国各地区之间会互相交流这种低造价住宅的经验，而"跃进"住宅就是当时这样的低造价住宅。

当时广州市也设计了这样的低标准住宅[1]，该住宅是廊间式平面形式，以一室户和二室户为主，每个户型都有独立的卫浴间和厨房（图 4-9A）。整栋建筑的进深为 9.1m，每个居室的开间都为 3.2m，标准户型的居室面积为 16.4 m^2。端部的户型中，居室的面积分别为 12m^2、10.5 m^2、6.6 m^2。承接 20 世纪 50 年代末对大面积户室的反思并回归设计小面积户室的居住单元，设计人员已经开始探讨设计小面积住宅的标准，并认为这种方式有利于形成"独门独户"的居住单元，满足家庭的实际生活需求，提高市民的居住品质。[2]1962 年展出的由广州市设计院完成的住宅楼房（图 4-9B、C），都有沿

---

❶ 建筑工程部设计总局地方设计处 . 大跃进中居住建设设计方案介绍 [J]. 建筑学报，1958（6）: 1-6。

❷ 余庆康 . 关于小面积住宅问题的几点看法 [J]. 建筑学报，1962（2）: 23-24。

用之前"跃进"住宅的平面形式，只是居室的面积有所缩小，标准的居住单元的居室面积为 10 ~ 11 m²，端角处会设计面积较大的居住单元，居室面积最大的达 15.2m²。而图 4-9C 的住宅平面最为灵活，通过调整开门的位置，户型可以变成具有独立卫厨的两室户（图 4-9C 上，两端的户型）和两个一室户共用一套卫厨的户型（图 4-9C 上，中间的户型）。这种平面形式有利于灵活调整独门独户的居住单元在整栋住宅楼房的比例，而且在当时"多快好省地修建住宅"的指导思想下，也不可能将所有新建住宅建筑的居住单元都设计为独门独户。

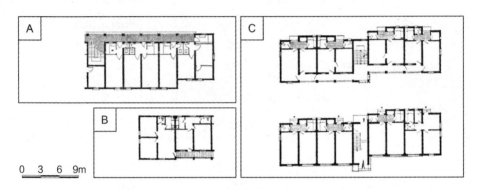

图 4-9 20 世纪 60 年代独门独户廊间式住宅平面

来源：A，《大跃进中居住建设设计方案介绍》；B，《记中国建筑学会第三届代表大会的住宅设计方案展览》；

C，《中国建筑学会第三届代表大会展出住宅方案选辑（续完）》。笔者重新绘制

　　为考虑增加每层共用的厨房和卫浴间的数量，一些廊间式住宅设计出内廊和外廊混合的平面形式，而这种手法在 20 世纪 70 年代的"通用住宅平面"中较为常见。这种混合廊间式住宅，首先把厨卫合并为一个单元，并在廊道适当布置了几个这样的单元。20 世纪 50 时代后期的小港新村的住宅平面，每个楼层设置了 2 套厨卫单元，由 10 个居住单元共用，居住单元有两种，一室户和两室户，每个一室户的面积相等，居室开间都为 3.4m，二室户的居住单元位于中间（图 4-10A）。到了 20 世纪 60 年代后期 70 年代初，平面形式有所演变。也是只有一部楼梯位于中间，设置有 8 个厨卫单元，由 8 个居住单元共用。居住单元有两种规格，两端的面积较大，为二室户，有独立厨卫单元；中间的大小基本相同，可以灵活划分为二室户（图 4-10B）。很明显，这种设计使得每个居住单元都有对应的使用便利的厨卫单元，但是实际使用过程中，还是有干扰。

　　到了 20 世纪 70 年代初，广东省开始推行一套通用平面，平面都由广东省建筑设计院完成。其中，74-5 和 74-6 两种廊间式平面都是共用厨卫的形式。74-6 平面中，设计有 8 个居住单元，共用 6 个厨房，4 个卫浴间，其中位于廊道两端的居住单元则独立使用厨房（图 4-10C）。这种住宅平面中，已经是每个居住单元都有一个厨房，同时在一定程度上满足了独门独户生活需求。在 74-5 平面中，厨卫单元和居住单元已经实

现 1 : 1 的状态，只是楼道两边的居住单元和厨卫单元之间被廊道所分割，而端头的户型已经是独门独户的形式（图 4-10D）。

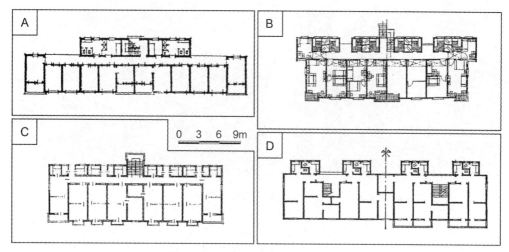

图 4-10　共用厨卫的廊间式住宅

A- 小港新村廊间式住宅平面；B- 广州文冲船舶修造厂住宅改进方案；C-74-6 通用住宅平面；D-74-5 通用住宅平面
来源：A，《天井与南方城市住宅建筑——从适应气候角度探讨》第 2 页；B，《住宅设计实例图集（1966—1973）》第 24 页；C、D，《住宅设计方案选集》

　　廊间式中的内廊式平面，毕竟 20 世纪 50 年代形式已经是最为典型（见图 4-6B、C、D），到了 20 世纪 60—70 年代，基本没有太大的变化，只是楼房的层数有所增加。而在一些单身宿舍，集体宿舍中，内廊式平面的应用最为广泛。由于居住标准的提高，独门独户式的居住单元已较为普遍，但是当时的住宅建设投资不足，一时之间还难以在新建的廊间式住宅中把所有居住单元都设计成独门独户，并且有独立厨卫。在考虑增加共用厨房数量以及平衡独门独户式居住单元的比例过程中，在外廊式平面的住宅作出了有效的尝试，并形成混合式廊道的平面。这种廊间式住宅，廊道中间设置了不连续的厨卫单元，普遍是 2 ~ 4 个，廊道部分朝外，部分居内部，而且廊道两端也可以设计独门独户式的居住单元，便于控制这种户型在整个住宅建筑中的比例。而带有这种平面特征的住宅建筑，很容易通过建筑外观进行辨别。

　　廊间式楼房的外观方面，都是简单的装饰。外墙面用水泥砂浆抹平后，都简单涂刷成黄色墙面，有些会勾勒分层线作简单装饰。大部分窗户外框都不作处理，有些是在上下方设置突出 10cm，大概 10cm 厚的檐口，白色涂料饰面。阳台和楼梯的护栏，一般都是用简单竖向水泥构件装饰。屋顶一般会作包边处理，有些会外挑檐口，较少砌筑女儿墙（图 4-11A）。由于当时全国各地会进行一些住宅建筑设计的交流，一些北方较为常见的圆拱式屋顶做法也会出现在广州，例如当时的建设新村就有建造过类似的住宅，保存至今的还有 2 栋（图 4-11B），位于建设二马路东二路。

图 4-11　廊间式住宅外观

A- 混合式；B- 圆拱式屋顶

来源：笔者于 2013 年 12 月摄

2. 天井式楼房的演变

在 20 世纪 60—70 年代期间，梯间式楼房由于其中的每个居住单元都是独门独户的，是作为一种高标准的住宅平面形式，建设量不大，而且和 20 世纪 50 年代的也没有很突出的演变。当时，出现了一种较为特殊的楼房——天井式住宅，其试验意义非常重要，并影响了后来的一些住宅设计。

20 世纪 60 年代初，建筑界对住宅设计的探讨还集中在居室面积和户室比问题上[1]，到了 20 世纪 70 年代末，在住宅建设用地的节约问题上已经认识到户型平面中把辅助房间（厨房和卫浴间）设置在中间用以缩小住宅面宽，增大住宅建筑进深，缩小间距等措施，是在不大量建设高层住宅前提下，提高住宅建设用地使用效率的设计措施。[2]但是在南方地区的设计总结中，简单的大进深住宅其实不利于通风。而天井式的住宅是后来被验证了能满足增加住宅进深和适应南方气候两方面条件的住宅平面形式。在广东省，对于天井式住宅的探讨早在 20 世纪 50 年代末和 60 年代初就开始，较为领先。当时的方案是通过院落组织单元式住宅，形成天井空间，而且，该方案在当时全国住宅设计交流中引起重视。[3]而在建筑单体上实现天井空间的是当时由陈伯齐教授为 1963 年开建的员村新村而设计的住宅楼房，主要以适应南方独特的气候而展开设计与试验。[4]

员村新村的天井式住宅平面是从传统住宅类型平面形式获得启发。传统住宅类型

❶ 何重义. 对居室面积和户室比的意见 [J]. 建筑学报，1961（10）：15-17。

❷ 沈继仁. 关于节约住宅建设用地的途径 [J]. 建筑学报，1979（1）：49-55。

❸ 龚正洪，陈世民. 记中国建筑学会第三届代表大会的住宅设计方案展览 [J]. 建筑学报，1962（2）：30-35。

❹ 陈伯齐. 天井与南方城市住宅建筑——从适应气候角度探讨 [J]. 华南理工大学学报(自然科学版)，1965(4)：1-8。

有三种特征：面窄纵深而中设天井；对外封闭，内部利用天井解决采光与通风；住宅内部空间划分通透灵活（图 4-12A 上左），而这些特征都是南方地区人民为适应当地气候而积累下来建造经验。❶ 设计者从中提取了天井空间与功能房间组合的关系，并结合当时独门独户楼房的平面形式，设计出天井式住宅平面。楼房平面是一层四户，每户都有独立厨卫。楼道设置在南边，之后连接"U"字形的廊道，廊道围合出一个大小为 7m × 5m 的天井。四个居住单元的入户大门分别位于"U"字廊道的转角位和端口，而厨房和卫浴间都集中设置在住宅单元的中部（图 4-12A 上右）。楼房总面宽为 16.5m，比 20 世纪 50 年代建设的冼家庄一层四户楼房还要窄，进深为 15.5m，体量呈方形，而且这种楼房可以独立建设，也可以通过拼接形成单元式楼房（图 4-12B）。员村天井式住宅建成后，通过热工试验和住户使用效果反馈，最终总结出天井式住宅对南方气候适应性很强。

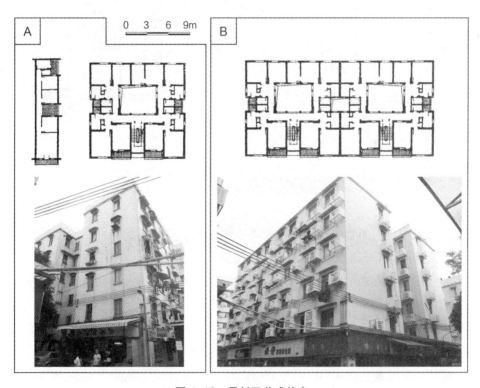

图 4-12　员村天井式住宅

说明：A- 传统住宅平面（左）与天井式住宅单元（右）；B- 天井式单元式住宅平面

来源：平面：《天井与南方城市住宅建筑——从适应气候角度探讨》笔者重新绘制。外观：笔者摄

　　之后通过越来越多的工程实践，逐渐总结出设计天井式住宅平面的经验：尽量减少太阳直射天井；厨卫等辅助房间设置在住宅单元的中间；居室靠外布置，争取直接对

---

❶　陈伯齐. 天井与南方城市住宅建筑——从适应气候角度探讨 [J]. 华南理工大学学报（自然科学版），1965（4）：1-8.

外采光通风；天井和廊道、楼道结合在一起设计等。❶ 后来建设的天井式住宅楼房，都是以小天井为主，例如中南林学院（现为广州外语外贸大学）住宅。而且在 1979 年后，一些住区的低层和多层住宅楼房还使用天井式平面。但是这些住宅中，例如广州房管局天井式住宅、祈福新村的 D2 型住宅（图 4-13），天井空间并没有使用之前所总结的经验来设置，而是一个被动加入的部分，为了解决住宅单元中部的"暗房间"的通风和采光问题。因此，这种天井式平面并不是员村新村"天井"式平面的演变类型，因为前者的天井为适应南方特有的气候而设计出来的，后者只是用天井空间弥补居住单元平面形式的缺陷。

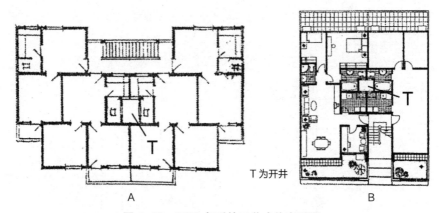

T 为开井

图 4-13 1979 年后的天井式住宅平面
A- 广州房管局天井式住宅平面；B- 祈福新村的 D2 型住宅首层平面
来源：《当代广州住宅建筑与发展的研究》第 76 页

3. 水上居民住宅

水上居民曾是广州繁华历史的见证者，也影响着广州传统的城市形态的塑造。然而从 20 世纪 60 年代开始，水上居民要在广州历史上画上句号。中华人民共和国成立前，广州水上居民登记在册的就有 14665 户，共 68225 人。中华人民共和国成立后，在解决水上居民居住条件和环境整治背景下，启动了水上居民上岸的工程。1960 年 2 月，广州市正式成立了水上居民住宅修建领导小组，负责为水上居民修建陆上建筑，安排他们上岸居住。同年，领导小组的住宅修建方案获得市委批准，小组开始选择了滨江路、南园、素社、二沙头、石冲口、科甲冲、山村、如意坊、荔湾涌、马涌、东郎、猎德、同福东、墩头基、大沙头、中山六路和中山七路等地建设水上居民新村或住宅。❷ 这些水上居民住宅的选址基本靠近珠江两岸处（只有中山六路和中山七路处的是在市中心区），利于就近转移水上居民。直到 1990 年 6 月才把这些登记在册的水上居民安置到陆上。

❶ 刘华钢. 当代广州住宅建设与发展的研究 [D]. 广州：华南理工大学，2007：83-84。
❷ 广州市地方志编纂委员会. 广州市志（卷三）[M]. 广州：广州出版社，1996：418。

为水上居民建设的住宅，都应用了当时的住宅设计的经验，但是设计标准较低。住宅单元都是较为短促，通过组合，住宅建筑可长可短，以便适应各种平面布局的要求。由于标准不高，体形较短的住宅单元并没有采用独门独户形式的居住单元，而是共用厨卫，以内廊道组织各个户室。❶滨江新村是广州较为有名的水上居民住区，从其 5 层高住宅楼房（图 4-14）可以看出，为满足快速建设的需要，整个平面形式规整简单，分为三个部分，中间是共用部分，包括楼道和共用厨卫，两端为居室部分。标准平面是 8 个一室户使用 2 套共用厨卫，而这个标准只达到 20 世纪 50 年代的水平。一端的居室部分有四个户室，每个户室开间为 3m，进深为 5.5m，使用面积为 13 ~ 14m²。住宅平面虽然简单，但是分割灵活，如图 4-14 所示，其标准层平面的左边的户室部分就是通过隔墙（虚线部分）划分成四个一室户，而取消隔墙后，就可以变成有共用厅堂的三个一室户或者一个四室户（图 4-14 标准层平面的右边）。北面靠共用部分的户室设有阳台，而南边的阳台则是共用的，穿越厨房后才能到达。建筑的外形较为方正简单，只有北面的突出阳台使立面有所变化（图 4-14B、C）。

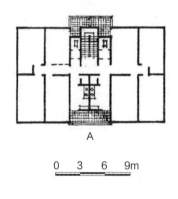

0　3　6　9m

A

B

C

图 4-14　滨江新村五层住宅平面与外观

A- 标准层平面；B- 朝北立面；C- 朝南立面

来源：A，《城镇居住区规划实例 1》第 120 页；B、C：笔者 2013 年 5 月摄

可以看出，为安置水上居民而建设的住宅，应用了增加进深、减少面宽的经验来提高建设量。为求在尽量经济适用的条件下更快更多地建造住宅，住宅的平面形式是以低标准设计，规整简单。

4. 总体特征

与 20 世纪 50 年代相比，20 世纪 60—70 年代的住宅建筑中的居住单元由大面积住房转向小面积的，由不完整的住房户型向"独门独户"户型转变。❷其中，廊间式的住宅平面形式变化较多。对于居住单元来说，"居室均等"的形式依然存在。独门

---

❶　胡冬冬 . 1949—1978 年广州住区规划发展研究 [D]. 广州：华南理工大学，2010：61-63。

❷　胡冬冬 . 1949—1978 年广州住区规划发展研究 [D]. 广州：华南理工大学，2010：27，42。

独户的居住单元占住宅建筑的居住单元数量比例在逐步提升，反映出设计标准正不断提高。随着厨卫单元的应用，廊间式住宅的厨卫共用的问题得到缓解。而且当时的设计者，通过调节标准层的厨卫单元与居住单元之间的数量比，在一定程度上平衡住宅的造价与居住品质之间的矛盾。而且，厨卫单元使得廊间式住宅中的廊道呈现出内外混合，也丰富了建筑的外立面。虽然，当时的住宅建筑在整体外观上还是较为方正，缺少变化，但是由于为居住单元也配置了阳台，建筑外立面的元素也有增多。比起20世纪50年代，20世纪60—70年代的住宅外观确实会显得丰富一点。由于当时全国会组织一些各地的住宅建筑设计经验交流会，一些国内其他地区较有代表性的住宅建筑形式也会出现在广州。由于当时的标准化设计，工人住宅的设计建设特征也是被广泛应用于解决当时其他人群的住房需求问题。其中，水上居民住区的住宅就是这种状况的典型例子。同时，试验式的建筑平面形式也有所探讨，例如天井式住宅的设计与建造。

虽然在这20年中，住宅的外观还是顺承了20世纪50年代的大部分的简朴特征。但是，由于建筑层数增多到3～5层，建筑平面的类型，以及形式的逐渐丰富，随之，住宅建筑的体量增大，外观单调、毫无变化的状况已经有所改善。外墙面主要是粉刷装饰，通过材质、色彩、构配件可以点缀外立面。结构主要是砖混结构，直到20世纪70年代才逐渐开始用钢筋混凝土结构。这些特征，都是可以用于现场快速识别中华人民共和国成立时到改革开放前这一时期设计建成的住宅建筑。

4.3.3 地平面的特征

1. 市区住区的更新

20世纪60—70年代，广州的住房建设面积波动很大（见图4-4），住建投资比例也有过回落（见图4-3）。但是从建成区的扩展情况（见图4-2）可以得知，20世纪50年代在广州市边缘地带的建设，在短短的20年间就快速变成了主要城市建成区的一部分。下文将以三个住区：和平新村、广州铁道局职工宿舍和建设新村为例（图4-15），说明在20世纪50年代时，位于城市建成区边缘处的住区，随着城市的扩展，其地平面特征有何变化。

20世纪50年代建设的住区，不管是位于城市的哪个区位，基本都是以行列式布置建筑群体，均质规整，而且建筑的朝向主要是保持正南北。选择这三个住区，在历史意义和区位上都有一定的考虑。和平新村位于广州西端，基本保持着城市边缘的区位；建设新村是广州首个规模较大的工人住宅区；广州铁道局职工宿舍位于东山一带，靠近民国时期建设的红墙别院住区。分析这三个住区的地平面特征及其变化，可以大概知道建设历史、区位特征和周边建设状况是否会影响这些住区的地平面特征。

通过三个住区在1955年与1978年的地平面情况可以看出，内部的道路系统基本没有改变，最主要是建筑群体的布局特征有所变化。和平新村（图4-15A）和建设新村（图 4-15B）都首先填充了没有建设的用地。填充的部分，建筑群体的布局方式还是依照 20 世纪 50 年代的行列式均质布置。但是由于 20 世纪 60—70 年代间，住宅建筑的平面形式已经有变化，建筑进深比 20 世纪 50 年代的大，而且建筑以多层为主，建筑间距也有变化，从原来建设平房为主时 5 ～ 6m 的距离增大到 11 ～ 15m。

　　已建设用地的更新进程主要有两种：拆除再更新和见缝插针式的。拆除再更新的进程在广州铁道局职工宿舍（图 4-15B）非常明显。在 1955 年之前，该住区就已经完成建设，建筑群体布局肌理异常均质。但是在 1978 年，中间和西南角的很多平房被拆除，3 ～ 4 排的平房整体被 1 ～ 2 排的多层住宅所代替，在最南侧还增加了一排多层住宅，而且，原有的平房与新建的多层住宅基本没有顾及间距的问题。这种情况在和平新村、东风路两侧非常明显。见缝插针式的增建，则在建设新村非常明显。在第二列建筑群体中（图 4-15C），2 排 20 世纪 50 年代建设的平房形成一个组合，两个组合之间有 14 ～ 17m 的间距。之后的 20 年间，就在这些间隙地上建设了 6 ～ 7 层的住宅，造成建筑间的最小间距只有 1m 多。

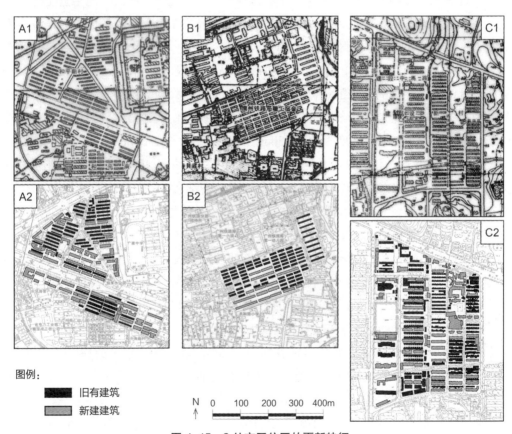

图 例：
■ 旧有建筑
▨ 新建建筑

N 0 100 200 300 400m

图 4-15　3 处市区住区的更新特征
A- 和平新村；B- 广州铁道局职工宿舍；C- 建设新村
来源：《1955 年广州市航空影像地图》，A1 为第 20 分幅图，B1 为第 12 分幅图，C1 为第 14 分幅图；《1978 年广州市历史航空地图集（上册）》，A2 为第 2、12 分幅图，B2 为第 29 分幅图，C2 为第 17 分幅图，笔者重新绘制

从上述三个市区住区地平面的变化特征可以看出，更新的过程就是以各种方式用多层住宅替代 20 世纪 50 年代建设的平房或者低层住宅。替代原因，有出于提高建设密度，节约土地；也有出于替代已经达到设计年限的住房建筑。而整个过程并没有改变建筑群体的行列式布局形式，如果有足够的场地条件，就保持较大的建筑间距，条件不充足，就见缝插针。从三个住区各自的特征来看，可以认为区位、建设历史和周边建造环境的影响因素并没有改变这些更新方式。可见，当时市区的行列式住区的建设与更新都以一种统一的思想指引下进行，而且不断塑造出"毫无差别"住区地平面特征。

2. 郊区住区的扩展

20 世纪 50 年代，广州市的南石头、赤岗、员村和鹤洞等郊区都建设起工业区，而在 20 世纪 60—70 年代间，这些工业区也有所扩展，也建设了一定规模的住区与之配套，而且，黄浦区也建设起新的工业区。本小节则以员村一带的与工业区相配套的住区扩展情况为例，总结一些规模在不断扩展的郊区住区的地平面特征。

20 世纪 50 年代，员村一带首先建设了市第二棉纺厂、广州绢麻纺织厂和广东玻璃厂，这些工厂都接入了铁道支线，方便原料与产品的运输。在工厂的附近也配套建设了市二棉厂宿舍和广州绢麻纺织厂宿舍（图 4-16），这两个住区都选择在丘陵之间的较为平坦的位置建设。住区中的住宅建筑不多，各自只有零星的 10 多栋住宅。而在 20 世纪 60—70 年代建成的市建一公司 101 施工队的南侧，也建设了 10 多栋住宅建筑。这些住区的建筑群体的布局都是行列式为主，内部道路大多为网络式，而且由于建筑的栋数不多，基本是 2 ~ 4 条内部道路就可以串联所有住宅建筑。住宅是低层和多层建筑为主，进深约 11m，宽度为 25 ~ 50m，建筑间距为 6 ~ 20m。

之后的 20 年间，该区域原来的工厂都扩张了，也新增了几家，同时，在工厂的周边新建了很多住宅以及相应配套设施，包括文化馆、中学和医院以及商业一条街。其中，原来的市二棉厂宿舍和广州绢麻纺织厂宿舍增加一倍以上的住宅建筑，新建了南华厂职工宿舍以及员村新村，其中员村新村还建设了一批天井式住宅楼房。

与市区住区对比，位于郊区的这几个住区的建筑密度都明显要低。以 1978 年航空影像地图上显示的围墙为边界进行建筑密度的测定，南华厂职工宿舍为 20.8%，市二棉厂宿舍为 20.5%；而和平新村和广州铁道局职工宿舍则以周边道路中心线为边界测定❶，两者的建筑密度分别为 33.1% 和 31.0%；显然，郊区住区的建筑密度要低了 10%。但是如果以员村新村为例，其建筑密度则为 27.6%，较为接近市区的住区建设密度。可以推断，在土地无偿无期使用情况下，工厂企业能较为容易获得充足的土地，自身配套的职工宿舍建设也较为松散。而员村新村，则是由当时的市委领导建设，主要为周边多个工厂服务，从规划设计到施工管理都是由建设小组统一组织。1958 年首批建

---

❶ 这些位于郊区的住区，由于周边都没有城市建设，其边界范围比较模糊，因此以围墙为界；而位于市区的住区，就像一个大街坊，住区内部与外部都没有明显界限，只能通过周边建设的性质进行推断，暂时以道路中心线为边界。

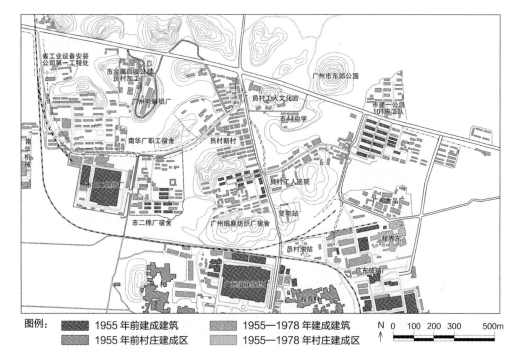

图例： ▨ 1955 年前建成建筑　　▨ 1955—1978 年建成建筑　　N　0　100 200 300　　500m
　　　　▨ 1955 年前村庄建成区　▨ 1955—1978 年村庄建成区

图 4-16　员村地区住区扩展

来源：《1955 年广州市航空影像地图册》第 27、29 分幅图,《1978 年广州市历史航空地图集(下册)》第 41、42 分幅图,
笔者重新绘制

成的住宅层数偏低，间距过大，被认为是规划设计的问题❶，因此，在往后的建设中，
建设密度有所提高。

　　建筑群体布局方面，行列式布局为最主要。在一些为工厂配套的职工宿舍中，行
列式布局较为松散，建筑间距也较大，为 15 ~ 20m。而在政府领导的新村建设中，则
以较为密集的行列式为主，与市区的特征较为接近。住宅建筑的面宽为 20m 左右，间
距通常为 10m。

　　3. 水上居民住区

　　行列式的住区建造经验也应用在解决水上居民上岸聚居的住建问题。当时水上居
民住区的建设，是由中央拨款，广州市委组织领导小组统筹规划设计与建设。在选址
上都是靠近珠江、河涌口，方便就近迁居。其中，海珠区的滨江新村是当时较为有名
的水上居民住区，本小节将会以此为例，讨论为水上居民而建设的行列式住区的一些
地平面特征。

　　滨江新村是广州 1954 年起建设的水上居民住区中规模最大的❷，用地面积为
$6.7hm^2$，建设范围狭长，东西长 660m，南北最深 120m（图 4-17）。建设范围内由道路

---

❶　广州城市规划发展回顾编纂委员会编 . 广州城市规划发展回顾（1949—2005）: 上卷 [M]. 广州 : 广东科技出版
　　社，2006: 95。
❷　石安海主编 . 岭南近现代优秀建筑 1949—1990 卷 [M]. 北京 : 中国建筑工业出版社，2010: 30。

分成 4 块，建有 49 栋住宅，而且实际情况和规划基本完全一致。由于考虑到水上居民的居住习惯，大部分建设 2～3 层高的住宅，而靠近珠江的部分则出于塑造城市总体面貌的需求，建设 5～6 层高的。

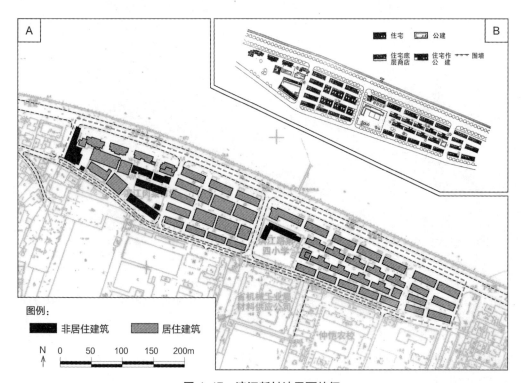

图 4-17　滨江新村地平面特征

A-1978 年的地平面；B- 规划总平面图

来源：A，《1978 年广州市历史航空地图集（上册）》，第 36、37 分幅图；B，《城镇居住区规划实例 1》第 119 页。
笔者重新绘制

　　建筑群体上布局上最少平行布置了 3 排住宅，最多的布置了 5 排，间距为 4～8m。住宅建筑都是较为短促长条形，宽度为 25～30m，大部分都是由 2 个住宅单元拼接成一栋单元式住宅。建筑进深多为 11m，有些达 18m，而进深较大的住宅则是带有小天井的单元式楼房。

　　建筑群体布局上没有考虑形成集中的内部开敞空间，只是在建设范围内靠南的位置留出了部分用地建设市场、小学、幼儿园，结合一些住宅底层的裙房商铺，形成公共服务设施的集中区域。因此，整个住区的建筑密度较高，为 33.9%，而这个数值与位于市区的行列式住区相比，稍高一些。

　　4. 总体特征

　　20 世纪 60—70 年的住区地平面基本没有改变 20 世纪 50 年代的行列式的地平面特征，而且这种形式被更广泛地使用在各种新修建的住区中。然而，从市区到郊区，再到远郊，这种行列式地平面又存在一些差异。这种差异主要体现在建筑密度上，市区的明显比较高，而且建筑的间距也较之前小。

市区的住区逐渐出现更新现象，但是这种更新对地平面特征产生的变化是微小的。只是住宅建筑的平面形式有所变化，其平面投影面积也稍稍变大了。在市区的一些在 20 世纪 50 年代建成的住区中，通过增建和重建两种进程，提高了建筑密度。但是由于建筑群体的布局形式并有没有变化，整个住区地平面则变得更"拥挤"。

4.3.4 形态类型的特征

其实 20 世纪 60—70 年代建设的行列式集合住区与 20 世纪 50 年代的相比，最大区别在于住宅建筑类型的特征差异。到了 20 世纪 60—70 年代，住宅还是以廊间式建筑为主，但是平面形式有所转变。对于居住单元来说，"居室均等"的形式依然存在。而随着对完整居住单元的诉求越来越多，厨卫空间变得重要，"独门独户"形式的居住单元也变得常见。平面形式的转变使住宅建筑的体量发生变化，进深增大。住宅建筑的屋顶形式也逐渐由坡屋顶变成以平屋顶为主。而且，本地的设计团队积极试验新的建筑平面形式（如天井式式住宅），住宅建筑的地域性特征再次受到重视。

但是在建筑群体的布局上，却没有变化。有些住区为了提高密度，直接把部分旧有的低层住宅推倒（有些是设计年限已到），在原地新建一些多层住宅。

20 世纪 60—70 年代与 50 年代相比，广州的社会背景没有太大转变，行列式集合住区这种早已适应社会的住区形态类型也只是响应当时经济发展与市民的需求的变化作出一些形式上的调整而已。

4.4 知识分子住区

始于 20 世纪 50 年代末，为高等院校和研究所教职工兴建的住房，都称为知识分子住宅。20 世纪 50 年代末开始建成知识分子住区有：盘福新村、1957 年动工的美术学院住宅区、中山医学院教工住宅区、越秀北科学院宿舍、建于 1963 年中南林学院（校址现为广州外语学院）教工住宅区、华南工学院（现华南理工大学）教工宿舍区等。知识分子住宅的形式主要是双拼独栋住宅和短促的单元式住宅❶，但是设计标准较高。位于市区的，都是以单元式住宅建筑为主，其形式和工人住宅、宿舍的特征基本相似，没有太大区别。而位于当时城市建成区边缘或者郊区的，尽管有些是建于山冈处，但可用建设用地相对于市区还是比较充裕，则以建设双拼独栋住宅为主。其中，美术学院住宅区、中南林学院教工住宅区、华南工学院教工宿舍都是双拼独栋住宅，这些住宅基本都是 2 层高，形体整体较为方正，有独立的院落，有些还有前后院。在 1949—1979 年间，这种"一宅一地"形式住宅建筑较为少见，大多是为特殊人群建设。

---

❶ 胡冬冬 . 1949—1978 年广州住区规划发展研究 [D]. 广州：华南理工大学，2010。

4.4.1 建筑类型特征

由于设计标准较高，知识分子的住宅都是以独院式和单元式住宅为主，而单元式住宅中，住宅单元则以短廊间式和梯间式为主，居住单元都为独门独户。在市区，由于用地不多，多采用单元式住宅楼房的形式，3～4层高。而在城市建成区边缘或者郊区，由于用地较为宽裕，可以建设更多独院式住宅。到了20世纪60—70年代，知识分子住区内基本以建设单元式住宅为主，独院式住宅的建设量已经非常低。

1.单元式住宅

单元式住宅中，住宅单元的平面形式主要是应用职工宿舍的设计经验，但都是一层两户或四户的形式，而且主要应用两种平面形式。第一种是把厨卫单元和居室划分成南北两个部分，居室位于南侧，而较小的厨卫单元则安置于北面，因此在外观上，住宅单元呈"凸"字形（图4-18）。其中会由于楼梯的南北设置，使突出的厨卫单元有体量上的变化。南梯的单元中，厨卫单元可以紧密设置，因此楼房突出部分的体量较小（图4-18B）；而在一层四户的北梯住宅楼房中，因为走道的穿越，使厨卫单元和居室空间分离（图4-18A）；而有些为了减少楼梯间对居室部分空间的占用，把楼梯间和厨卫单元合并，楼房突出部分的体量则变大（图4-18C）。在越秀北科学院、广东工学院、中山医学院、华南工学院的教职工住区的楼房住宅建设中都有应用这种形式。另外一种则是不设置突出的部分，整个居住单元的体量较为方正。厨卫会靠北面设置，所以北立面会有高窗（图4-18D），把主要的居室设置在南侧，获得良好的光照条件。

图4-18　知识分子住区单元式楼房

A- 广东工学院教职工宿舍平面与外观；B- 越秀北科学院职工宿舍平面与外观；

C- 华南工学院职工宿舍楼之一；D- 华南工学院职工宿舍楼之二

来源：A，《住宅设计实例图集（1966—1973）》第18页；B，《广州居住建筑的规划与建设》；照片，

笔者于2013年12月摄

　　这些单元式住宅楼房，也有"通用方案"。位于城市建成区内的广东工学院和城郊的华南工学院就出现过建筑外观和建筑平面几乎一致的住宅楼房，差别主要是居室的尺寸和外立面窗台的装饰。这些的住宅，显然是出自一种"通用方案"。而且，这些楼房都是在 20 世纪 50 年代末到 60 年代中期建成的，而这个时间段，正是整个住宅设计行业探讨各种标准平面和通用平面的时候。有可能在这样的背景下，某一方的设计方案被另一方所应用；也有可能，这些住宅建筑是由同一间设计机构完成。由于缺乏较为准确的历史材料加以证明，只能认为这是"通用方案"在不同住区中进行的住建实践的现象。

　　2. 独院式住宅

　　位于郊区的高等院校（如中南林学院、华南工学院和华南农学院），其中的知识分子住区，都建有独院式住宅。这些院校的用地较为宽裕，都是于山冈处建设，地形起伏大，适合结合地势和环境建设独院式住宅。

　　这些独院式住宅布局分散，形式多样，而且不同院校的住宅也有各自的特征（表4-2）。通过历史地图和现存的独院式住宅可以查明，华南农学院的独院式住宅的形式较为单一，都为独栋式的住宅（图 4-19A），而中南林学院和华南工学院都建有双拼式住宅。一般独院式住宅都是 1 ~ 2 层高，而华南工学院则建有 3 层高的独栋式住宅（图4-19B），其中还有为适应陡峭地势而设计的独栋住宅（图 4-19C），在首层和二层都设有入户门。

　　在屋顶方面，大部分都为坡屋顶，只有华南工学院出现较多平屋顶的住宅。三所院校的独院式住宅的特征虽然各有差异，还是有一些规律：中南林学院由于规模较小，住宅类型与形式虽然不及华南工学院的多，但多样性的"密度"会较高；华南农学院的住宅多样最低，其中的原因推测是规模较大，而且建设时间较短，大部分住宅都是通过标准化设计与建造；华南工学院的住区规模最大，而且形式的多样性最高，其中有一部分住宅是结合现场地形而设计的。

3 所高等院校的独院式住宅特征对比　　　　　　　　　　　　　　表 4-2

	中南林学院	华南工学院	华南农学院
类型	双拼与独栋比例：5∶4	3 栋双拼其余为独栋	全为独栋
层数	2 层	独栋：1 ~ 3 层； 双拼：2 层	1 ~ 2 层
入户口位置	首层	首层，其中 5 栋设于二层	首层
屋顶形式	全为坡屋顶	独栋：坡屋顶和平屋顶 双拼：平屋顶	全为坡屋顶
占地	独栋：9.9m × 11.5m 双拼：6.6m × 1.26m， 6.9m × 11m	独栋：110 ~ 250 m²； 双拼：80 m²	100 ~ 210 m²
整个住区规模	0.98hm²	约 18hm²	约 16hm²

来源：《城市住宅建筑设计》第 487-489 页和《1978 年广州市历史航空地图集》（下册）第 25、32、33 分幅图，笔者绘制

图 4-19　华南农学院与华南工学院的独院式住宅

A- 华南农学院；B、C- 华南工学院

来源：笔者于 2013 年 11 月摄

　　中南林学院建造的 5 种形式的独院式住宅，都是由华南工学院建筑学院设计，其中有 2 种的平面形式是应用了天井式住宅平面的经验（图 4-20）。这两种住宅平面的进深分别为 11m 和 12.6m，天井位于中部，为其前后的功能房间提供采光和通风的条件。

　　三所院校的独院式住宅虽然有很多不同的特征，但是有一点是共通的，就是院落的边界不明晰。就算是中南林学院的住宅院落是有围墙限定，但院落的外围还是有大片的"无主"空地。在当时土地无偿无期使用的大背景之下，这些住宅都在单位用地上统一建设，房屋与用地都不属于某位知识分子，也不能用于买卖。这种特征非常有别于华侨新村的独院式住宅。因此，不需要有明晰的权属边界，用于规范以后各种建立在明确空间边界基础上的交易活动。而且，住宅的布置较为分散，有足够的室外空间。如华南工学院的，由于地形变化大，一些土坡已经成为自然的边界，而一些地形较为平坦的，住宅之间相隔十多米，有足够的空间给住户进行室外活动。

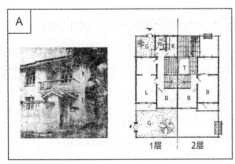
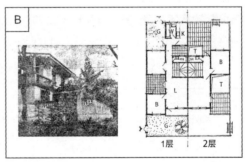

0　3　6　9m

L: 起居室　　B: 卧室　　K: 厨房　　W: 卫浴　　G: 花园　　T: 天井

图 4-20　中南林学院天井式独院式住宅

A-A 型住宅；B-B 型住宅

来源：《城市住宅建筑设计》第 488 页，笔者重新绘制

4.4.2　地平面的特征

　　由于各所高等教育院校在广州市内的布局较为分散，难以作全面的对比分析，因此，本节重点选择了华南农学院和华南工学院的职工住区为例子，分析知识分子住区的地

平面的一些特征。

当时两所高等院校都位于广州市的郊区，与市区的交通联系不便利，因此需要较大规模的职工住区，解决院校里的教职工居住问题。住区所处的位置地形起伏较大，只能依山而建，因而住区的整体布局自由，顺应等高线的走向（图 4-21）。可以看出，华南工学院的职工宿舍住区偏向于"居住小区"式的住宅与非住宅的空间结构关系（图 4-21 下）。幼儿园与住区仅一路之隔，而且还将小学设置在住区之内。华南农学院的则偏向于一个纯居住功能的住区（图 4-21 上）。两者没有设置较为集中的公共绿地空间，也没有通过建筑围合形成较为完整的开敞空间。

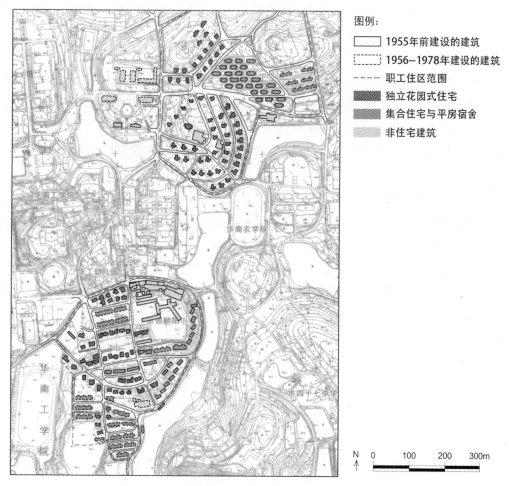

图例：
- ☐ 1955 年前建设的建筑
- ☐ 1956–1978 年建设的建筑
- - - - 职工住区范围
- ■ 独立花园式住宅
- ▤ 集合住宅与平房宿舍
- ▨ 非住宅建筑

图 4-21　华南工学院与华南农学院的知识分子住区

来源：《1955 年广州市航空影像地图册》第 25、27 分幅图，《1978 年广州市历史航空地图集》（下册）第 25、32、33 分幅图，笔者绘制

道路系统没有明显分级，线形、走向都非常自由。华南工学院住区的道路系统是以切割等高线的两条南北向道路为主，联系东西向的和半环形的平衡于等高线的道路。

而华南农学院的则是以平行于等高线为主，这些道路之间有若干切割等高线的较为短促的道路联系。可以看出，华南农学院的道路密度比华南工学院的要高。

华南工学院的单元式住宅与独院式住宅布局是梅花间竹式。两者成组分布，相互穿插，在高度上错落有致，之间也没有用道路作明显分割。一方面，是独院式住宅对各种地形适应性较高，可以灵活地布置用以适应起伏变化较大地形条件；另一方面，其中的单元式住宅没有作错层处理，一般只能顺应等高线，建设在较为平坦的位置。而华南农学院的则是分区布置，其中有两个山冈基本全布置了独院式住宅，山坳处则建设行列式的平行于等高线的平房和单元式楼房。

从建设的时序来看，两个住区的大部分独院式住宅都是在 20 世纪 50 年代建成，20 世纪 60—70 年代基本都是建设单元式楼房。这个特征与当时住宅建设的总体特征相吻合，即 20 世纪 60—70 年代为节省用地与提高居住密度，以建设楼房为主。

独院式住宅属于"一宅一地"形式的住宅，但在以上两个知识分子住区中，该形式的住宅都没有具体的地块边界，显然，基本也不可能计算出建筑覆盖地块的特征以及描述出地块之间的组合关系。独院式住宅没有明确产权地块边界的特征，与当时土地无偿无期使用，不能用于交易的时代特征有关。但是这种特征并没有对住区的外部形态特征有所改变，只是住宅建筑的布局显得较为松散，简单地顺应着道路的走向。

4.4.3 形态类型的特征

知识分子住区基本都是属于高等院校的一部分，与其紧密结合，而且难以准确划定其建设范围。这种住区的建筑设计标准较高，与当时主流的行列式集合住区的形态有着较大差异。集合住宅以单元式住宅为主，廊间式住宅则是以短廊为主。独院式住宅也是重要的建筑类型，但是住宅的院落边界模糊，属于开放式，整体感觉就像是场地上有组织地建设了多栋住宅，而住宅周边用地就是其花园。由这些建筑及其附属的道路组成的建筑群体，采用了较为自由的布局形式，其中地形地貌是这种布局形式的主要影响因素。

4.5 华侨新村

华侨新村是 1949—1979 年在广州市建设的、标准最高的、规模大型的、唯一以"一宅一地"形式住宅建筑为主的住区。1954 年 7 月中央侨务扩大会议发出"便利华侨建筑房屋与兴办公益事业"的指示，同年，广州市第一届人民代表大会第一次会议决定筹建华侨新村。次年，由归国华侨组成"华侨新村筹建委员会"，设计委员会由林克明主持，陈伯齐教授、余畯南等工程师组成。❶1955 年 5 月开始动工到 1956 年 10 月，

❶ 朱朴 . 广州华侨新村 [J]. 建筑学报，1957（2）：17-37。

华侨新村就建成 70 栋建筑，其中住宅就 60 多栋。截至 1958 年 12 月，建成的住宅建筑增加至 120 栋。到 1961 年，华侨新村第二期的规划展开。但之后的 5 年内，由于设计执行的变动，材料供应不足等原因，只建成独院式住宅 30 余栋及少量集合公寓。第一期规划内的东南面组团最终未建成，而二期的规划只在天胜村建成少量住宅。到 20 世纪 60 年代中期，由于国内动荡因素的影响，社会生产活动基本停止，华侨新村的建设就此告一段落。

4.5.1　建筑类型特征

20 世纪 50 年代，国内一些华侨、侨眷集中的大城市都有专为华侨建设的住宅项目，但多以集合式住宅为主（例如上海的华侨公寓❶）。但是，广州的华侨新村住区在建设之初就确定选用独栋式的带花园的住宅类型为主，究其原因，有如下几点：

（1）1955 年之前，国家推行一种积极的华侨政策，其中一点就是让归国华侨在可能的条件下自愿地、稳健地将其财产逐步转回国内。❷ 而在叶剑英主政南粤之时，就提出过对于归侨投资的，要以公私兼顾、劳资两利的政策为本，让归侨有利可图，能安心经营。❸ 这些政策实施后，增强了华侨回国投资和安居乐业的信心。然而华侨归国投资同时带来了居住问题，侨眷生活、子女教育等问题。而当时华侨新村住区的建设都正好对这些问题做了一一回应。

（2）新村建造过程中，政府给予全力支持，例如政府提供土地、只收征地费而不收土地费，免 3 年房产税的优惠政策、私建公助、房屋允许华侨之间买卖或出租等等。当时，为推进新村建设，筹建委员会制定了三种方法：第一，华侨委托，交予国营建筑公司承建；第二，华侨自建，委员会给予指导和协助；第三，由广州投资股份有限公司或华侨投资公司建设，再卖给华侨。❹

（3）当时在华侨新村建造和认购住宅的，都是知名人士，如广东省副省长黄洁、邓文钊，市侨务局副局长方君壮、刘家祺，散文大师秦牧、油画家余本、秘鲁侨领戴宗汉等，著名粤剧表演艺术家马师曾、红线女等。❺ 综合当时的华侨政策，满足能自建自用、自由买卖的要求以及吸引高社会地位人士入住的目标，华侨新村必须要建设高标准的住宅，而带花园的独栋住宅就是最为合适的住宅建筑类型。

为了塑造住区整体统一的风格，新村内的住宅形式都是受到标准化控制。建造设计过程的技术指导是由中国建筑学会广州分会理事长林克明主持，黄适、陈伯齐教授，

---

❶ 丁陛保，邹瘦鹭 . 上海华侨公寓设计介绍 [J]. 建筑学报，1959（7）：17-19。

❷ 高远戎，张树新 . 20 世纪五六十年代国家鼓励华侨回国投资的政策 [J]. 中共党史资料，2008（4）：143-153。

❸ 蒲海燕，夏琢琼 . 主政南粤时期的叶剑英与华侨 [J]. 华南师范大学学报（社会科学版），1993（1）：79-83。

❹ 广州城市规划发展回顾编纂委员会 . 广州城市规划发展回顾(1949—2005)上卷 [M]. 广州市：广东科技出版社，2006：49。

❺ 广州市东山区地方志编纂委员会编 . 广州市东山区侨务志 [M]. 广州：广东人民出版社，1999：75，76。

以及佘俊南等等工程师组成的设计委员会负责，为当时水平最高设计顾问团队。在设计之时，正值 20 世纪 50 年代中期全国对苏联建筑工作者学习以及对形式主义的复古主义设计思想的批判，原来红砖绿瓦的民族形式被改成平顶。住宅的类型主要有两种，集合公寓和独院式住宅，其中独院式住宅有四种标准形式。

1. 独院式住宅

独院式住宅多为两层一户，总建筑面积达 200 ~ 400 m²，平均造价在 95 元 /m²。❶
按不同的建筑面积标准，分为甲、乙、丙、丁 4 种（图 4-22），每种标准住宅都有 1 ~ 2 种变体，实现标准化设计和施工的同时也有足够的种类供住户选择修建。住户可以根据不同的投资额来选择住宅的形式，由于甲、乙两种住宅面积较大，投资较大，可供建设的大地块数量有限，实际的建设数量不多；而丙、丁由于面积适中，较为受欢迎。

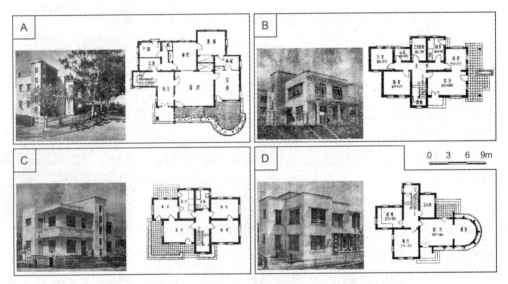

图 4-22　华侨新村 4 种标准花园式住宅的外观和首层平面
A- 甲种住宅；B- 乙种住宅；C- 丙种住宅；D- 丁种住宅
来源：《广州华侨新村》，笔者重新绘制

可以看出，这些独立花园住宅都是两层一户，平面形式灵活舒展。首层平面中，各种功能房间一应俱全，户室的数量根据不同的种类有所不同，一般是 4 ~ 6 个，有的还设置有工人房和书房。平面布置上，客厅都是朝南布置，光照和通风条件较好，厨卫一般是靠北布置，再在两侧布置饭厅和卧室。考虑到广州的气候特征，首层都设计一些檐廊空间，二层对应的位置则是大阳台，增加了用于待客和休憩的舒适的半室外空间。住宅的外观设计虽然缺乏对民族风格的表现❷，但是简洁大方，细节处理到位，

❶ 朱朴 . 广州华侨新村 [J]. 建筑学报，1957（2）：17-37。
❷ 朱朴 . 广州华侨新村 [J]. 建筑学报，1957（2）：17-37。

大大提高了住宅的美观性。例如，使用花架，转角阳台、女儿墙、阳台围栏都有压顶，窗户有突出的包边或者窗檐等作为装饰。这些住宅设计经验，不单是用在独栋的住宅，一些具有独立花园的双拼住宅也有应用，此处不再一一详述。

2. 集合公寓

除了建设大量的独院式住宅，新村还建设了少量的集合公寓。这些集合公寓的设计标准都是高于当时修建的职工宿舍和工人住房。集合公寓都是一种标准设计，单元式住宅，住宅单元为一层两户的形式（图 4-23）。每个居住单元都是独门独户，三室一厅，客厅靠南设置，连接阳台，厨卫则结合为单元，单独设置在北面。这种设计手法与当时一些专为知识分子而建设的集合住宅的形式类似。集合公寓为三层高楼房，首层的住户还拥有前后院。前后院在建造之初，只是用简单的竹编栏栅所限定，后来住户为了加强私密性，建造了砖墙包围，围墙顶上添加了红瓦装饰。

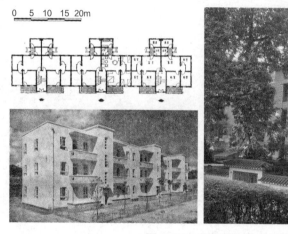

图 4-23   华侨新村集合公寓平面和外观
来源：左：建筑平面和刚建成时外观，《广州华侨新村》。右：住宅现在外观，笔者于 2013 年 6 月摄

4.5.2   地平面的特征

1. 新村规划

华侨新村位于当时的城市边缘处，城市较为大型的公园和绿地：白云山、黄花岗、烈士陵园和越秀山都在新村周边，环境舒适；而且住区的门前就有环市路经过，与市区的联系便利。

1）规划结构

在新村规划阶段，筹建委员会就提出了分两期建设的计划，第一期占地 20 hm^2，但实际用地是 15.11 hm^2。[1] 基地有三个形状各异的小山岗，坡度适宜。依据三个山冈的关系，自然形成三组具有向心性的建筑群体（组团），各组群体有各自独立的轴线

---

❶   朱朴. 广州华侨新村 [J]. 建筑学报，1957（2）：17-37。

关系（图 4-24）。由于新村住户的特殊背景，需要在住区内部有设施解决住户的子女教育以及公共福利问题，因此住区内部内需建设小学、幼儿园、会堂、医疗所、文化馆、运动场等设施，这些设施都设置在住区的中心位置，服务整个新村。建筑群体分组布置，形成几个街坊，住区内部又设有教育和福利设施，正是当时的"居住小区"规划的结构模式。

2）道路系统特征

在山冈的位置，道路顺应地势螺旋上升直达山顶（图 4-25），自然形成排水坡度。而非山冈的位置，道路则裁齐取直，顺应地势，以节省土地和方便下水道施工。

3）地块与地块系列特征

地块系列的组织结构形式是采用双排"三"字形平面形式为主，排列规则。每个街廓中，地块是尽量均质划分，直线道路边上的地块宽度大部分都为 19m 宽，弯曲的道路则形成一些扇形地块，地块深度根据具体情况而定，16～23m 不等，地块形状趋于正方形，而深度不大的地块则集中在人工湖（图 4-25 右下角）的北面。因此，每个地块的面积在 250～450 m² 之间。

图 4-24　华侨新村总体规划图
来源:《广州华侨新村》

图 4-25　华侨新村局部鸟瞰
来源:《广州华侨新村》（建筑工程出版社 1959 年版）

4）建筑覆盖特征

规划方案中，要求建筑都是位于内部地块的中间，其余没有建筑覆盖的空间为基底覆盖地块面积的 56%（1：1.79）以下，即建筑密度在 44% 以上。❶但是实际建成的建筑密度都低于这个数值，为 19%～48%。❷

---

❶ 朱朴.广州华侨新村 [J].建筑学报，1957（2）：17-37。
❷ 王敏.广州市华侨新村地区城市形态演变及动因研究 [D].广州：华南理工大学，2012：80。

5）西方"花园式郊区"的特征

学者王敏通过对比分析，认为华侨新村的规划形式带有西方"花园式郊区"的特征，主要原因：位于广州郊区；道路自由曲折；规划的建设密度低；标准户型起到"通用住宅模型"的作用❶。而深入分析华侨新村的一些建设背景和地平面的特征时，则有更多证据支持这个观点。

首先，整个华侨新村规划建设的技术指导团队的主持人为林克明，毕业于法国里昂建筑工程学院，而且参与过民国时期程天固牵头的"模范住宅"计划的标准图式设计。这些学习和工作经历，必然让他能亲身体会到西方"花园式郊区"的特征以及获得该建造经验在广州本土化实践的经验。因此，华侨新村是完全可以再次塑造出"花园式郊区"的形态特征。

其次，新村的总平面中的某些街坊（建筑群体、组团）规划了约 2m 宽的"后院路（Back-yard Road）"（图 4-26 右）。后院路是一种在英国郊区住区中常用的辅助性道路，为住宅的后院提供独立入口，一般经过地块的侧边或者末端（图 4-26 左）。

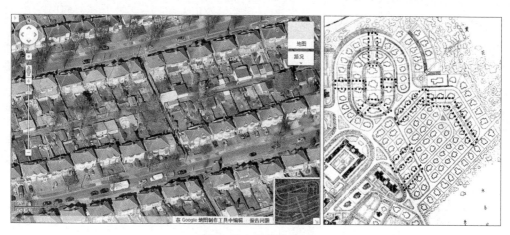

图 4-26　后院路特征

左图为英国郊区住宅的后院路（地点：Falconhurst Road 与 Durley Dean Road 之间住区，哈本（Harborne），伯明翰）；

右图为华侨新村总平面的后院路（虚线方框范围内）

来源：左图为谷歌地图；右图为《广州华侨新村》

学者姚圣在英国伯明翰塞利奥克（Selly Oak）住区与广州宝华路住区的对比研究中，发现后院路只在英国郊区住区出现，广州的传统住区中没有建设。❷而且这种后院路和本书说明的"凹字形平面"（见本书第 61 页）中的道路的性质不相同：前者是附属性的道路；后者是住宅主入口的道路，是必要性的道路。华侨新村规划的后院路，具体原因还不明确，也没有相关文献说明。推断是受到地形地貌因素的影响，后院路

---

❶ 王敏 . 广州市华侨新村地区城市形态演变及动因研究 [D]. 广州：华南理工大学，2012：193。

❷ 姚圣 . 中国广州和英国伯明翰历史街区形态的比较研究 [D]. 广州：华南理工大学，2013。

作为辅助性道路可以满足人行问题，而且一些街廓较长，后院路可以方便住户穿越，增加通达性；由于标准住宅平面（见图4-22）都没有车库，可见当时的设计就是没有考虑家庭的汽车拥有的问题。因而，一些住宅只需要一些较窄的道路接入即可。然而，不管具体考虑了哪些因素，形态都是一个最能反映很多不被记录与阐明的设计理念与建造经验的客观存在。建设后院路，虽然在大陆另一端的英国的郊区住区中，是一种常见的住建经验，但在广州，是从来没有出现过的。

可以看出，华侨新村在规划的时候，就融合了"居住小区"的结构方式和西方"花园式郊区"的建造经验。而且相对于民国的"模型住宅"计划，华侨新村应用了更为具体的空间要素。与当时的行列式集合住区相比，新村的"居住小区"空间结构又更为完整而清晰。

2. 建设情况

从1955年和1978年的地图可以看出，整个华侨新村的实际建设基本是按照规划总平面实施（图4-27）。街坊组团的布局和形态，道路系统的结构和线形走向，地块的组合形式都基本是依照规划实施，只是在局部范围会有细微差别。

20世纪50年代是整个新村建设的高峰期，第一期规划范围内的路网、组团结构、公共福利设施都是在这个时期建成。南面主入口两侧的组团都按照规划完成建设，建筑类型都是"一宅一地"的独院式住宅。主入口左侧的"回"字形组团里，只有5栋别墅是20世纪50年代后建设的，右侧的组团则全部完成建设，公共花园也按照规划预留了用地。中心组团的公共福利设施，小学、小学宿舍和食堂、图书馆、礼堂、托儿所等都按照规划完成建设。但一些生活服务的设施，如百货商店、邮局、储蓄所等餐厅茶铺都还没有建成。中心组团西北侧的运动场已经建设了一半，其余的都作为绿地，留到下阶段再进行建设。规划的三栋集合公寓，只建设了两栋，一栋位于运动场北侧，另一栋位于中心组团东侧。中心组团北侧的"回"字形组团和东北侧方格网组团处于建设开始阶段，只建设了主要的道路以及靠近中心组团一侧零星地建成了一些别墅。规划中的东南角的组团还没有开始建设，道路和其他市政设施都没有铺开，用地还零星分布着一些平房。

到了20世纪60—70年代，新村建设出现三种情况：

（1）继续完成20世纪50年代已开始建设的别墅组团。中心组团北侧的"回"字形组团和东北侧方格网组团按照规划继续进行建设，但只是基本按照规划的路网和地块的组织结构、建筑类型的控制来完成。

（2）一些规划的运动场和公共绿地被用于建设住宅。中心组团西北侧的组团，保留了之前建成的运动场，但是，主要的车行道路并没有建设，而且，未建的运动场则被用于建设集合公寓；新村北侧的"回"字形组团西边的公园被用于建设公寓，中心组团的右侧组团保留的公共绿地被用于建设独立式花园住宅。

（3）新建设的组团不再按照规划方案进行建设。新村东南侧的组团只是按照规划

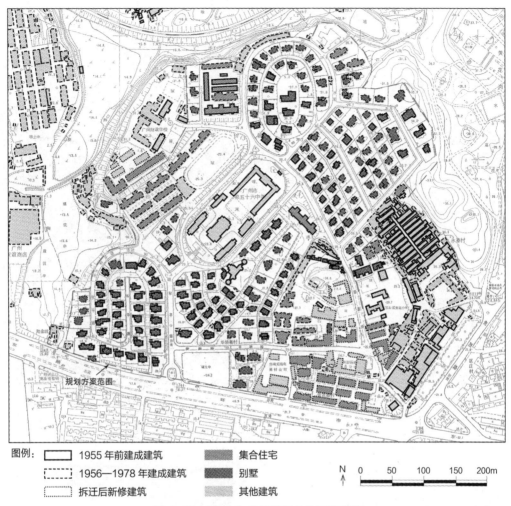

图例：
☐ 1955 年前建成建筑	▨ 集合住宅
┄ 1956—1978 年建成建筑	▨ 别墅
┈ 拆迁后新修建筑	▨ 其他建筑

N ↑　0　50　100　150　200m

图 4-27　1978 年前华侨新村住区的演变

1. 图底为 1978 年 1：5000 广州地形测绘图；2. 图例中 "其他建筑" 包括非居住功能住宅，简易平房与村庄

来源：《1955 年广州市航空影像地图册》第 14 分幅图，《1978 年广州市历史航空地图集（上册）》第 7、8、17、18 分幅图，笔者重新绘制

建成了主要车行道，原规划的别墅住宅一律被体形较为短促集合住宅所代替，建设黄花新村。新村内有两块土地被企业征用，建成华南无线电器材公司、市房屋拆建服务公司。

可见，这一时期的新村建设已经不再依照规划，继续建设低开发强度（容积率）的独立花园式住区，而是建设更多的集合住宅，把一些公共用地也用于建设，提高新村的总体开发强度。

虽然在总体上，新村的开发强度有所提高，但是针对某个别墅组团来看，又表现出另外的特征。从图 4-28 可以看出，"回" 字形组团中，实际建设的别墅栋数是比规划少了 2 栋。右下方的方格网组团，与规划方案相比，实际上少建了一部分道路，而且，建成的后院路（图 4-29）的数量远少于规划的。最后建成的两条南北向的后院路也不再是辅助性道路，变成住宅的入户路，只是宽度较窄，难以通车（图 4-29 左侧两条）。从中可以看出政府在市政方面的投入是大大减少。在规划方案中，被主要车行道包围的范围，需要建设 60 栋别墅，而实际只是建设了 49 栋。可见，在别墅组团，建设密度是有所降低的。

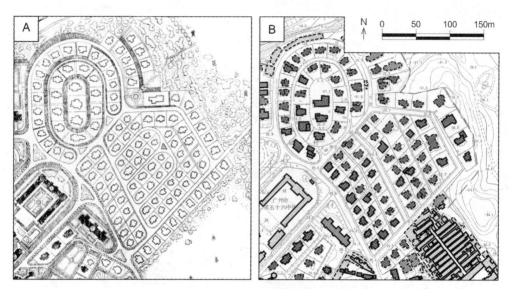

图 4-28　规划方案与实际建设对比（局部）

A- 规划方案；B- 实际

来源：A，《广州华侨新村》；B，笔者绘制

图 4-29　华侨新村的四处后院路

来源：笔者于 2013 年 5 月摄

　　总体上来看，华侨新村的一期建设过程是分两个阶段：20 世纪 50 年代，由于建设迅速，整个新村基本按照规划方案快速成型。之后的建设，有可能是政府在市政的投入有所减少，别墅组团的道路建设不足，实际的建设密度变低；也有可能为节约土地，新建的区域不再按照规划方案建设别墅，而是建设集合住宅，一些方案中规定的室外场地也被用于住宅建设。至于第二期建设的天胜村，由于建成的住宅较少，只有 21 栋别墅和 11 栋集合住宅，本小节则不再详细说明实际建设情况。

4.5.3 形态类型的特征

华侨新村与知识分子住区的外在特征是基本相同的，有集合住宅，也有独院式住宅，自由的建筑群体布局。但是相比之下，华侨新村的布局形式组织性很强，是按照严谨规划进行建设实施。而且，华侨新村最重要的形态构成特征是存在"内部地块"。

这些特征是受到当时几个社会文化背景的影响：第一，方便华侨投资与生活；第二，规划、设计与建造都是使用的当时住宅建设的最高标准；第三，建设的房屋可以认购以及交易，因而需要明确的地块边界。

华侨新村是居住小区规划理念与花园式郊区建造经验相结合的产物❶，而且华侨新村有延续民国时期的红墙别院住区的建造经验。因此，可以尝试通过对比两者之间的异同（表4-3），再探讨新村的形态特征与建造经验的关系。

华侨新村与模范住宅的对比　　　　　　　　　表 4-3

	华侨新村	红墙别院住区
建设背景	政府的华侨政策之一，为稳定归侨生活和吸引华侨投资而建设	当时华侨投资的高峰期，类似的开发建设早已成形，市政当局在后期加以控制引导
选址	东山区，位于当时城市建成区边缘，环境好，交通便利	位于当时城市建成区边缘，越秀山脚、东山都有建设
统筹	政府主导，组建委员会负责整个新村的规划设计与建筑设计	政府引导，负责规划设计，并提供"标准图式"以作住宅建造参考
建造	地平面：基本依规划进行建设 建筑：依照标准化控制，华侨自建或者政府统一建设	道路系统大致按照规划建设，但地块较大，建筑基本为所有者自建
规划理念	小区规划理念与花园式郊区建造经验相结合	花园式郊区建造经验（田园城市理论）
地平面形式	"三"字形平面结构为主；别墅区实际建设密度比规划低；设计有"后院路"，但实际建成不多	"三"字形平面结构；实际建设密度比规划低
建筑类型	独栋别墅、集合公寓	独栋别墅

通过对比可以看出，两者相似点有：建造区位；住区的使用人群背景相同；都有应用花园式郊区的建造经验。而这些都使两者的形态构成要素的空间结构与组织方式趋于一致。

然而，在形式和风貌上的差异，主要是不同社会背景下的政府引导以及介入时间的差异所造成的。在华侨新村，政府从一开始就介入引导工作，作为一种强大的"自上而下"的形态塑造控制，所以整个新村的形态组织性很强，实际建设密度也基本和规划相同。而红墙别院住区，则是表现出"自下而上"的形态生成过程，所以会显得

---

❶ 王敏. 广州市华侨新村地区城市形态演变及动因研究 [D]. 广州：华南理工大学，2012。

松散，住区地平面的结构性不强。

从华侨新村与红墙别院住区的对比分析可以理解到，相似的建造经验在不同社会经济背景影响会产生不同的类型以及生成有差异的实物投影。

4.6 本章小结

1950—1979 年，大量的住宅建筑的形式都是工人宿舍的形式（表 4-4）。条形的建筑单体，低层与多层为主。住宅单元在早期以廊间式建筑为主，随后是以梯间式为主。梯间式的住宅单元一般是 4 户以下，2 户居多，共用一个楼梯间。早期的居住单元都是"居室均等"，而且功能都不完整，公用厨房和卫生间，类似宿舍。后来，独门独户的住房才越来越多。

1950—1979 年各住区形态类型的特征对比　　　　　　表 4-4

形态类型	建造经验	各空间层次的特征					区位
		建筑		地平面			
		平面	地块	建筑布局	地块系列	街道	
				或建筑群体布局		或内部道路	
20 世纪 50 年代行列式集合住区	受到苏联居住小区理念影响，政府统一标准，规划设计，建设，分配	平房 廊式（外廊），2~3 层 廊式（内廊），2~3 层 单元式，2~3 层	"先建设，后划地"地块边界不清晰，最后只有模糊的建设范围边界	行列式 最常见，建筑基本为南北向 20 世纪 50 年代： $L=6\sim14m$；$W=30\sim60m$； $D=6\sim14m$； 20 世纪 60—70 年代：原来市区的低矮建筑需要更新，新的住宅 L 增大，D 减少；在郊区，D 的距离会变大 围合式（较少出现）		内部街坊 宽：X 深：Y 网格状； 道路宽为 $4\sim6m$； 没有等级之分； $X=W$，或者 $X=2W$ $Y=n(L+D)-D$	20 世纪中期城市建成区边缘，广州市内部也有部分"见缝插针"式的建设
20 世纪 60—70 年代行列式集合住区		廊式，5~6 层 廊式（混合），5~6 层 天井式，5~6 层		围合式（极少出现）			当时新建的住区基本都建成该形态，市区更新的住区也是该形态

续表

形态类型	建造经验	各空间层次的特征					区位
		建筑	地平面				
		平面	地块	建筑布局 或建筑群体布局	地块系列	街道 或内部道路	
知识分子住区	总体同上，但为提高居住标准，建设了独栋住宅	单元式，5~6层 独栋住宅（天井式），2层		集合住宅和独栋式住宅分区布置		建设所在位置的地势起伏大，内部道路结构较为自由；道路宽为 4~6m	多在市郊，与高等院校的校园联系紧密
华侨新村	居住小区 + 西方花园式郊区政府规划引导较强	独栋住宅，2~3层 集合住宅，3层	独栋住宅 L W W 多为 19m L=16~23m 集合住宅边界不明确	独栋住宅 位于中间建筑密度为 14%~48%	独栋住宅 双排为主，部分街廓内部有"后院路"	网格状 + 几何曲线状主要道路宽 8m；其他宽 6m	东山淘金

注：建筑层面，平面新式只选取代表性的，而立面形式由于样式较多，难以用几种形式简单概括。

　　住宅建筑的群体组合形式基本全是行列式，建筑之间的间距相等，朝向相同，室外空间均质无差异。当时广州的绝大部分住区都是这种形态类型，因而，整个城市的居住空间都是一种均质趋同的状态。

　　但是这种"均质趋同"和民国时期的"协调统一"有着明显差别。

　　1950—1979 年，广州市住建活动最主要的目标是快速地为大量的新增人口提供居住空间。当时，大部分建设用地都归政府统一管理，随之，广州设立相应的委员会统一组织整个住区建设过程，从投资，到划拨建设用地，到建造，到分配管理，而且方案设计有标准化模式。从中可见，住宅建设与住区塑造变成一种"量产化"的产物。"产品"的设定是一种集权式和精英式决策的结果。土地公有后，形成"先建设、后划地"，或者不需要划地的建设方式，使住区形态的基本构成要素、产权地块，变得不再重要，其形态约束作用也随之消失。建设活动不再受到所有权在空间上产生的屏障限制，可以按需要分期、相对随意地铺开。其次，居民没有参与住宅建造过程的任何一个环节，也没有机制影响住建决策，他们对居住空间的多样化需求难以获得重视。这种"自上而下"的单向决策，"量产化"的建设方式，形成了住区形态总体"均质趋同"。

　　民国时期，则是一种"自下而上"住区形态生成方式。由众多建造者在相同建造经验指导下各自建设住宅,这些住宅在保持自然多样性的同时,在总体上又能互相协调。

虽然当时总体背景会生产形态均质的住区,但是也有一些住建特例,例如华侨新村和知识分子住区(表4-4)。华侨新村的建设范围中建有独院式和单元式住宅,独院式住宅还有明确的地块边界,内部道路系统的组织性强,道路的走向灵活,其中还出现了"后院路"。"后院路"是一种英国城镇郊区住区中常见的辅助性道路,而在华侨新村之前,广州城的住区是没有出现过类似的辅助性道路。华侨新村出现如此特别的形态特征,是由于它是一个在特殊历史背景下,为当时社会里较为特别的人群而"量身打造"的住区。

在知识分子住区里,有行列式布局的单元式住宅,以及没有明显的地块边界的独院式住宅。内部道路顺应地形,但基本是网格式。这种形态特征,更像是行列式集合住区与华侨新村两种建造经验的混合。

1950—1979年的住区形态类型与1911—1949年的差异甚大。主要由于住区的形态,由无数个体选择的集合,突变成少数派量产化的结果。这种住建活动特征的变迁,主要以土地所有制形式和住房属性的改变为基础。土地所有制形式的转变为住房建造者提供可操作的空间载体,从改变以往"小打小闹"式各自建设的状况,直接进入量产化模式。住房属性从原来的可以作为商品进行交易,变为福利品被统一分配。这种转变,让使用者或不同的家庭对住房外观、空间使用上的个别差异难以被表现出来。细腻的多样性被淹没,使当时广州新建的住区变得均质、趋同。

第5章 市场化下的多元拼贴：1980年至今的住区形态类型特征

对20世纪80年代之后广州市住宅建设与住区开发最有影响力的事件，是住房体制改革。这次改革，主要改变了住宅建设的投资、建设与分配制度，建立并完善了新的供应、购得与交易体系。因为这些改变，广州房地产业重新启动。在20世纪80年代后开始迅速发展，20世纪90年代进入调整与完善阶段，到了2000年，停止实物分房，实行货币分房，房地产业迅速变成我国经济发展的支柱产业。

1984年起，广州市开始试点实施征收土地使用费，当时的住宅用地使用权最长为50年，开始有期有偿地向建设单位出让土地使用权。自此以后，建设单位可以通过5种方式获得土地使用权：第一种，合作开发建设。该方法在中外合资开发的商业服务业项目中较为常见，而住宅建设方面则较为少见。操作方式大概是中方提供土地，或以及部分资金，外方提供大部分建设资金或者全部资金。项目建成后的收益按比例分成，当合作期满，楼宇及一切设备归中方所有。第二种，是缴纳土地使用费用。即按照标准缴纳土地使用费用后，就可以获得土地使用权。自1989年起，除了中外合营企业继续需要向广州市交付土地使用费外，内资企业、单位和个人改向财政部门交付土地使用税。第三种，是综合开发，建设配套设施。近二三十年中，很多房地产开发公司都是以这种方式获取土地使用权的。1979年后，广州市的房地产业开始蓬勃发展。房地产公司交付一定费用后，获得政府主管部门划拨的土地，开发过程除了要兴建商品房外，还需要建设住区的市政和配套设施。配套建设的部分是作为开发公司获得土地使用权的代价之一。第四种，是通过投标或议标方式，以实物或者货币形式有偿开发来获得土地使用权。1986年，城市建设开发总公司越秀分公司投得东风街的土地使用权，总用地面积为25.7 hm²，需拆迁12.5万 m²民房。开发公司除需要按规划完成市政和公共配套设施外，还需要无偿给政府提供2.3万 m²住宅，作为旧城改造的专用房。第五种，就是从其他拥有土地使用权的开发公司手中购买。当土地经过"三通一平"（通水、通电、通路、平整地面）后，有市政基础设施，就可以进入土地的二级市场，其使用权就可以进行有偿出让和转让。❶

---

❶ 《广州市城市国有土地使用权有偿出让和转让试行办法》（穗府〔1989〕46号），1989年5月4日生效。2002年4月17日失效。

5.1 "遍地开花"式住区建设

5.1.1 城市人口的变化

1979 年之后，广州市的人口保持稳定的持续性增长，从 1980 年的 300 多万增长到 2010 年的 810 多万。其中 2005 年之前，每年的增长率保持在 14% ~ 20%。2005 年行政区划调整后，人口也开始激增，这个明显是人口统计的区域口径变化引起的（图 5-1）。针对人口密度，虽然统计区域在不断变动，但是持续升高的规律还是清晰可见，而且与人口数量的增速基本持平。

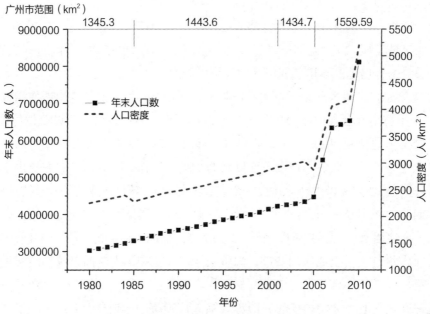

图 5-1　1980—2010 年广州市人口变化情况
说明：广州市范围指中心组团的范围。
来源：广州市历年统计年鉴，笔者绘制

5.1.2 城市建成区的扩展

本小节的广州市建成区的研究，主要是根据《1978 年广州市历史影像图册》、《广州城市规划发展回顾（1949—2005）》中的"广州市城市土地利用现状图（1995 年）"、《广州市城市总体规划（2001—2010）》的"中心组团土地利用现状图"以及广州市 2010 年土地利用现状的 GIS 数据为基础进行研究分析。

这些地图资料的绘制标准存有一定差异，例如《1978 年广州市历史图册》中的地图是达到地形测量图的深度，详细反映出广州市以及周边地区的地形地貌以及地物的情况，后四份城市现状图则只是反映土地利用情况。而后三份地图是根据 1991 年 3 月 1 日起施行的《城市用地分类与规划建设用地标准》GBJ 137—90 记录广州市土地利用

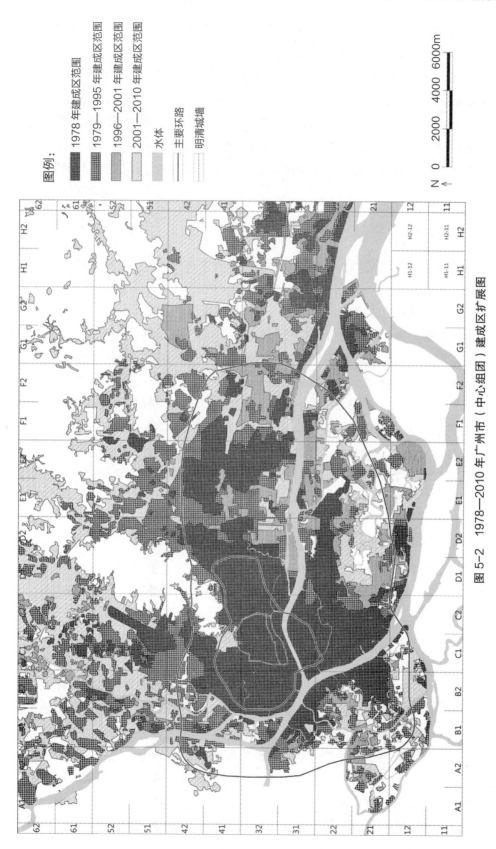

图例：

1978年建成区范围

1979—1995年建成区范围

1996—2001年建成区范围

2001—2010年建成区范围

水体

主要环路

明清城墙

N

0　2000　4000　6000m

图5-2　1978—2010年广州市（中心组团）建成区扩展图

情况。尽管这些历史地图资料存在种种差异，但是足够分析出广州市建成区边界的拓展情况（图5-2）。

可以看出，20世纪80—90年代，广州建成区迅速扩展，而且都是发生在1978年之前的建成区的周边。而1978年之前的建成区，有些是零星分散地布局（图5-2，B-5、C-5、G-3、H-3、H-2）。这些区域经过20年建设，其周边的新建成区还是分散布局。这种特征在广州市中组团的北面和东面较为明显（如图5 2，B-6、B-5、C-6、C-5、G-3、H-3等）。到了21世纪，先前各种未开发用地被逐一填满，直接把分布零散的块状建设区连成一体。

5.1.3 住宅建设概况

1979年之后，广州市开始住房体制改革。1979年东山区开发的东湖新村，是与香港宝江发展有限公司合作开发并实行商品化经营。1988年，广州市花地湾住宅用地招标，是国内土地市场第一次土地出让，也是广州现代房地产业的起点。1999年广州市完全停止福利分房，使住宅建设与分配完全朝着商品化方向发展。

在20世纪80年代，住房体制改革的投资体制改变后，国家、单位、个人三者合理负担的投资，而且各种建设资金的来源越来越多元化。随之，住宅建设投资开始不断提高。1985年以后每年投资都超过1亿元。到1989年，已经达到2.66529亿元。随着房地产业的蓬勃发展，住宅建设投资量节节攀高。到2010年，广州市全市住建投资达到5.727122亿元。从开始住房体制改革以来，住宅建设投资占整体建设投资的百分比起伏不断。20世纪70年代末到80年代初，该百分比曾经一度攀升到37%左右。然而在往后的时间里面，该百分比反复不断，最终还跌至17%的水平（图5-3）。很明显，住宅建设投资，对于广州市的整体投资来说，是不断反复的过程。而且在近10年中，是逐步下滑的，这是广州市逐步实现产业转营升级的结果。

20世纪80年代，开始实施改革开放，广州每年竣工住宅的面积主要是在100～230 hm² 区间起落。整个20世纪90年代，基本是每一年的住宅竣工面积都比上一年高，一直维持21世纪初，即完全停止福利分房政策的时候。近10年来，开始在每年竣工700～900 hm² 住宅的水平中起落（图5-4）。

1978年的中共三中全会后，广州市的建设方针有所调整。当时，广州珠江北岸的江湾新城、海珠广场、白天鹅宾馆、北京路和中山五路、江湾大道、环市东路西段、天河体育中心、石牌高教科研区、广州经济技术开发区都是城市规划建设的重点地区，这些地区都建设起一批高质量的公寓、办公楼、商品房与商住楼。当时，广州住宅建设已经逐步改变了见缝插针的建设方法，开始按照城市规划，成片、成线地兴建住宅小区。1979年，广州首个联合外资的建设的东湖新村在东山建成。至1990年，建成或在建规模较大的住宅小区，有大沙头住区、晓园新村住宅区、江南新村住宅区、天河建设小区、广园新村住宅区、五羊邨住宅区、二沙岛住宅区和花地住宅区。这些住宅小区都按新规范来设计，有较完备的生活配套服务设施，注意塑造良好的小区环境。到 21 世纪，广州新建的住区，基本都是由房地产公司建设的，住房也完全由市场提供。消费者对住宅与住区的多种诉求，逐渐反映到住区的外观形式与空间组织上的多样性。而且资本雄厚的房地产公司建设的高品质、大规模的住区，也成为其他住区建设的参考，这种住区对广州的住建活动起到一定的导向作用。

早期引用外资或部分引用外资建设住区有 1983 年开建的晓园新村、1982 年开建的员村昌乐园、1981 年开建的挹翠花园。❶ 这些住区中，每个住宅单元基本是 7～9 层高的住宅，其中各套住房都是独门独户，组合方式已经多采用单元式平面。为保证卧室、餐厅和客厅主要居住空间由自然

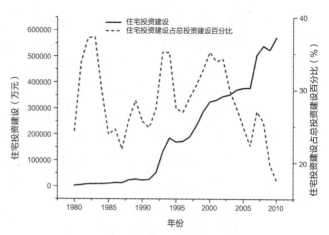

图 5-3　1980—2010 年住宅建设投资情况
来源：广州市历年统计年鉴，笔者绘制

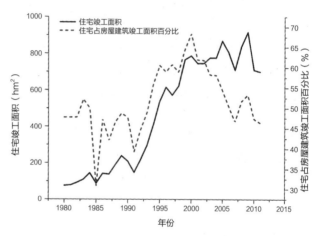

图 5-4　1980—2010 年住宅竣工面积情况
来源：广州市历年统计年鉴，笔者绘制

采光，住宅单元中的每个居住单元，不再是 1950—1979 年那种平板方正的组合形式，而是变得错落有致，形式多样。这使得单个住宅单元的平面形式变得非常丰富：有 "T" 字形（东湖新村）、"Y" 字形（江南新村）、风车形（挹翠花园）、"工" 字形（晓园新村）等等。从 20 世纪 80 年代建设的几个住区大获成功之后，仿效香港地区，甚至国外发达国家的住区建设经验来进行广州市的住区建设的方法，变得极为普遍。

虽然 20 世纪 70 年代起，廊间式住宅建筑平面逐渐不再流行，只是出现在一些宿舍建筑，而梯间式则取而代之成为最常用的平面形式，相应地，单元式住宅逐渐成为主流。但在一些案例中，继续应用长廊式建筑平面，最终也建成很有特色的住区。例如 1986 年始建的天河体育村，就建造了两种长廊式的住宅建筑平面。其中一种是以竖

❶ 广州市房地产管理局修志办公室编 . 广州房地产志 [M]. 广州：广东科技出版社，1990：100。

向交通空间为中心向三个方向放射出三条通廊，其中两条串联四个居住单元，一条串联两个居住单元，形成"Y"字形平面。另外一种也是以竖向交通空间为中心，但只是放射出两条通廊，分别串联四个居住单元，形成曲尺形平面。还有一个特殊的案例是2006动工的万科"土楼"，属于廉租屋。该住宅建筑平面形式也是廊间式建筑，但是该建筑位于广州市行政区划范围以外，因此不在本章作详细讨论。

广州住区的住宅建筑群体布局逐渐由行列式转为围合式。被住宅建筑围合的空间多为公共性较强的活动空间，设有庭院或者体育活动场地。有研究认为商品化后的住宅通过价格的调整作用，使东西向的住宅更容易被消费者所接受，围合式的布局形式因而重新被应用。❶加之围合起来的空间经过精心设计后能改善整个住区的环境品质，围合式的布局形式开始被消费者和开发商所青睐。

一些多层住宅为主的行列式布局的住区，会演变出"密排行列式"布局形式，其实这种布局形式不利于（特别是底层的）住宅自然采光，开发者使用这种布局形式主要出于是平衡地价。加上当时宽松的法规制度，这种布局形式才得以继续被大量应用。❷20世纪80年代的广州市出现大量不带电梯的7～9层住宅建筑，直到1996年出台了新的住宅法规❸，这种住宅建筑才被停止建设。可见，20世纪80年代至今，广州市建设的住区在不断衍生多样性的同时，也在不断经历着各种住建问题。很多问题是已经出现了，才开始逐步被政府引导到正常的轨道。

5.1.4　住区的形态类型概况

在土地有偿有期使用期间，广州市建设的住区形态类型主要有4种：港式庭院住区、混合住区、高层花园住区和城区花园住区。

这些类型的住区形态都是住宅商品化后产物，表现出多元化的物质形态特征。其中，引入港资以及由香港建筑师负责规划设计的东湖新村与五羊新城所应用的建造经验，直接推动这些形态类型的形成。这两个住区的某些形态结构的特征不断被强化，进而演变出新的住区形态类型。

港式庭院住区是一种由港式住宅建筑形式构成的，而且通过住宅建筑群体围合起公共空间，并通过一定景观设计手段塑造起园林式庭院的住区。有些港式庭院住区的地平面特征会和行列式集合住区相类似，但是由于其建造时间与住宅建筑形式存有较大差别，可以划定为应用非同源建造经验而建设的住区，是两种住区形态类型。混合住区是一种住区地块内还划定出多个内部地块，而且这些内部地块是以"一宅一地"形式进行住宅建设的住区。高层花园住区则是由纯高层以及超高层住宅建筑构成，住宅建筑是部分或全部建造在裙房之上的住区。城区花园住区也会表现出混合住区中出

---

❶　矫鸿博.1979—2008年广州住区规划发展研究 [D].广州：华南理工大学，2010：39。
❷　刘华钢，当代广州住宅建设与发展的研究 [D].广州：华南理工大学，2007：98，99。
❸　中华人民共和国建设部 .GB 50096—1999 住宅设计规范 [S]. 北京：中国建筑工业出版社，1999。

现内部地块的形态结构特征，但由于住区是建设在寸土尺金的城市中心区，并且以低层住宅建筑为主，建造经验较为特殊，因此被划定为一种独立的住区形态类型。

这些不同的住区形态类型，有些建成实例非常多，而且形式各异；有些则建成数量不多，或者不在研究的空间范围中。因此，在形态类型的特征分析过程中，会按照实际情况展开分析。有些会针对单个实例进行说明，有些会针对几个实例进行综合分析。尽管如此，建筑类型特征和地平面的特征依然是各种形态特征分析的最基本切入点。

5.2　港式庭院住区

东湖新村是广州首个港式庭院住区类型的建成实例，具有转折点的意义，因此，下面会详细分析该住区的形态特征及其影响。

1983 年起，广州市住宅区建设贯彻"综合开发、配套建设"的方针，全面实行"六统一"（统一规划、征地、设计、施工、配套、管理），按照获批的城市规划成片、成线兴建住宅小区。❶1983 年始建的江南新村，就是广州第一个成片综合开发的大型住区，占地达 60 hm²。与之类似的成片综合开发的大型住区，还有 1984 年始建的五羊新城住宅区（占地 31 hm²）、1986 年始建的天河南住宅区（占地 56 hm²）、1989 年始建的花地湾小区（占地 83 hm²）等。❷其中，五羊新城由于具有另外一种形态类型的特征，不在本节讨论。据统计，在 1979—1989 年动工的 41 个住宅小区里面，有 18 个住区是由广州市城建开发总公司及其广州各区的分公司负责开发。❸下面也将选择由该公司负责的晓园新村与江南新村两个住区作为例子，探讨东湖新村的建造经验在广州住区建设实践过程中的变化。

5.2.1　东湖新村

1979 年，广州探索引进外资进行住区建设，东山区率先成立东山区引进外资住宅建设指挥部，与香港宝江发展有限公司合作，在东山湖畔建设东湖新村。该住区是中华人民共和国成立后全国首个商品住宅。❹外资的引入，使得住宅建设过程开始带有投机成分，而这使得很多在其他地区或外国房地产交易市场成功的住宅建设与住区开发的概念和模式被引进，进而影响到广州市的住宅建设。东湖新村资金来源是香港宝江发展有限公司，由香港的建筑师李允鉌负责规划设计，土地由广州东山区提供，双方签订协议：建成房屋的 2/3 由东山区引进外资住宅建设指挥部安排动迁户和出售，

❶　广州经济年鉴编纂委员会编 . 广州经济年鉴 1984[Z]. 1984：773，774。
❷　广州市房地产管理局修志办公室编 . 广州房地产志 [M]. 广州：广东科技出版社，1990：100。
❸　广州市地方志编纂委员会 . 广州市志（卷三）[M]. 广州：广州出版社，1996：424、425 页，表 5-2-1。
❹　广州市东山区地方志编纂委员会编 . 广州市东山区侨务志 [M]. 广州：广东人民出版社，1999：79。

其余 1/3 则由港商在港销售。❶ 因此，东湖新村应用香港典型住区规划设计经验变得必然。

1. 建筑类型特征

东湖新村的居住单元中，居室的概念有所改变。之前 30 年的住宅建筑中，厅、房没有明显区别，面积也相仿。而东湖新村的起居室（厅）则变成整个居住单元的中心，联系起厨房、卫浴间和卧室，并且面积相对较大，也能通过家居布置划定出家庭用餐区域（图 5-5）。厨房和卫浴间一般是分开布置，厨房一般靠近入户门，而卫浴间则与卧室紧密联系，隐蔽又方便日常使用，与之前 30 年普遍设置厨卫单元的做法非常不同。这种大厅小卧、厨卫分离的做法就是借鉴较为成熟的香港居住单元设计经验，也成为后来居住单元设计的经典范式。❷

东湖新村的标准住宅平面形式是梯间式住宅单元，可以拼接成单元式住宅，住宅单元的标准平面为一层四户，居住单元都为独门独户的形式（图 5-5）。20 世纪 50 年代的冼家庄（见图 4-7A），20 世纪 60 年代的员村天井式住宅楼房（见图 4-12），知识分子的一层四户单元式住宅的（见图 4-18B）可以算是前 30 年较为典型的住宅单元的平面形式。通过对比，可以看出，东湖新村住宅单元的平面形式与这些住区区别较大。

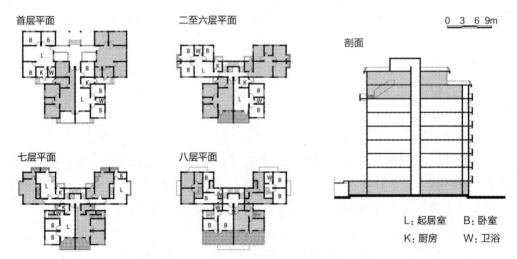

图 5-5 东湖新村多层住宅平面与剖面

来源：《点式住宅设计》第 93、94 页，笔者重新绘制

首先在进深方面，天井式住宅中间设置天井，进深最大，为 15.5m，东湖新村的则为 16m，而且没有设置天井。对于一层四户的居住单元，居住单元的组合方式上是

❶ 广东改革开放纪事编纂委员会编 . 广东改革开放纪事 1978—2008（上）[M]. 广州：南方日报出版社，2008：173。
❷ 余帆 . 广州东湖新村对国内住房商品化背景下的住区规划设计的启示 [D]. 广州：华南理工大学，2012：46。

左右镜像，但是前三者的左边（或者右边）部分的两个居住单元都基本相似，而东湖新村的则是两个不同的居住单元：左上的面宽大，左下的面宽短，从而形成"丁"字形，让上下两个居住单元都有足够的采光面。加上居住单元的中间设置凹位，为中间的卫浴间提供采光空间，实现所有房间的全明设计。这种平面形式使得建筑外轮廓较为曲折，整个楼房的外观也不再是火柴盒形式，体形变得丰富（图 6-6A、B）。

　　住宅单元是 8 层高，但是首层和二层的入户方式有所不同，而且七层的居住单元为"复式住宅"，为一层六户的平面形式（见图 5-5）。首层是从地面进入，二层以上的都是从架空的平台进入（图 5-6C），一、二层之间并没有室内楼梯连通。二到七层除了有公共梯间连通之外，还设置了电梯。如果从架空平台算起，七层的住户也只需要爬 5 层楼梯即可。这种竖向设计上新做法所形成的住宅楼房形式，本书称之为"双首层体系"住宅类型。这些住宅单元最后会在整个住区形成一个"双首层体系"，有利于住区的人车分流。这种设计手法，当时在广州乃至全国，皆属首例。

图 5-6　东湖新村 8 层高住宅外观
来源：笔者于 2013 年 5 月摄

　　新村里除了 8 层高的住宅楼房外，还建设一栋 16 层高的塔式住宅，这是广州最早借鉴香港经验建设的高层住宅。❶ 塔式住宅的平面形式是"井"字形（图 5-7A），一层八户。住宅单元以竖向交通空间为中心，居住单元围绕交通中心布置。居住单元有四种形式，都是以"大厅小卧"的概念来组织居室。为了方便管道设置，单个居住单元的厨房和卫浴间合并在一起，而且同一法向上，相邻居住单元的厨卫单元也靠近设置。与当时香港较为常见的"井"字形塔式高层（图 5-7B）平面形式相比较，就可以看出，两种平面形式极为相似。从中可以看出，东湖新村的塔式住宅完全是香港高层住宅的本土化建设实例。

❶　刘华钢 . 广州地区塔式高层住宅设计的发展 [J]. 华中建筑 . 2013（9）: 62-68。

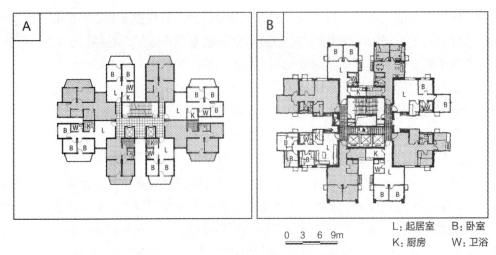

图 5-7 "井"字形塔式高层住宅平面形式

A- 东湖新村塔式高层住宅平面；B- 香港"居屋"第七期乙牛池湾新丽花园 A 座平面

来源：A，《广州东湖新村对国内住房商品化背景下的住区规划设计的启示》第 46 页；B，《香港高层住宅的多样化与特点》

2. 地平面的特征

广州大沙头原为江中一屿，与陆地一水相隔，但由于泥土淤积，逐渐与陆地相连，而东湖新村就正是建设在这部分滩涂地之上。从 1978 年的地形测绘图可以看出，东湖新村左侧的土地已经平整好并建设了众多居民房，而新村的基地则还在填埋平整（图 5-8A）。这些居民房有着明显行列式集合住区的地平面特征，兵营式布局，统一并均质。东湖新村占地 3.1 hm²，南北深 140m，东西宽 280m，建筑密度为 32.5%。新村住宅群体的布局形式，不再是之前流行的行列式排列，而是使用围合式，并形成两个开敞的空间，方便住户在新村内进行户外活动（图 5-8B）。

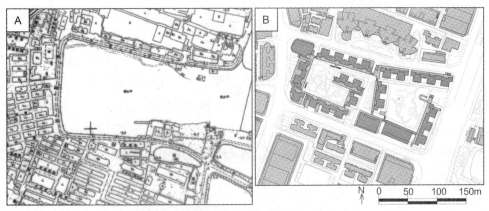

图 5-8 东湖新村地平面与周边地区地平面的对比

A-1978 年东湖新村；B-21 世纪初的东湖新村

来源：A，《1978 年广州市历史航空地图集（上册）》，1：5000，第 27 分幅图；B，21 世纪初 1：500 广州地形测量图，笔者重新绘制

1）建筑覆盖特征

通过图 5-8 中 A、B 两张图的对比可以看出，东湖新村与当时住区的行列式布局有非常大的区别。首先住宅楼房的体量就比周边的大，楼房的间距也增大了几倍。当时 2 ~ 3 层的住宅楼房，间距只有 3 ~ 9m，有些 6 层的楼房，间距也只有 5m；而东湖新村，8 层楼房的间距最少为 15m，最大为 80m，远远超过了前 30 年广州行列式集合住区中的楼房间距。

围合式的建筑群体组织形式，打破了行列式布局塑造的均质单一的住区空间格局，从形态的结构层面，造成了居住单元和其外部空间差异化。从新村的地平面以及住宅单元的平面形式，可以看出面向中间开敞空间的居住单元相对朝向道路的居住单元，可以获得更好的景观和宁静的居住环境。住区中部的 3 栋 8 层高的住宅楼房，由于被周边楼房包围，而且两侧也有开敞空间，居住环境最好。

2）内部道路系统特征

"双首层体系"是新村地平面的另一个主要特征。从住宅楼房的平面形式可以知道，所有二层以上住户是需要从架空的平台进入楼房，而这些架空的平台，把住区内所有的楼房都串联在一起，形成"第二首层体系"（图 5-9）。地坪则是"第一首层体系"，住区的地坪既能通机动车也组织首层住区入户，分流大部分住户进入"第二首层体系"。这种"双首层体系"在竖向空间上解决了住区内部人车混合的问题，而且增加了小区居民室外活动空间的面积。

3）地平面结构特征

与之前行列式布局的住区没有明显地块边界的情况非常不同，新村划定了边界，使得整个住区有了明显的地权范围。前者的街坊式结构，不同住区之间是互相连通的，任何人员都可以自由穿梭。由于住宅建筑的外观极为相似，住区之间在风貌和形态上难以区别。而东湖新村，由于借鉴了香港住区统一管理模式，住区有明显的边界，并与外部隔离。边界由建筑外墙面、居住单元的独立花园和小区围墙所界定（图 5-9，地块边界），而且住区边界与街廓的边界完全重叠。

每栋 8 层住宅楼房的底层都设置有独立花园，底层每个居住单元都各自有对应的花园。这种情况下，或许可以按照花园的边界再划定各个居住单元的地块边界，或者每栋单元式住宅的地块边界。但笔者认为还不能如此划分，集合住宅一般都很难定义其是否有明确的地块边界。在民国时期，共用楼梯住宅楼房也可以算是一种集合住宅，但是这一时期是以私有制为主导，整栋住宅层数少，各层的平面形式基本一致，对应的地块都有明确的所有者，是"一宅一地"的形式，可以准确划定其地块边界。而 20 世纪 50—70 年代，由于住宅和地块都归单位和国家所有，加上街坊式结构，使得集合住宅，以及整个住区的边界都模糊，难以定义。东湖新村的每栋住宅楼房及其对应的地块都只是整个新村的一部分，而且层数较多，住宅单元有三种标准平面形式，非常难以划定合理的地块边界。因此，笔者认为这一时期多层以上，就算首层有独立花园

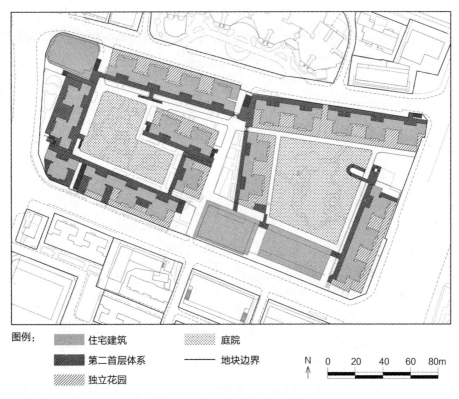

图例：

<table>
<tr><td>▨ 住宅建筑</td><td>▨ 庭院</td></tr>
<tr><td>■ 第二首层体系</td><td>—— 地块边界</td></tr>
<tr><td>▨ 独立花园</td><td></td></tr>
</table>

N↑ 0 20 40 60 80m

图 5-9　东湖新村地平面特征

来源：21 世纪初 1：500 广州地形测量图以及现场调研，笔者绘制

的住宅楼房，都不存在地块边界。

　　在这种原则下，东湖新村的地平面结构可以确定为"建筑群体→地块（街廓）→道路"。住区内的各栋住宅楼房的布局形式，以及道路系统，都是该住区地块内部的形态结构。对于东湖新村的例子，街廓不再是一系列地块组合后的外侧边界，而是由单一地块所构成。

　　3. 东湖新村的影响

　　东湖新村建成入住后，广州市开始积极引入港资加快住区建设的速度。其中，港式住区的开发、设计与管理模式随着港资的进场，影响了当时的住区形态。❶最为重要的影响有两点：

　　1）引入新的住宅建筑形式

　　同为集合住宅的建筑类型，新村中的"T"字形单元式住宅，从居住单元的平面形式到单元的组合形式都是新的模式，改变了前 30 年本土的住宅建造经验。居住单元的"大厅小卧"的做法，比起以往的居室无差别的状态，更能满足家庭起居生活的需求。在组合形式方面，通过灵活地调节每个居住单元的面宽与进深关系，让各个单元都能获得足够的采光面，满足单元内各个功能房间的全明设计。而且，由于平面形式的改变，建筑外轮廓有更多变化，通过合理设置阳台和窗户位置，使整栋住宅建筑的外立面形式更加丰富多变。

2）改变了地平面的特征

地平面元素复合的结构形式产生改变，而且地块边界直接对应街廓边界。建筑群体的布局方式，以围合式形成庭院空间，优化住区的环境质量，并产生空间的异质化。

5.2.2 晓园新村

晓园新村是由广州市城建开发总公司开发建设，用地面积为 6.78 hm²。新村中间有东西向的晓园路穿过，从而划分出两个住区：北为晓港城，南为晓南新村。❶晓南新村规划建设时，贯彻"综合开发、配套建设"的方针，建成了晓园中学。然而，为了集中分析住区的形态特征，需要把居住与非居住功能区别开，所以将两者的建设范围作出划定。

1. 建筑类型特征

整个新村共建设 41 栋住宅建筑，晓港城有 14 栋，余下的 27 栋分布在晓南新村。其中有 4 栋带裙房，3 栋在晓南新村。住宅建筑都是单元式，其中，方正形的是一层两户，其他都为一层四户，差别只是在于居住单元组合成住宅单元的平面形式有所不同，从而产生不同的外轮廓形式。总体上，晓园新村的住宅建筑共有四种平面形式："工"字形、风车形、方正形和"井"字形。

晓园新村以"工"字形的住宅为主，共建设了 18 栋，其中有 12 栋分布在晓港城，而这些"工"字形住宅建筑的形式基本都是一样的（图 5-10A、B、D）。晓港城中余下两种住宅建筑是"井"字形平面，9 层高（图 5-10F）。而在晓南新村中，四种形式的住宅建筑都有建设，以风车形的居多，共有 14 栋。这些单元式住宅，有些只有一栋住宅单元，有些就是两个住宅单元拼接而成（图 5-10C）。方正式平面的住宅建筑，基本都是由两栋住宅单元拼接而成。在晓南新村的东部，由于地形有高差，两个住宅单元以高低错落、前后错开的方式拼接在一起（图 5-10E），稍稍丰富了建筑外观。

2. 地平面的特征

晓园新村的总用地面积为 6.78 hm²，除去中学建设的用地，住区的面积为 5.45 hm²。建设范围东西宽 280m（不包含中学建设范围），南北深 300m，建筑密度是 35.2%。与东湖新村 32.5% 的建筑密度相比，晓园新村的建筑密度稍微高一些。

晓园新村带有行列式集合住区地平面的部分特征。基本全部住宅建筑朝向都是正南正北，只有在晓港城南边两侧的住宅单元旋转了 45°（图 5-10D），因而有些不一样。通过一定空间布局方式，整个新村形成四块较为明显的庭院空间。在晓港城的中心位

---

❶ 广州房地产业协会等编. 广州房地产开发 [Z]. 1986：45。

图 5-10　晓园新村的住宅建筑
来源：笔者于 2013 年 5 月摄

置，通过东西两栋"井"字形与南北两侧界面整齐的工字型的单元式住宅建筑的围合，形成一个方形的庭院空间。该庭院的北面，由带裙房住宅和条式的单元式住宅形成条状的开敞空间，称为"晓港城一条街"。在晓南新村的建筑群体布局上，北侧的住宅建筑尽量顺应地块边界线的走向，从而形成两块庭院空间。

　　晓园新村的西北处是跃进新村（图 5-11），于 20 世纪 60 年代开始建设，住宅建筑的层数是 5 ~ 6 层。从 1978 年的航空影像地图可以看出，其地平面特征从此时起一直保持至今，只是在跃进四巷的东侧新建了 6 排住宅，层数 6 ~ 9 层。跃进新村是带有强烈的行列式集合住区的形态特征，而且新建的部分也在延续这种特征。

　　通过对比跃进新村与晓园新村的形态可以发现：晓园新村建筑形式、平面形式都较为丰富；而且在建筑群体布局上，晓园新村在规划设计上有意识地围合出庭院空间，打破均质的空间特质。这种差异，也正是港式住区与行列式集合住区表现出不同形态特征的内在原因。

5.2.3　江南新村

　　江南新村总用地面积 61.6 hm²，规划建房 125 万 m²，可供 7 万人居住，是广州市 20 世纪 80 年代新开发的规模较大的居住区之一，仅次于 1989 年动工的花地湾小区。通过对比规划与实际建设情况，可以看出整个新村基本按照规划的平面布局实施。事实上，该新村的建设时间也不长，当时是 1983 年破土动工，计划于 1990 年完成（图 5-12）。该住区分的住宅设计很大程度上也是借鉴香港的经验，但有别于东湖新村住区

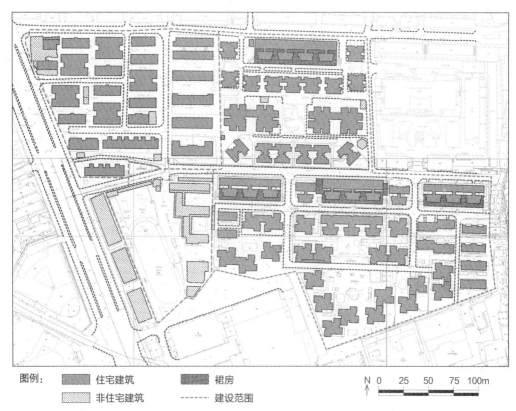

图例：　▨ 住宅建筑　　▨ 裙房
　　　　▨ 非住宅建筑　----- 建设范围

N↑　0　25　50　75　100m

图 5-11　晓园新村与跃进新村地平面特征

图中左上角为跃进新村，左下角为晓园中学，右侧为晓南新城与晓园新村

来源：21 世纪初 1∶500 广州地形测量图，笔者绘制

内较为单一形式的住宅单元，该住区内开始建设多种形式的住宅单元建筑，也没有应用"双首层体系"的做法。

图 5-12　建设中的江南新村

来源：《广州房地产开发》前言第 3 页

1. 建筑类型特征

虽然江南新村基本是一次性建成，但规模大，建筑形式多样。在规划方案中所划定的每个街廓范围内，都建设了几种不同形式的住宅建筑。其中有"井"字形、"工"字形、"十"字形、风车形、方正形和"Y"字形，而且有些住宅带裙房，具有更丰富的多样性。绝大部分的住宅建筑，层数都是 8 ~ 9 层，只有少数几栋是高层建筑，层数是 15 ~ 18 层，最高的为 31 层（图 5-13A，位于图 5-14 的街廓 L）。

"工"字形建筑形式使用较多，在规划的 20 个街廓中，有 12 个建设有"工"字形的。而且有一种"工"字形的住宅建筑，腰部纯粹是双跑楼梯，用以连接"工"字上下两部分的居住单元，这种形式的住宅都是建设在江南西路两侧的街廓里（图 5-13B）。建有风车形建筑形式的街廓有 6 个，而方正形的则有 5 个街廓（图 5-13C，位于图 5-14 的街廓 O）。"井"字形住宅单元的面积较大，基本都是单个建设，也有两个拼接成单元式住宅，一般都建设在裙房之上，而且这些住宅建筑大部分都是高层住宅（图 5-13D）。有 5 个街廓建设了"十"字形住宅。这些住宅主要分布在沿街处（图 5-13E，位于图 5-14 的街廓 I），有些还通过转角住宅单元，拼接起两组"十"字形的单元式住宅，分布于街道的转角处。"Y"字形的较少，只是在街廓 N 中建设了 2 栋（图 5-13F，位于图 5-14 的街廓 N）。

街廓 E 是 1999 年建成的可逸名庭，建筑形式有所不同。有 2 组 6 栋一层六户的单元式住宅，由于户数较多，住宅单元的平面形式与面积都和其他街廓的住宅建筑有较大差异。

图 5-13 江南新村的住宅建筑
来源：笔者于 2013 年 5 月摄

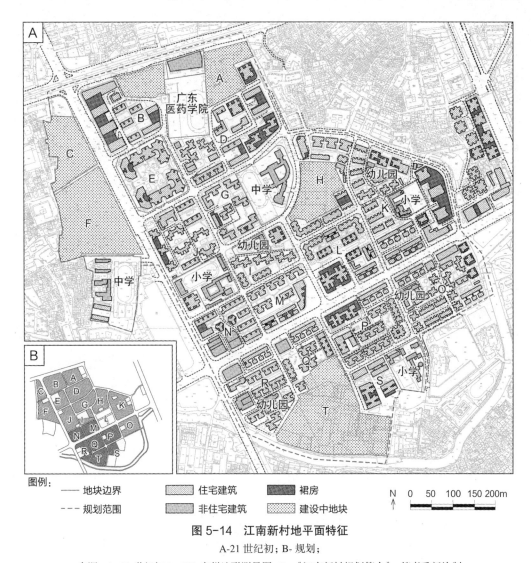

图例：
— 地块边界　　▨ 住宅建筑　　▨ 裙房
---- 规划范围　　▨ 非住宅建筑　　▨ 建设中地块

N　0　50　100　150 200m

图 5-14　江南新村地平面特征

A-21 世纪初；B- 规划；

来源：A，21 世纪初 1 : 500 广州地形测量图；B，《江南新村规划简介》，笔者重新绘制

　　在街廓 J、O、N 中，住宅建筑在设计时进行了"支撑体住宅模式"（SAR）理论的试验。"SAR"是荷兰学者哈巴拉根（J. Habraken）在 20 世纪 70 年代提出，目的在于设计出一种能适应住户不同生活模式、不同空间需求的住宅。❶ 在广州，"SAR"的试验定位，是以灵活可变居住单元平面形式，应对青年人群由于结婚生子等家庭人员改变而导致的多元化的住空间需求。❷ 在街廓 J 中，可以看出有两种住宅建筑平面形式。其中方正形的单元式住宅是由 4 栋一层四户的"T"字形住宅单元组成，而围合式的阶梯形住宅，是由 2 栋一层五户住宅单元组成（图 5-13G）。这两组住宅建筑，居住单元就是两个部分——厨卫部分和可变部分，可变部分就是一个规整空间，完全可以自由地重新间隔。

❶　Habraken N J. Supports: an alternative to mass housing[M]. London: Architectural Press，1972.

❷　陈库强，戴荣华 . SAR 住宅设计法在江南新村的尝试 [J]. 住宅科技，1990（1）: 9-11。

2. 地平面的特征

"综合开发、配套建设"的住区建设方针,使得江南新村内部也建设了多所中小学和幼儿园,而且也有一些办公楼(图 5-14 的非住宅建筑)。建设配套公共服务设施的形式,是当时获得土地使用权的一种方式。也就是说,在政策和土地制度双轨约束之下,住区必定表现出这种地平面布局特征。

在新村中,基本是以方格网式的道路格局划分出规整的街廓。被划定的街廓东西宽度为 110 ~ 200m,南北深度是 100 ~ 280m。规模最大的为街廓 K,但是实际上内部由南北贯通的曲折的道路划分成东、西两部分。

江南新村规划了 20 个街廓,在 21 世纪初,有 5 个还在建设中,则以其中 9 个街廓(E、G、I、J、M、N、P、Q、R)住宅建设范围为例测算建筑密度。9 个街廓的建筑密度均在 30% ~ 50%,最低值是 N 街廓,最高值为 J 街廓,均值为 37.4%。可以推测出江南新村的建筑密度,会与晓园新村的相似。

纵观整个新村的地平面,行列式的特征较为明显,但是在每个街廓中,都会出现一个或者多个有围合特征的庭院空间。街廓 B、K、M、N、R 中,住宅建筑的朝向都相同,通过几栋住宅的错位或者"抽空"的方式围合出庭院空间。而街廓 D、J、G、L、O、P 中,则是错位的住宅单元以及不同朝向的单元式住宅围合成庭院空间。这种建筑群体的布局方式基本与晓园新村相似。其中街廓 E 是后来建设,其建筑群体围合方式更加明显,而且预留的庭院空间也较为完整。

5.2.4 形态类型的特征

港式庭院住区的形态类型特征主要有以下几点:

住宅建筑类型都为单元式的集合住宅,居住单元都是"大厅小卧"的特征。居住单元的组合方式丰富,一层两户的住宅单元基本都是方整形,而一层多户的则通过多种组合方式形成丰富的住宅单元平面形式,如"工"字形、"井"字形、风车形、"十"字形和"Y"字形等。曲折的建筑平面外轮廓,使建筑的三维形体不再像火柴盒,变得丰富活泼。这是从东湖新村引入港式住宅建筑形式后,所形成的新住宅建筑形式,称之为港式住宅。

地平面结构以"建筑群体→地块(街廓)→道路"为基础,而一些通过"六统一"建设的规模较大的住区,整个住区的建设范围则是由多个上述住区单元组合而成。建筑群体的布局方式,都有意识地形成庭院空间,形成异质空间,逐渐改变了 1950—1979 年大量的空间均质的住区形态。

首个出现在广州的港式庭院住区——东湖新村,是通过不同朝向的单元式住宅建筑围合出庭院空间。虽然也有住区通过不断调整建筑朝向形成围合的状态,但实际上,这种围合形式并没有在后来大规模建设的港式庭院住区中普遍使用。通过晓园新村和江南新村的地平面特征可以看到,更多的是维持均一的建筑朝向,通过住宅单元组合的错位，建筑群布局的错位以及"抽空"部分住宅单元，形成围合的庭院空间。这是港式庭院住区建造经验不断在广州本土进行自适应的结果。

5.3　混合住区

首先指出，本书主要探讨的混合住区不单是功能的混合，而且是住宅建筑类型的混合，即"一宅一地"式的住宅与集合式住宅混合在建设范围内的住区。华侨新村与二沙岛上的住区虽然也有类似的混合，但是由于其特殊的建设时段与地段，不属于这种住区形态类型。

按照本节探讨对象的定义，第一个混合住区应该是 1984 年始建的五羊新城（又名五羊邨、五羊新村）。五羊新城的规划设计也是由当时负责东湖新村的香港建筑师李允鉌负责，混合功能概念规划即住区内有裙楼商业，办公楼等。当时在住区的中心位置南侧，规划设计了联排住房，但这些联排住房又有别于一般的"一宅一地"式住房。每栋住宅为三层建筑，两户使用，每户使用一层半。下层用户从地面进入，有前后两个入口，且带有前后小花园。上层用户从二层连廊平台进入，带屋顶花园。

五羊新城折中地混合了两种截然不同的建筑类型，但之后的混合住区就开始严格界定两者，因为两种住宅形式是面向不同的消费人群，而且对住区的整体形象定位有着微妙的暗示作用。

5.3.1　五羊新城

1983 年起，广州市住宅区建设贯彻"综合开发、配套建设"的方针，而五羊新城就是首个按照这一方针建设的住区。该住区在 1984 年开始建设，1990 年竣工❶，开发商为广州东华实业股份有限公司，前身是东山区引进外资住宅建设指挥部（东湖新村的开发公司）。整个住区占地 31.4 hm²，总建筑面积为 60 万 m²，其中住宅建筑面积约 40 万 m²。按照"综合开发、配套建设"的原则，开发公司需要无偿提供污水处理厂 1 座，中小学校 3 所，幼儿园 5 所，并提供建筑面积为 8 万 m² 住宅作为未来旧城改造用房。❷

1."立体"新城

现代建筑运动的先驱勒·柯布西耶（Le Corbusier）20 世纪初就提出对未来城市问题技术层面的解决方案。在 1925 年出版的《明日的城市》❸中，勒·柯布西耶就阐述了这种解决方案：应该通过技术手段建设立体交通，实现人车分流；建设高层建筑，实

---

❶　广州市房地产管理局修志办公室编 . 广州房地产志 [M]. 广州：广东科技出版社，1990: 100。

❷　杨重元，刘维新 . 中国房地产经济研究 [M]. 郑州：河南人民出版社，1991: 165。

❸　《明日的城市》一书的法文原名为"Urbanisme"，意思即"城市规划"，但在国内，人们更多是从英文译本了解到该著作。而英文译本的名字为"The City of Tomorrow and its Planning"，因此中文名字也沿用英文名字的意思。

现用地集约，从而腾出更多的开敞空间建设公园，让市民接触自然；各栋建筑应该是混合使用，使城市的各种功能在竖向上堆叠，而不是在平面上展开等等 **❶**，可以理解这是一种通过现代技术建设的"垂直田园城市"。

在"田园城市"的发源地英国，首次对"垂直田园城市"理念的实践是巴比肯（Barbican）地区重建计划。巴比肯地区，原为伦敦城（London City）**❷** 北门穆尔盖特（Moorgate）外的聚居区，第二次世界大战破坏后，伦敦政府决定重建该区。**❸** 该住区约16.1 hm²，1952 年开始建设，到 1981 年完成整个重建计划。其中巴比肯住宅区（Barbican Estate）有 3 栋塔式高层住宅和多栋 7 层高集合住宅，建设于数层高裙房上（图 5-15A），裙房里建设有停车场和各种公共文化设施，包括博物馆、文化与艺术中心、学校与图书馆等。**❹** 这些建筑由各种通廊连接在一起。通廊是一个多层次步行网络，穿梭于每栋住宅与主要公共设施之中，有些通廊是在住宅之下，有些外挂于裙房，有些则在裙房之上，有些贯穿裙房（图 5-15B），同时，整个网络是与住区东西两侧的两个地铁站（巴比肯车站和穆尔盖特车站）相通。这个多层次步行网络，使整个住区完全实现人车分离。在其内部，把原来用于建设车行道的土地用于建设庭院，增加内部绿化，优化景观。

这种综合开发而且有相应配套建设，并将塔楼住宅建设在巨大裙房之上，通过通廊网络实现人车分离，连接住区中各栋建筑和公共设施的住区开发建造经验，本书称之为"立体"新城经验。这种经验很快在当时还是英属殖民地的香港地区落地生根，而且迅速扩散。香港从 20 世纪 60 年代起，开始不断在城市建设中实现这些建造经验，而且在之后的新城建设中更是把这种经验落实到位。20 世纪 80 年代开始规划建设的沙田新城，每个住区都基本是塔式高层住宅建设于一个庞大的裙房之上，裙房之内有各种商业服务设置或者公共设置。有些住区之间通廊互相连通，最终接入公交站点或者地铁站点。而沙田新城住区的这种形态特征，深刻地影响到五羊新城的规划设计决策。**❺**

五羊新城的规划设计再次由香港建筑师李允鉌负责。五羊新城在 20 世纪 80 年代进行规划设计时，正是"立体"新城经验在香港新城建设中大放光彩的时期，李允鉌作为香港建筑师是最能理解这种形态并能够运用到广州的住区规划设计中的。因此，李允鉌部分应用"立体"新城的建造经验，以连廊平台实现多层次步行网络，实现人车分流。

---

❶ 勒·柯布西耶.明日的城市 [M].李浩译.北京：中国建筑工业出版社，2009。

❷ 国人熟知的伦敦是英国的都会区，包括伦敦城（London City）及围绕其周边的开发区，总共有 33 个行政区，伦敦城是伦敦的核心地区，与周边的 11 个区称为"内伦敦"，其余 20 个区称为"外伦敦"。伦敦城面积为 2.6 km²，在中世纪时，其边界有罗马人所建的城墙，北到穆尔盖特街（Moorgate Street），西到卢德盖特（Ludgate）圣保罗大教堂西侧，东到伦敦塔（Tower of London），南达泰晤士河。

❸ War demage and revelopment[EB/OL]. http://www.cityoflondon.gov.uk/services/housing-and-council-tax/barbican-estate/concept-and-design/Pages/war-damage-redevelopment.aspx.

❹ Colquhoun I. RIBA Book of 20th Century British Housing[M]. Oxford: Butterfield-Heinemann，1999：64-67.

❺ 王利文.内外求索：一个政策研究者的心路历程 [M].广州：广州出版社，2004：51。

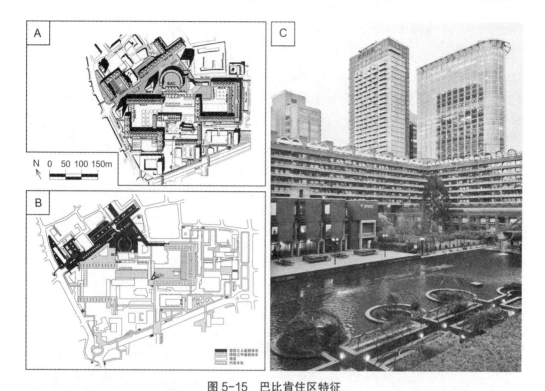

图 5-15 巴比肯住区特征
A- 巴比肯住区平面；B- 巴比肯地区的通廊体系；C- 巴比肯内庭与 7 层高集合住宅
来源：A，http://www.housingprototypes.org/project？File_No=GB008；B，Spatial choice and preference in
multilevel movement networks，笔者重绘制；C，笔者于 2013 年 3 月摄

在上层决策与规划设计两方面，"立体"新城建造经验都不断直接作用于五羊新城的规划建设。因此，本书认为五羊新城的住区形态塑造经验是源于英国，并以香港为中转站辗转到达广州，而五羊新城正是这种经验本土化后的物质空间投影。

2. 建筑类型特征

五羊新城的建设规模较大，住宅建筑类型也非常丰富：双拼别墅，联排住宅，单元式住宅，带裙房住宅以及"双首层体系"单元式住宅。其中，联排住宅也应用了"双首层体系"的建造经验，形成一种特别的住宅类型。

1）单元式住宅

五羊新城中的单元式住宅，平面形式非常多，有"廿"字形、"T"字形、"工"字形以及"工"字形的变体"ス"字形。"廿"字形的单元式住宅都集中在五羊新城北侧的 C、E 街廓（街廓索引详见图 5-20），都是由 2 个住宅单元拼接成一栋住宅。住宅高 9 层，平面为一层 6 户，南北侧各两户，两翼各一户（图 5-16A）。"T"字形单元式住宅分布在 S 街廓，平面形式与东湖新村的相同，并且都是"双重层面体系"单元式住宅，9 层高，具体特征就不再讨论。"工"字形的分布在 D、U、W、S 街廓，平面形式也与"T"字形的相似，只是在腰间位置有所收窄，形成纯竖向交通空间（图 5-16B）。梯间的两侧分别设置两个居住单元，而且居住单元都是横向展开，面宽大，进深小，使得外轮廓周长增大，住宅单元的 4 个居住单元都有较长采光面。"ス"字形的分布在 Q 街廓，平面形式与"工"字形的变体，只是一侧的 2 个居住单元各自旋转了 45°，形成"八"字开（图 5-16C）。"ス"字形住宅单元在建筑群体组合上的可塑性很强，可以通过三个方向上山墙面的拼接，形成有强烈几何特征的单元式住宅建筑群。五羊新城中，则使用这种平面形式的住宅单元，组合成一个蜂窝状的单元式住宅群体。

2) 带裙房住宅

带裙房的住宅分布在 E、H、K、M、P 街廓，前四个街廓的都是"井"字形平面形式，P 街廓北侧有一栋为蝶形单元式住宅，是"井"字形的变体。这些住宅建筑中，裙楼高 4 层，都设置有商业和办公功能（图 5-16D、E）。住宅建筑为 22 层高（不包含裙房的 4 层），平面形式与东湖新村的 16 层高层住宅相似，但是梯间的电梯数量更多，更加贴近港式的"井"字形住宅平面（见图 5-7B）。这些"井"字形住宅都是单个住宅单元，属于塔式高层住宅（Tower Block）。

图 5-16　五羊新村 4 种形式的住宅建筑外观

来源: 笔者于 2013 年 5 月摄

3）双拼别墅

五羊新城的双拼住宅位于新城核心区的广兴华花园（见图 5-20，街廓 R 西侧），共有 42 栋，都为 3 层高。双拼别墅其实有联排别墅的特征，即相邻的两栋住宅都有贴紧的墙面（除了位于两端的），但是由于设有前后院，而且相邻的住宅南北错位，看起来更像双拼形式的别墅（图 5-17）。而且，为节省面积，单栋住宅是供两户使用，楼梯被设置在两栋住宅的拼接位置。

图 5-17　双拼别墅外观
来源：笔者于 2014 年 5 月摄

4）"双首层体系"联排住宅

这种联排住宅也位于广兴华花园（见图 5-20，街廓 R 东侧），3 层高，两户使用，均为一厅两室，每户使用一层半（图 5-18）。

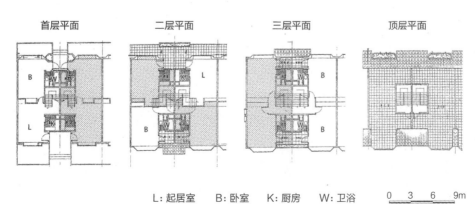

L：起居室　　B：卧室　　K：厨房　　W：卫浴　　0　3　6　9m

图 5-18　"双首层体系"联排住宅各层平面图
来源：《五羊新城低层住宅建筑设计》，笔者重新绘制

图 5-19　联排住宅外观
来源：笔者于 2014 年 4 月摄

下层居住单元是从地面进入，前后都有入户门，并设置有前后花院。首层设有起居室和一个卧室、厨房和卫浴间。通过中部的楼梯，可到达二层，还有一个套间卧室，刚好单个居住单元占用一层半的空间。而上层的居住单元则从二层连廊平台进入，二层有厨房与起居室，通过中间的楼梯到达三层的两个卧室，而且能直接使用屋顶花园。上下两层居住单元通过不同的标高层面进入，进而形成了"双首层体系"（图 5-19）。

3. 地平面的特征

五羊新城的规划建设范围边界规整，东西长 500m，南北深 680m，面积为 31.4hm²。由于获取土地使用权的方式以及"综合开发、配套建设"的住区建设方针的影响，新城内部也建设了多所中小学作为配套公共服务设施，以及办公楼（图 5-20 的非住宅建筑）。

新城的整体结构呈"回"字形，有东西向的轴线。内部环路所限定的范围有街廓 F、G、I、L、R，是新城的核心，商业办公功能集中的区域，也是新城唯一建设低层住宅的区域。内部环路外围则布置建设有单元式住宅和塔式高层住宅的街廓。东西向的轴线为寺石新马路，中间有宽 20m 的绿化带。道路系统以规整的路网结构为主，由此划分的街廓，宽 100 ~ 200m，最宽的为内部环路里的街廓，而南北长是 40 ~ 160m。

由于新城内建设了双拼别墅和联排住宅，产生了（居住功能的）内部地块。而这种特征使得整个新城的形态结构变为"建筑→内部地块→建筑群体→地块（街廓）→道路"（街廓 R）。新城内还存在另一个较为特殊的建筑，位于街廓 I，建筑是架设在道路之上。这种建造方式与骑楼屋相同，但是由于使用功能是非居住的，不归为住区形态特征的讨论范围。

对于 4 个建有"双首层体系"单元式住宅的街廓 D、S、U、W，建筑密度分别是 67.9%、56.6%、47.9% 和 48%，全部都比港式庭院住区中 3 个例子的单个街廓的建筑密度高。而建筑群体布局呈蜂窝状的街廓 Q，建筑密度为 34.1%。街廓 C 的建筑密度也为 34.8%。

建设有单元式住宅的街廓，都是通过互相垂直的住宅建筑围合成规整的庭院空间，这种特征与东湖新村的一样。其他建设有塔式高层住宅的街廓，则没有明显的庭院空间，住宅建筑的间距也就只有 15 ~ 20m。

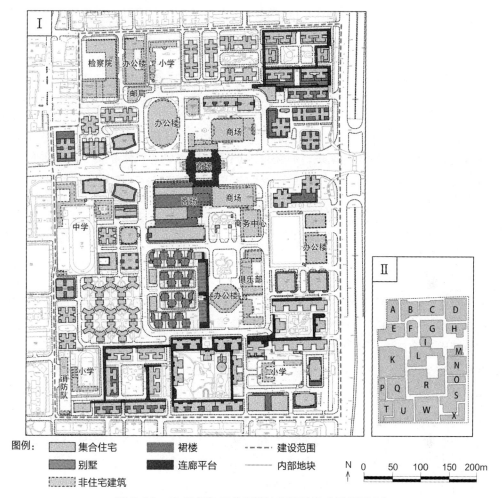

图例：
集合住宅 裙楼 ------ 建设范围
别墅 连廊平台 —— 内部地块
非住宅建筑

N 0 50 100 150 200m

图 5-20 20 世纪初五羊新城地平面特征（见彩图 8）

（Ⅰ.地平面特征；Ⅱ.街廓索引）

来源：21 世纪初 1:500 广州地形测量图以及笔者现场调研，笔者绘制

4. 五羊新城的影响

五羊新城与东湖新村都是由同一位建筑师负责规划与建筑设计，同一家开发公司负责建设。一些住区的建造经验是相同的，但是五羊新城也有自己的特征：

（1）五羊新城应用了"立体"新城的建造经验，新城内部居住与非居住功能的建筑综合在一起，这种综合的特征是发生在平面和竖向两方面。平面综合特征是由当时的土地获取方式和住区建设方针所引起的。竖向综合特征则体现在带非居住功能裙房住宅建筑上。而这种竖向叠合的建造经验广泛地应用于之后的一些高层住宅为主的住区建设。

（2）五羊新城把集合住宅和"一宅一地"住宅两种不同类型的住宅建筑布局在同一个住区建设范围之内，产生了内部地块，地平面结构也随之发生变化。这种不同建筑类型混合于同一个住区开发项目的做法，也在影响着后来的住区建筑，从而形成了混合住区。

5.3.2 城区混合住区

位于广州中心城区的混合住区数量并不多，笔者所翻阅的地形测量图显示，位于天河区的汇景新城就是其中一个。其他比较靠近中心城区的混合住区，则分布于番禺区的洛溪岛，珠江后航道的南侧，有裕景花园、珊瑚湾畔、锦绣银湾、珠江花园、星河湾海怡半岛等，以及白云区的保利天伦堡、金域蓝湾。鉴于这种类型住区的分布情况，因此选择位于研究范围内，更靠近城市核心区的汇景新城 ❶ 为例子，说明城区混合住区的一些形态特征。

1. 汇景新城

汇景新城位于广园立交的东北角，21世纪初才开始动工建设，由侨鑫集团有限公司开发建设。用地规面积约 80 hm^2。而在 2004 年的《广州汇景新城修建性详细规划》中，建设规模为 66.55 hm^2，不含南侧的高尔夫球练习场 ❷，规模与江南新村相仿。

新城由正交的城市道路汇景路、汇景南路和汇景东路，划分成 4 个区：南区的是别墅区；北区分东、中、西三区，都建设了高层单元式住宅（图 5-21）。中小学建设在东端，开敞空间（如高尔夫球练习场）设置在靠近建设范围边界的位置，而商业设施（如俱乐部和幼儿园等）则位于新城的中心位置。东、中、西三区，由平均宽 50m，总长度约 1500m 的带状绿化庭院空间联系在一起。

南区的别墅区名为"明月清泉别墅"，建设范围面积为 8.8 hm^2，有 98 栋住宅，建有 3 种住宅类型：联排、双拼和独栋别墅。住宅建筑都为 2 层高，红瓦坡屋顶，西式的外观风格。联排的住宅分布在南北侧，双拼的位于东侧，中部全为独栋别墅。地平面大部分是双排"三"字形的特征，但是道路的走向较为自由，整个别墅区显得比较灵活。98 个内部地块的平均面积约 540 m^2，最大的为 1200 m^2，最小的为 270 m^2，为北侧的联排住宅地块。内部地块与建设范围边界没有重叠，都有道路相隔。

东、中、西区都为中高层（7 ~ 9 层）和高层（10 层以上）住宅。三个区都由带状庭院空间分割成南北部分，整体上，每个部分的建筑群体布局形式都是行列式，布置 2 ~ 3 排单元式住宅建筑。在每个部分中，通过局部住宅微小的角度偏转，加上少量的曲尺形单元式住宅（东区），以及一些"T"形住宅单元的突出部分（中区的北面和东南角处），形成有一定围合感的内部庭院空间。在东区，北侧一排建筑都为高层住宅，其余的为中高层住宅。建筑之间距离为 27 ~ 50m，有些建筑之间主要采光面与山

❶ 白云区的保利天伦堡、金域蓝湾距离旧城核心区直线距离约为 7km，而天河区的汇景新城距离珠江新城 CBD 核心区直线距离 4.5km。

❷ 广州市城市规划勘测设计研究院编. 创新求是——城市规划专业作品集粹 2000—2005[M]. 北京：中国建筑工业出版社，2006：158-163。

墙面相对，间距会减少到 10 多米。在中区的西北为中高层，北边和东边为高层，建筑间距为 27 ~ 70m。东区都为高层住宅，建筑间距为 50m 以上。与五羊新城相比，这种住宅建筑密度明显要更稀疏，因而，住宅建筑之间的庭院空间更加开敞，非常有利于形成高品质的居住环境。

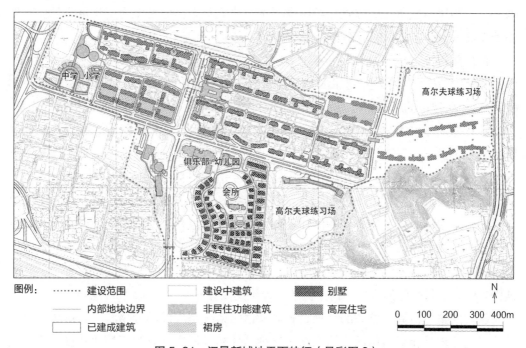

图 5-21　汇景新城地平面特征（见彩图 9）
来源：21 世纪初 1 : 500 广州地形测量图，笔者重新绘制

2. 整体特征

城区的混合住区，会在建设范围中建有两种体量对比强烈的住宅建筑群——高层住宅群与别墅建筑群，而且这两种建筑群体都是独立的部分。高层住宅的部分，表现出港式住区的形态特征，其中建设有各种公共服务设施。而别墅部分，则建有会所，功能完善，相对于高层住宅部分，规模较小。

5.3.3　城郊大型混合住区

20 世纪末，广州市行政区范围内曾经出现"圈地运动"。在城郊，由于城市开发建设不多，土地使用权的支付单价低。例如在番禺区，早期的土地使用权出让价格仅为 4 万 ~ 5 万元 / 亩，有些更是能通过土地协议转让以及工业用地置换获得使用权。❶

---

❶　袁奇峰，魏成 . 从"大盘"到"新城"——广州"华南板块"重构思考 [J]. 城市与区域规划研究，2011，4（2）：101-118。

这种运动的最终结果是，由某个房地产开发公司取得大片土地，面积达 100 hm² 以上，并统一规划，分期建设。这种住区被称为大型住区，主要特征是规模大、独立并且没有城市级道路穿越住区内部，区内各种公共服务配套设施齐全。❶

这种大型住区集中分布在广州的番禺区，位于华南快速干线附近，这个集聚的区域被称为"华南板块"，还有位于广园快速与广深高速交界处的碧桂园凤凰城。虽然"华南板块"和凤凰城所在的位置已经超越了本书研究范围，但是作为广州重要的住区形态类型之一，会作简单的形态特征分析。

1. 祈福新村

"华南板块"有名的大型住区有祈福新村、华南碧桂园、雅居乐花园等，其中 20 世纪 90 年代建设的祈福新村，是广州的第一个大型住区。祈福新村由祈福集团所开发，占地几百公顷，可供数十万人居住，其中酒店、度假村、学校、医院、购物商场和郊野公园一应俱全，是集居住、商务、休闲于一体的卫星城。新村以其优美的园林绿化和精致的住宅建筑，吸引了大批港澳人士在此购房作为度假屋。

祈福新村的住宅建筑类型与形式都异常丰富，有高 100m 的高层单元式、多层单元式住宅，多层联排、联排、双拼和独栋别墅，而且各种类型的住宅分区布置，有机组合（图 5-22）。

整个新村只有北侧与城市道路衔接，很多公共服务设施都是靠北侧布置。公共绿地则集中在建设范围的边界，西南侧还与外围的山体相结合，景观良好。

新村的整体格局是整齐的行列式布局，道路系统是规整的网格状，靠近建设范围的边界处才出现相对自由的道路系统。这种整体格局形式，有利于快速建设，滚动式开发。而新村内的主要道路则建设中间绿化带，塑造一种园林式的道路景观。

行列式的别墅群是建设在靠近公共绿地和公共服务设施（小学）的位置，以行列式布局为主，只有西南处三角形区域是一种行列式为主、自由围合式为辅的布局形式。建筑外观是欧式风格，红瓦坡屋顶，大部分为 3 层高，有联排、双拼和独栋各种类型，都带有独立花园，有些会带有前后院。在这些区域，住区地平面都是呈现"三"字形地平面形式的特征，并能划定出"内部地块"。行列式的多层住宅集中布置在新村的中心位置，总体上呈"十"字形分局。基本都是单元式住宅建筑，居住单元的平面形式以一层四户居多，建筑的朝向都为正南北。高层住宅集中分布在新村的西南侧、东南侧和北侧，建筑群体的布局形式灵活多样。其中心位置都围合出一定规模的庭院空间，在庭院空间，会融合园林景观设计，建设一些的休闲设施，如健身中心、游泳池等。

❶ 刘华钢. 广州城郊大型住区的形成及其影响 [J]. 城市规划汇刊，2003（5）：77-80，97。

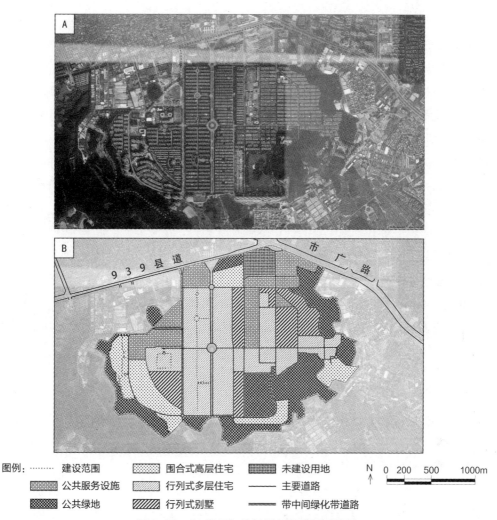

图例：·········· 建设范围　　▒▒▒ 围合式高层住宅　　▓▓▓ 未建设用地

▒▒▒ 公共服务设施　　▓▓▓ 行列式多层住宅　　—— 主要道路

▓▓▓ 公共绿地　　▓▓▓ 行列式别墅　　══ 带中间绿化带道路

N↑　　0　200　500　1000m

图 5-22　21 世纪初的祈福新村地平面特征

A- 航空影像；B- 地平面特征分区

来源：A，Google Earth，影像拍摄日期 2011 年 12 月 23 日；B，笔者绘制

2. 整体特征

虽然祈福新村的这种住宅建筑和地平面特征，不一定能代表所有城郊大型混合住区的形态特征，但是也能从中了解到这种形态类型住区的特征。

（1）居住功能和非居住功能有机融合。由于城郊大型混合住区建设时所在地区的城市开发不充分，各种公共配套服务设施的不足，需要由住区内部建设并完善。住区的周边条件导致了住区除了提供基本的居住功能以外也需要在一定程度上提供城市配套功能，否则，居民的日常生活难以运转。这也促使住区必须达到足够规模才能在开发和管理层面实现。大型混合住区的这种特征与"综合开发、配套建设"有种和而不同的微妙差别，主要是前者表现出一种积极的"主动性"，而后者是"被动性"。

（2）从祈福新村与汇景新城地平面特征的对比可以看出一些异同。首先，两者的相似处：大块的开敞空间或者绿地，设置在靠建设范围的边界处，而一些公共服务设施则设置在较为中心的位置。其次，两者的差异处：城市道路对祈福新村的影响非常低，而在汇景新城中，虽然采用了一定的封闭式管理，但是外部车辆会在交通繁忙时段借道进入广园快速；就多层和别墅住宅的建设量来看，祈福新村远高于汇景新城。这种不同住宅建筑类型的数量级差别，最主要是不同区位获得土地成本高低的差异，以及大型的滚动开发带来的规模效应降低了建造成本。在高层住宅集中的区域，祈福新村都以行列式为主，适度围合出一定庭院空间，对比起来，汇景新城的高层住宅建筑群体的内部绿化环境稍胜祈福新村一筹。这种内部环境上的差异，是住宅建筑类型上数量级的差别造成。汇景新城由于高层比例高，需要提供更多共享庭院空间；而祈福新村的别墅居多，更多共享庭院空间被消解到别墅的独立花园中。

虽然城郊大型混合住区与城区混合住区两者之间有着一定的相似之处，但还是没有充分的历史记录来证明它们有建造经验上的传承关系。只能认为两者在建造时，面对的周遭环境是相似的，为市场提供高品质居住环境的导向也是雷同的，但是由于城区与城郊以及建设时间的差异引发了建造成本的巨大差异，因此建设方式略有不同，因而塑造出和而不同的住区形态。

5.3.4 形态类型的特征

（1）居住功能和非居住功能的混合。这种使用功能的混合可以体现在平面空间和竖向空间上。前者的比重最大，后者只有在一些住区中较为重要的公共服务区域才使用，即建设带裙房住宅建筑，并将一些商业、服务设施设置于裙房中。

（2）建筑类型的混合。就是集合住宅（高层为主）与独院式住宅（独栋别墅，双拼别墅与联排别墅）都混合在一个住区中。而这些不同的住宅建筑类型是集中建设在住区中的不同空间部分，特别是独院式住宅，都是集中在相对的独立街区中，便于园林景观的塑造，提高该部分居住空间品质。

（3）地平面的特征。由于不同住宅建筑类型集中分开布置，整个住区的地平面有两种特征。集合住宅集中的部分，是港式住区的地平面特征；而独院式住宅集中的部分，则有内部地块，是"三"字形地平面特征。由于整个住区规模较大，位于市区的混合住区，会有城市道路穿越；而郊区的，则基本没有。

5.4 高层花园住区

20世纪80年代起，塔式高层住宅开始流行。最早的塔式高层住宅建筑是东湖新村中建设的2栋16层高层住宅建筑。但是针对单个住区，还是以7~9层住宅建筑为主，高层只是点缀其中，丰富整个住区的天际线。到了20世纪90年代，纯高层住宅的住区开始出现，也迅速变成广州市中心组团住区主要住宅建筑形式。

　　广州市首个纯高层的住区是 20 世纪 90 年代初始建的荔湾广场，位于旧城区小商品经济繁华的下九路，1997 年竣工。❶ 该住区 8 栋塔式住宅建筑全为高层建筑，32 层高，接近超高层住宅的下限。20 世纪 90 年代末建成的东湖御苑和 21 世纪初建成的海珠半岛花园则是广州市首批超高层住区。东湖御苑建有 4 栋超高层住宅，并拼接成单元式楼房，位于两侧的住宅单元高 47 层，中间 2 栋为 45 层。而海珠半岛花园则是建有 9 栋塔式超高层住宅，最高的达 46 层，最矮的也达 30 层。

　　这些纯高层住区，主要分布在旧城区里用地紧张的地段，珠江两岸景观资源、公共服务设施资源较为突出的地段。位于旧城区的，有 20 世纪 90 年代末落成，建于长寿路地铁出口的恒宝华庭；近几年建成的，黄沙地铁站的上盖物业逸翠园住区也是与荔湾广场如出一辙，裙楼为商业广场，全塔式高层住宅。这些高层住区都是与港资关联甚大，其中荔湾广场在港销售，恒宝华庭是在港公司负责物业管理，逸翠园开发商是香港和记黄埔有限公司。这些住区都是旧城改造过程中较为普遍的建设模式。位于滨江区的纯高层住区，一般是在滨江东路一带，例如始建于 20 世纪 90 年代末的华标涛景湾、金海湾花园、中信君庭、珠江广场、丽景湾、汇景美台、海珠半岛花园住区。这些住区全部坐拥一线江景，高层住宅建筑为主，形式相似。有些住宅建筑在居住单元上设计了大阳台，可以布置为小花园，形成空中花园。

　　高层住宅建筑的流行，使得 20 世纪 90 年代后很多广州住区建设都以高层住宅为主。20 世纪 90 年代于越秀区开发住宅，基本都是以高层为主，例如辉阳苑（辉洋苑）两栋住宅建筑全为高层，珠岛花园全为围合式高层建筑。而其他新开发的住区多为高层与小高层混合的住区。20 世纪 90 年代以来，住宅建筑的外立面风格一改 20 世纪 80 年代的朴实，现代简约、传统民居、"欧陆"等风格相继出现。

　　住宅建筑群体的布置方式也开始多样化，围合式变得更为流行，但不管这些围合方式是行列式、散点式、向心式还是自由式 ❷，最终都是为了围合出中心绿地，为住户享用，提高住区的环境品质。

5.4.1　高层综合住区

　　建设有高层住宅的住区在 20 世纪 80 年代就开始出现，而本小节所探讨的高层综合住区，是住宅建筑大部分为高层或超高层，其中部分住宅建筑是建设在非居住功能的裙房之上，或者住区内有部分建筑的使用功能为非居住的。本节选择了广州 4 处住区为例子探讨高层综合住区的形态特征（图 5-23），其中有两处是广州首批超高层综合住区（图 5-23A、B），大部分是位于珠江前航道的南侧，滨江东路两侧（图 5-23B、C、D）。

❶　广州荔湾广场 [J]. 建筑技术与设计，1998（2）：46-51。

❷　矫鸿博 .1979—2008 年广州住区规划发展研究 [D]. 广州：华南理工大学，2010。

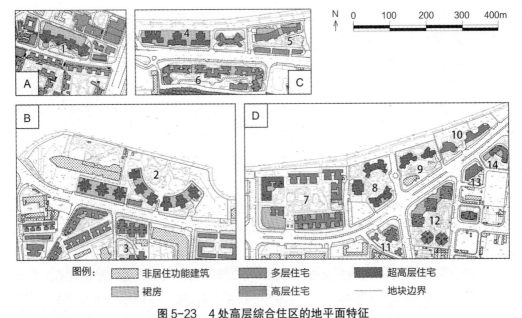

图例：
- 非居住功能建筑
- 多层住宅
- 超高层住宅
- 裙房
- 高层住宅
- —— 地块边界

图 5-23   4 处高层综合住区的地平面特征

A：1- 东湖御苑；B：2- 海珠半岛花园；3- 金雅苑；C：4- 金海湾花园，5- 中信君庭，6- 蓝色康园；D：7- 珠江广场，8-
丽景湾，9- 汇美景台，10- 中海锦苑，11- 好景花园，12- 滨江怡苑，13- 天立俊园，14- 江畔华庭

来源：21 世纪初 1：500 广州地形测绘图，笔者重新绘制

　　广州的首批超高层住区都是在 20 世纪 90 年代开始销售，例如越秀区的东湖御苑（图
5-23A），海珠区海珠半岛花园（图 5-23B2）。其中东湖御苑于 1999 年开始销售，由香
港廖创兴集团全资子公司广州创兴房地产发展有限公司开发。海珠半岛花园则是 1993
年开始销售，该住区的第三期（图 5-23B2，地块左侧）至今还在建设中，开发公司为
广州市东迅房地产发展有限公司，也是同年成立。❶ 这两个超高层住区的开发商都是
港资公司，香港的超高层住房建造经验一定有所借鉴。

　　1. 建筑类型特征

　　住宅建筑形式的探讨主要是针对 4 个区位中 13 个住区展开（表 5-1）。可以看出，
靠近环境资源较好的住区，都是以超高层住宅建筑为主。例如东湖御苑与东湖公园是
一路之隔，而海珠半岛花园、金海湾花园、汇美景台是临江一线地块。虽然，中信君庭、
珠江广场、丽景湾和中海锦苑这四个临江一线的住区没有建设超高层，但住宅建筑都
是接近 100m 高。

13 个住区的住宅建筑形式特征　　　　　　　　　　　　　表 5-1

序号	名称	建筑层数及栋数 *	平面形式特征
1	东湖御苑	45 层，2 栋 47 层，2 栋	单元式，住宅单元钻石形，一层 6 户（两侧），710 m²； 一层 5 户（中间），610 m²；全带裙房

---

❶　中国 4000 家外资企业编写组编 . 中国 4000 家大型外资企业 [M]. 北京：改革出版社，1993：414。

序号	名称	建筑层数及栋数 *	平面形式特征
2	海珠半岛花园 #	30 层，3 栋 43 层，5 栋 46 层，1 栋	塔式，3 栋"井"字形，一层 8 户（左侧），727 m²； 6 栋"十"字形，一层 6 户，一层 5 户（右侧），641 ~ 733 m²； 全带裙房
3	金海湾花园 #	44 层，1 栋 * 42 层，2 栋 * 29 层，2 栋	塔式，1 栋一层 5 户（左侧），1335m²； 2 栋"丁"字形，一层 4 户（中间），1091m²；带裙房。 单元式，2 栋蝶形，一层 4 户（右侧），575 m²
4	中信君庭 #	29 层，2 栋	单元式，2 栋，住宅单元 1 栋一层 1 户（左侧）， 其他为一层 2 户；全带裙房
5	蓝色康园	18~28 层，3 栋	单元式，3 栋，住宅单元一层 4 ~ 6 户，全带裙房
6	珠江广场 #	9 层，1 栋 14 层，1 栋 16 层，1 栋 17 层，1 栋 31 层，1 栋	单元式，4 栋，住宅单元一层 4 ~ 6 户； 除了 14 层高住宅建筑，都带裙房
7	丽景湾 #	32 层，3 栋	塔式，1 栋，"十"字形，一层 8 户，999 m²（左侧）。 单元式，2 栋，住宅单元一层 4 户，578 和 661 m²， 南侧一栋带裙房
8	汇美景台 #	34 层，2 栋 *	塔式，1 栋，带天井，一层 5 户，966 m²（左侧），1 栋，一层 3 户， 672 m2
9	中海锦苑 #	31 层，2 栋	塔式，1 栋，"丁"字形，一层 4 户，864 m²（左侧），带裙房； 单元式，1 栋，住宅单元一层 4 户，640 m²
10	好景花园	28 层，1 栋 10 层，2 栋	塔式，1 栋，"井"字形，一层 8 户，带裙房； 2 栋，"Y"字形，一层 3 户
11	滨江怡苑	33 层，5 栋	塔式，5 栋，钻石形，一层 8 户，797 ~ 894m²，北侧 3 栋带裙房
12	天立俊园	28 层，1 栋	塔式，1169 m²，带裙房
13	江畔华庭	30 层，1 栋	单元式，883 m²，带裙房

说明：# 住区位于为沿江一线，* 为超高层建筑。

从表 5-1 可以看出，统计的 13 个住区中只建设塔式住宅的有 5 个，只建设单元式住宅的有 5 个，两种都有建设的有 3 个。在住宅单元中，各种平面形式都有使用，"井"字形、"Y"字形、"十"字形、"丁"字形、钻石形和蝶形等，其平面的投影面积也较大，大概 600 ~ 1200 m²。这些高层综合住区，以较高的塔楼面宽比❶，让临江的居住单元都能最大化俯瞰珠江前航道的景色。但由于住宅为高层建筑，面宽大（图 5-24），因而给滨水空间带来了严重的压抑感。❷

---

❶　塔楼面宽比，即地块内塔楼平行于珠江一面的宽度总和与地块在该面向的长度之比。

❷　华南理工大学建筑学院，广州市城市规划局海珠分局 . 海珠区珠江滨水地区规划指引 [R]. 2005。

图 5-24　7 个高层综合住区的外观
来源：笔者于 2010 年 3 月摄

某些住宅建筑还应用了港式高层住区中使用的"空中花园"经验。"空中花园"的形式就是位于较高楼层的居住单元，单元平面形式中设计有面积较大的阳台或者是入户花园，而这些室外空间常被打造成小花园。到了 21 世纪，广州大量出现高层和超高层住区，特别是一些位于珠江前航道北侧的超高层住区，都应用了"空中花园"的建造形式。

很多住区的住宅建筑都是建设在裙房之上，而且从图 5-23 可以看出，这些裙房的平面没有明显大于其上盖的住宅建筑群，形状也类似。由于以建设高层住宅为主，住区的住户密度较高，因而在裙房中布置了一些配套设施，如会所、健身中心、茶馆等。而裙房由于面积不大，其顶层的开敞空间不多，只有少量的绿化，有个别住区，如金海湾还利用面向珠江的有限的敞开空间建设了屋顶泳池。

2. 地平面的特征

从 4 个区位的 13 个住区的地块形状（图 5-23）与特征（表 5-2）可以看出，地块以长方形为主。东湖御园以及大部分位于沿江一线地块的形状都是长方形为主，长度多为 100m 以上，海珠半岛花园还达 570m，沿江地块的长边都是朝江面展开。地块的进深也不大，平均约 100m。沿江一线的地块所在位置，在 1955—1978 年，就建有与航运相关的工厂和企业，滨江东路的走线都是顺应这些用地边沿的，因此形成了进深平均在 100 多米的带形用地，之后通过土地功能置换和再分割，就变成现在居住功能为主的地块。在表 5-2 中，排序较后的几个住区的长宽比接近 1，推测由于位置处于沿江二线地块，需要与地区的方格状路网衔接。

13 个住区的地块与建筑密度特征　　　　　　　　表 5-2

	1*	2*	3*	4	5	6	7	8*	9	10	11	12	13
	东湖御苑	海珠半岛花园	金海湾花园	中信君庭	蓝色康园	珠江广场	丽景湾	汇美景台	中海锦苑	好景花园	滨江怡苑	天立俊园	江畔华庭
地块长度(m)	165	572	230	171	298	251	129	119	176	87	188	68	80
长宽比	2.45	3.74	4.03	2.19	4.13	1.50	0.94	1.11	2.09	0.82	1.23	1.06	1.12
地块面积(hm²)	0.93	7.21	1.45	1.09	1.98	3.91	1.40	1.07	1.06	0.58	1.72	0.30	0.40
建筑密度(%)	63.4	25.9	61.4	29.4	41.8	40.2	28.6	21.8	19.8	32.8	37.8	40	42.5

注:金雅苑由于资料不足,没有特征统计,* 代表建有超高层住宅建筑的住区。

这些高层住区,面积都不大,除了海珠半岛花园和珠江广场,地块规模都是不到 $2hm^2$。由于海珠半岛花园第三期还在建设中,当时的建筑密度还不能计算在内。而这些住区的建筑覆盖情况有如下特征。首先在建筑密度上,这与建筑群体布局形式以及地块大小有关。从图 5-23 可以看出,除了金雅苑、珠江广场、丽景湾、好景花园和滨江怡苑是布置了两排建筑,并且围合出明显的内部庭院空间,其他大部分都是布置单排建筑。很容易得知,这种特征是由地块的大小和进深所决定的。在布置了单排建筑群体的住区,建筑密度是随着地块规模增大而提高,而且面积在 $0 \sim 1hm^2$、$1 \sim 1.5hm^2$、$1.5hm^2$ 以上三个区间中重复这一规律。统计的 13 个住区中,7 个建筑密度高于 37% 的平均值,最高达 63.4%,为东湖御园,而最低的为中海锦苑,只是布置 2 栋高层建筑,群体布局为单排,建筑密度只有 19.8%。

住区的内部道路不多,很多都设置有地下停车场,出入口都靠近地块的边界。而地块内没有建筑覆盖的范围,都精心设计了园林绿化。

3. 整体特征

高层综合住区,主要是强化了混合住区中带裙房住宅建筑的形态特征,弱化了"立体"新城的形态特征。裙房主要是服务于其上盖住宅建筑的住户,部分也有一定的对外性,但总量不多。裙房与上盖的住宅建筑关系紧密,顶层的绿化不多。住宅建筑以塔式高层为主,也建有超高层。地块形状与建筑群体的布局关系紧密。地块面积较大的,都会使用围合式布局,形成内部庭院空间。由于本小节选用的实例存在一定的局限性,还不能确定高层综合住区是否受到地块规模、所在区位影响,也就是在土地有偿有期使用的时期中,只要地块规模较小的,又位于较好区位,靠近城市中稀缺环境资源的住区,在建设时就会应用这种形态。

5.4.2 旧城区高层住区

旧城区高层住区是旧城改造更新时使用的主要住区形态类型。本小节主要对比分析荔湾广场、恒宝华庭和逸翠湾三个住区，进而总结出这种住区的类型特征。荔湾广场位于康王路和下九路交叉口处，离明清西濠涌只有250多米，1997年竣工，有1600个居住单元。恒宝华庭位于宝华路和多宝路交界处，是青砖大宅住区集中区域，2002年竣工，建有1344个居住单元。逸翠湾位于黄沙大道和丛桂路交会处，与沙面隔水相望，2009年竣工，建有1896个单元。其中，恒宝华庭和逸翠湾都是地铁上盖物业。

1. 建筑类型特征

三个住区的住宅建筑都有各自的特征（表5-3）。荔湾广场的住宅建筑为8栋32层高的塔式高层住宅，但是裙房5层，加上转换层，因此住宅只有25层，住宅建筑只有一种居住单元的平面形式（图5-25A）。而恒宝华庭是两栋31层高的单元式高层，裙房占用5层。北侧的住宅楼房是3个住宅单元拼接而成的单元式住宅建筑（图5-25B），而南侧是由4个住宅单元构成。住宅单元的平面形式主要有两种，通过其中的居住单元的更替和组合，再产生两种变体。逸翠湾的住宅楼房变化更丰富，有高层和超高层。由于面临珠江前航道，规划设计上设定了江景最大化的原则，建筑层数分别是26层、33层、34层，42层，45层，以及50层，形成4种高度由南向北阶梯状升高（图5-25C）。共有8个住宅单元，3种平面形式。单元组合上，3个一组南北向拼接形成单元式住宅2栋，剩下的2个则东西向拼接形成1栋单元式住宅。

3个旧城区高层住区的住宅建筑主要特征　　　　　　　　　　表5-3

	塔式（栋）	单元式（栋）	住宅单元平面形式			
			平面形式	栋数	户数	单元面积（m²）
荔湾广场	8	—	"井"字形	8	一层八户	614.4
恒宝华庭	—	2	"井"字形	3	一层八户	569.8
			钻石形	4	一层八户	747.4
逸翠湾		2	钻石形	6	一层八户	1039.1
	2		"十"字形	2	一层五户	867.2

来源：各住区的售楼资料，笔者绘制

住宅单元的平面形式方面（图5-26）。荔湾广场住宅单元的标准层平面，只有两种居住单元平面形式，通过镜像组织起"井"字形平面形式。两种居住单元都是"大厅小卧，厨卫分离"的形式，与东湖新村的"井"字形住宅单元平面形式相似。两种居住单元都是一厅两房，其中一种有一个房间为套间（图5-26A）。相对于荔湾广场，恒宝华庭的住宅单元平面形式更丰富。其中一栋位于北侧的高层住宅楼房，通过3栋住宅单元拼接成曲尺状的单元式住宅（图5-26B），单元式住宅的阴角区域是裙房顶层的庭院空间。该栋单元式住宅有1栋"井"字形与2栋钻石形平面形式的住宅单元，平面都为一层八户。对于"井"字形住宅单元，靠近庭院的居住单元都是一厅三室，其

图 5-25　3 个旧城区高层住区外观
来源：A，《华南理工大学建筑学术丛书：建筑学系校友设计作品集》第 104 页；B、C：笔者于 2013 年 5 月摄

他的居住单元为一厅两室，单元形状都是面宽小于进深。转角处的住宅单元，左侧 4 个居住单元和"井"字形单元的相似，右侧的则旋转 45°，争取了更多空间加大居住单元的面宽。居住单元有旋转的部分，单元的面宽大于进深，面积也较大，能够布置一厅四室的居住单元。该单元的三个房间和起居室联系较为紧密，另外一个则是从厨房的生活阳台进入，可以作为工人间或者储藏间，使用灵活。转角住宅单元下方的单元，3 个象限位置❶居住单元都旋转了 45°，其中一个象限位置保持"井"字形平面的特征。这种平面形式，使得住宅单元中的 6 个居住单元都能设计成大面宽的平面。相比之下，逸翠湾的住宅单元平面设计标准更高。"十"字形的住宅单元为一层五户（图 5-26B 上），

---

❶ 为了方便定位一层八户的住宅单元的大体位置，基本可以以竖向交通空间为原点，形成一个直角坐标系，每个象限有 2 户。

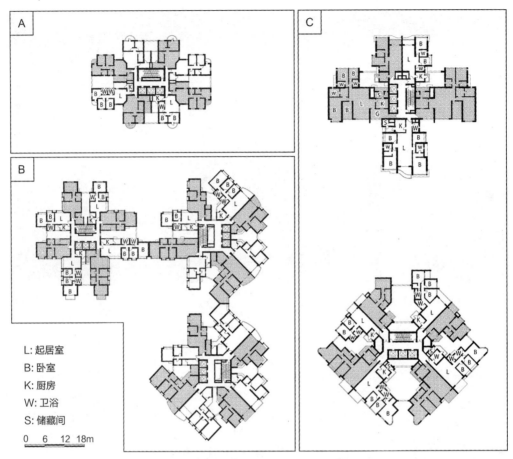

图 5-26　3 个旧城区高层住区的住宅建筑标准层平面

A- 荔湾广场；B- 恒宝华庭；C- 逸翠湾

来源：各住区的售楼资料，笔者重新绘制

　　住宅单元下方的 3 个居住单元都面向珠江前航道，都设计成一厅四室，有 2 个套间，主人房更设置了完整的衣帽间。单元内也安排了储藏间，均通过厨房进入。位于两翼的居住单元还带有观赏江景的入户花园，起居室和主人房也面向珠江，住户能最大化观赏户外江景。而位于居住单元后方的两个单元，由于朝北，没有良好景观，都设计成面积相对较小的单元。钻石形住宅单元（图 5-26B 下），4 个象限位置居住单元都旋转了 45°，使每个居住单元都可以设计成大面宽的平面形式，让住户有较大的江景和内部庭院观赏面。住宅单元下方 4 个居住单元都是一厅三室，带独立储藏间。上方的居住单元，面积相对小一点，而最上方的 2 个单元，部分房间再扭转 45°，形成平整的山墙面，以便与其他住宅单元进行拼接。

　　2. 地平面的特征

　　旧城区高层住区都是旧城改造的物质结果，在分析时，将会对住区改造后与改造前的地平面进行对比（图 5-27），用以探讨这种住区的地平面特征。

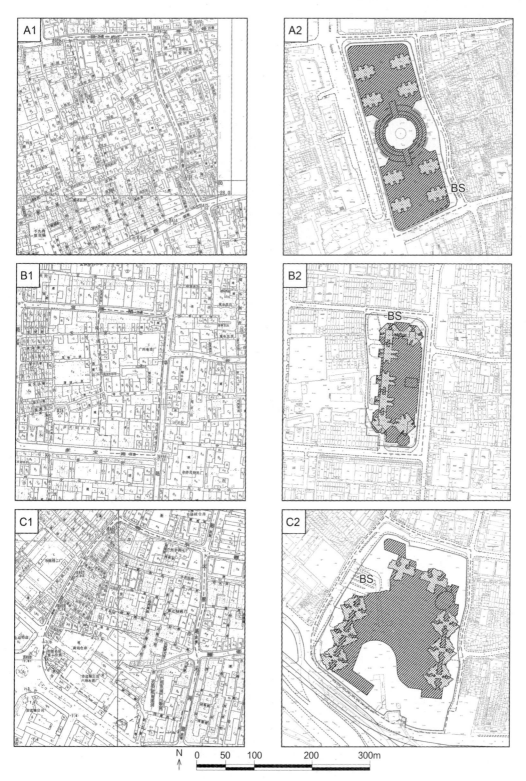

图 5-27　旧城区高层住区的地平面特征（见彩图 12）

（A- 荔湾广场；B- 恒宝华庭；C- 逸翠湾。左侧：20 世纪 80 年代；右侧：21 世纪初）

来源：20 世纪 80 年代 1 ∶ 2000 与 21 世纪初 1 ∶ 500 的广州地形测量图，笔者重新绘制

1）地块特征

荔湾广场的地块面积为 3.5 hm²，恒宝华庭为 2 hm²，逸翠湾则为 6 hm²，都为单个地块独占整个街廓。与周边的竹筒地块面积（$4 \times n m^2$，n 为地块进深）和青砖大屋地块（$9 \times n m^2$）相比，这些高层住区的地块面积都是其几十到上百倍，存在明显的数量级差别。

三个住区的建设范围边界（图 5-27 中红色虚线范围）基本都是顺应原有地平面的地块和道路系统这两种要素复合的边界。荔湾广场地块的西侧边界为康王路，在开辟康王路时，大部分沿线的建成物已被清理，西侧边界随之被重新定义。而其他边界的线形则顺应周边原有道路的中线。恒宝华庭的建设范围界定情况与荔湾广场相似，但是其西侧边界中部，还是切割了部分地块。被切割的部分，随后一并与其他地块进行整体更新，更新的范围是以原有地块系列（街廓）为基本单元。而逸翠湾，是在原有街廓范围内进行整体改造，南侧边界由于黄沙大道与六二三路的拓宽才往北退让了 20 多米。三个住区的地块边界（图 5-27 中红色实线边界）在建设范围边界往内收缩，顺应旧城更新后四周边界的新修道路的红线。可以看出，三个高层住区的建设边界，都受到更新前的地平面要素复合所约束，而且大部分都是以等级最高的道路系统边界来限定。

2）建筑覆盖特征

三个住区建筑覆盖地块的密度都较高，荔湾广场为 75.2%，恒宝华庭为 67.1%，逸翠湾为 55.5%。对比地块边界内改造前的密度，荔湾广场地块为 85.1%，恒宝华庭地块为 86.6%，逸翠湾地块为 73.7%，也就是说，改造后三个地块的密度降低。然而对于开发强度，即容积率，荔湾广场地块从 2.6 提高到 7.3，而恒宝华庭地块从 2.5 提升到 9.3，逸翠湾地块则从 2.1 上升到 6.7（容积率是笔者按照地形测量图以及《工程规划许可证》重新测算）。从中可以看出，地块合并后，可以增加 2 倍左右的建设量。改造后，建筑裙房的层数为 4 ~ 5 层，而是改造前所有房屋的平均层数也只有 3 ~ 4 层。整个改造过程，可以理解为改造前的建设量基本与改造后的裙房建设量相等，增加的建设量都是裙房以上的住宅建筑。

三个地块中，高层住宅都是位于裙房的边沿处。这是受到《高层民用建筑设计防火规范》（GB 50045—95）中高层建筑扑救面的相关条文规定的约束，以及满足分离上层住宅楼房与裙房使用人群和设置独立出入口的要求。其中，后者要求裙房中有几个独立的空间是只供住户使用。而且为了让住户有独立的、足够的室外活动空间，裙房的顶层都设计成庭院，让住户仿佛在地面进行户外活动。整个庭院就像是被挂起的"地平面"，而高层住宅就是建设在这个挂起的"地平面"之上。

3）内部道路特征

由于改造过程进行了地块合并，改造后地块范围内的原有街道系统也被清理。改造后，地块内部都基本没有道路系统，只有一些辅助性道路。恒宝华庭和逸翠湾，位于地铁站点或者地铁出入口的上方，一些室外场地用于设置公共汽车与地铁接驳的站场（图 5 27 中 "BS" 所在位置），因而地块内出现了伸入式的环状道路系统。

从地平面的特征可以看出，位于旧城区的高层住区，规划范围边界的线形大部分都是顺应改造前的地平面元素复合的边界，有些是沿着地块边界，有些是沿着道路系统的中心线。这种住区的单个地块面积比旧城区的窄长型地块大了几百倍甚至上千倍。这种二维平面上的数量级差别还扩展到三维空间，高层住区的高度基本是旧城建筑高度的 10 倍或 10 倍以上。

3. 整体特征

旧城区内的高层住区是一定范围内众多产权地块合并为一个产权地块后进行重建的结果，而且住区的地块边界与之前地块系列及其集合的边界有着很大的关联。旧城改造后，与原来地块对应的所有建筑都被一座建筑整体代替，原有的建筑密度降低了，腾出了一定地面空间用于设置交通设施。而这座建筑整体，则是由大面积的裙房"托起"的多栋高层或者超高层住宅建筑。裙房的使用功能以零售商业为主，裙房的天面则被设计成花园式园林，作为被"托起"的住宅建筑的庭院。住宅建筑有单元式和塔式两种，其平面是港式住宅建筑的形式，一层多户。因为住宅单元平面外轮廓曲折，因而整栋住宅建筑的外观变化丰富，装饰风格因住区不同而有差异。

5.4.3　形态类型的特征

从上述介绍中，高层花园住区的规模都不是很大，其产权地块一般小于或者等于街廓。住宅建筑全部为高层或超高层，平面形式有塔式与单元式两种。在限制不是很大的情况下，都是将部分高层住宅建设在裙房之上，其他的则形成围合式的建筑群体布局形式，开敞空间都建有景观园林，以提高住区空间品质。如果限制较多，如建设规模很小，则基本全部高层住宅都建在裙房之上。如果是位于旧城区，裙房建筑规模会很大，基本覆盖一半以上的建设范围。商业和服务设施都设置在裙房中，形成混合的使用功能。裙房的天面，都建有景观花园，可为住户提供足够的室外活动空间。住区的建筑群体中，内部道路面积较少。一般在街廓的机动车出入口位置附近设置地下停车库出入口，有些还会设置公共交通站场。

5.5　城区花园住区

城区花园住区，是指位于广州中心城区，住宅建筑都为多层或低层楼房的住区。在土地有偿有期使用时期，市场经济机制调节会使中心城区的土地价格奇高，而中心城区内一些环境资源非常优越的区位，其土地价值更是奇高。城区花园住区却放弃以高强度开发平衡高土地价格的方法，以低强度开发使住户能获得更高的住区环境质量与居住品质。最早使用类似的建造经验是模范住宅计划和 20 世纪 50 年代的华侨新村，但这些住区在建设的时候是位于城市边缘，因而又有别于本节讨论的形态类型，所以不作对比讨论。

5.5.1 二沙岛

20世纪50年代之前，二沙岛上只有一条桥（今大涌路）与大沙头相连，岛上有渔民新村和农民新村。❶到1955年，岛的西端兴建了体育训练基地，并在1961年进行扩建。1985年广州大桥通车时，二沙岛除了体育训练场地和零星的住宅，其他土地还处于未开发状态。1987年9月，广州市规划局批复实施二沙岛规划，目标是建成一个"高雅的文化艺术、体育娱乐中心和高级住宅综合区"。二沙岛的开发建设由广州市城市建设开发总公司与法国里昂地区开发公司共同组成的广州二沙岛中法开发联合公司承担，开发建设资金主要是引进外资。❷从1993年正式建设开始，二沙岛以其优越的地理位置和低强度的开发（图5-28），一度跃升为广州富人独享的花园。但随着岛上公交线路的开通，星海音乐厅、广东美术馆、华侨博物馆等文化设施落成，二沙岛才不再是富人的私家花园。到了2004年底，二沙岛宣布停止最后一个房地产项目的开发。❸在整个建设过程中，二沙岛总共建有8个住区，分别是：新世界花园、聚龙明珠花园、花城苑、金亚花园、云影花园、棕榈园、宏城花园和岭南会。

图5-28 鸟瞰二沙岛

来源：《广州市琶洲 - 员村地区城市设计深化（概念性设计综合深化及核心区修建性详细规划）》第54页

❶ 广州市东山区白云街道办事处 . 白云街志（1840—1995）[Z]. 1995。

❷ 广州年鉴编纂委员会编 . 广州年鉴 1988[M]. 广州：广州文化出版社，1988：209。

❸ 叶曙明 . 万花之城：广州的 2000 年与 30 年 [M]. 广州：花城出版社，2008：177。

1.建筑类型特征

二沙岛住区的住宅建筑形式主要是别墅与多层建筑。

1）别墅住宅

别墅住宅类型多样，以独栋和双拼为主。其中有 4 个住区建设有别墅，分别是：新世界花园、花城苑、金亚花园和宏城花园。新世界花园和宏城花园都是独栋式别墅，西式的立面形式，坡屋顶。而花城苑、金亚花园的独栋和双拼别墅，在数量上对半。立面形式都是现代风格，花城苑为平屋顶为主，而金亚花园则是缓坡屋顶。

2）单元式住宅

8 个住区的多层住宅都是单元式住宅，只有棕榈园建设了一栋单个住宅单元的多层住宅。单元式住宅中，平面形

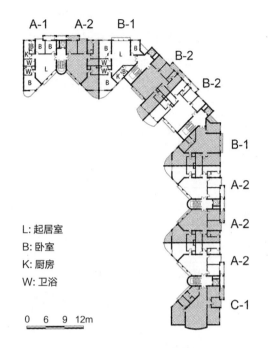

L: 起居室
B: 卧室
K: 厨房
W: 卫浴

0　6　9　12m

图 5-29　岭南会单元式住宅标准层平面
来源：岭南会售楼说明书，笔者重新绘制

式基本都是一层两户，而金亚花园则以一层三户为主，中心位置建设 2 栋一层四户和 4 栋一层两户的单元式住宅。这些单元式住宅，每个居住单元的面积都较大。

本小节将以岭南会住区的单元式住宅为例，描述二沙岛住区的一些集合住宅特征。岭南会的住宅楼房是由 5 个一层两户的住宅单元组合而成，标准层只容纳 10 个居住单元。整栋住宅楼房总共有 4 种居住单元的平面形式（图 5-29），其中，A-1 与 A-2 单元的平面形式上只有阳台部分有微小的差异，因而，不能被算作 2 种居住单元平面形式。

A-2 平面形式的居住单元数量最多，套内面积约 145m²，以大厅小卧的原则组织起三个房间和一个起居室（客厅与餐厅），其中一个卧室为套间。厨房内套了工人房间，面积不大，带独立卫生间。B-2 平面形式居住单元的套内面积稍大一点，约 154m²。B-2 与 A-1 的平面形式基本相似，只是套间卧室是规整形状。位于住宅楼房末端的 C-1 居住单元，面积最大，约 176 m²，房间数量和前两种居住单元相同。而入户后，厨房和卫浴间、房间、起居室分三段设置，房间、厨房和卫浴间位于两侧，餐厅和客厅位于中间。

2.地平面的特征

1）地块规模

二沙岛有 8 处低密度住区，6 处为一线沿江地块。从整个住区的地块大小来看（表5-4），最大的两个地块是新世界花园和宏城花园，都为纯别墅住区，面积都是 6 hm² 以上；金亚花园面积为 6 hm²，花城苑为 4.86 hm²，都为多层与别墅混合住区；而其余 3 块面

积为 2 hm² 左右大小的住区,棕榈园、聚龙明珠花园、云影花园,都是建设多层集合住宅;面积最小的岭南会为 0.83 hm²,也是多层集合住宅。以整个住区为计算对象,建筑密度基本是随着地块面积的减少而增大。可以推断,二沙岛 8 个住区的形态类型的选择与地块面积有对应关系:地块面积越大,越会使用建设密度更低的形态类型。由于"一宅一地"形式的住区需要低建筑密度,面积小的地块只能建设少量别墅,难以形成纯别墅住区的氛围,从而选择部分或者全部建设多层集合住宅,用以提高建设量。

二沙岛 8 个住区的地平面特征　　　　　　　　　　　表 5-4

序号	名称	面积（hm²）	建筑密度	内部地块	层数	公共设施	形态类型
A	新世界花园	6.74	19.7%	共 65 块,最大 1.06 hm²,最小 0.32 hm²	2 层	会所	纯别墅
B	聚龙明珠花园	1.93	30.6%	—	5 ~ 7 层	会所、幼儿园	庭院
C	花城苑	4.86	23.2%	0.48 hm²,12 块 0.33 hm²,20 块	别墅:3 ~ 4 层 集合住宅:7 层	—	混合
D	金亚花园	6.00	23.3%	0.80 hm²,10 块 0.54 hm²,8 块 0.51 hm²,13 块	别墅:2 ~ 3 层 集合住宅:7 层	—	混合
E	云影花园	1.70	30.0%	—	3 ~ 4 层	—	庭院
F	棕榈园	2.11	27.6%	—	3 ~ 4 层	会所、幼儿园	庭院
G	宏城花园	6.32	20.9%	共 55 块,最大 1.81 hm²,最小 0.45 hm²	2~3 层	会所	纯别墅
H	岭南会	0.84	35.7%	—	6 层	会所	庭院

来源:21 世纪初 1：2000 广州地形测量图以及笔者现场调研,笔者绘制

2）建筑群体的布局

新世界花园(图 5-30A)和宏城花园(图 5-30G)位于二沙岛的西侧的北端和南段,都是纯别墅住区。而云影花园(图 5-30E)和棕榈园(图 5-30F)位于中间,都是围合式的平面,建筑贴紧地块边界。其余三个住区,聚龙明珠花园(图 5-30B)、花城苑(图 5-30C)和金亚花园(图 5-30D),都是环形组织单元式集合住宅,形成向心式的公共空间。而岭南会(图 5 30H)的单元式住宅是 1/4 环状,结合会所限定出公共空间。可以推断,8 个住区虽然区位不同,但是地平面形式相似,究其原因,一方面是受到总体规划的控制,另一方面可能受到较早建设的住区所影响,后建住区在一定程度上延续前者的地平面形式特征。如果实际建设状态是偏向于后一方面,则二沙岛的住区建设过程是显示出,在不同住区开发商决策影响下的更大规模的邻里影响(本书第 23、24 页)作用。

8 个住区分别为纯别墅住区,混合住区和庭院式住区三种形态,有如下特征:

纯别墅住区中,基本没有形成集中的开敞空间。新世界花园(图 5-30A)由于靠

近江面，设有约30m宽的带状绿化区域，作为住户的集中公共活动场地。而宏城花园（图5-30G）则建设有会所，会所及其周边场地都是住户的公共活动空间。地平面结构都是以"三"字形平面形式为主。新世界花园划定了共65个内部地块。住区内部道路系统较为自由，出现多种"三"字形地平面形式，有单排的、双排的以及混合的形式。宏城花园则是较为简单相对规整地划定了56个内部地块，住区内部道路系统是环状，环形道路的内侧是双排"三"字形平面，外侧是单排"三"字形平面。

图例：
集合住宅　　　　　地块边界
别墅　　　　　　　内部地块边界
非住宅建筑　　　　地块与内部地块叠合线

N↑　0　100　200　300　400m

图5-30　21世纪初二沙岛住区的地平面特征（见彩图10）
来源：21世纪初1：500广州地形测量图以及笔者现场调研，笔者绘制

对于混合住区，集合住宅都以围合方式，限定出住区的庭院空间。花城苑（图5-30C）和金亚花园（图5-30D）都是建设环形的集合住宅群体，通过组合这些单元式住宅，围合成向心性较强公共空间。虽然集合住宅为多层，而通过地形测绘图以及现场调研观察到这些住宅楼房的首层都没有设置独立花园，因此，不能按照本书第140页讨论的结果，再划定内部地块的边界。而别墅住宅设置在住区的南北两侧，都是单排"三"字形平面形式。对于内部道路系统，两个住区都设置环形的机动车道，都经过别墅入口门前，从而在内部集合住宅的区域，形成适合住户自由步行活动的公共庭院。

在其余4个纯多层集合住宅的住区（图5-30E、F、H）中，平面形式的特征较为简单。单元式住宅顺着地块边界的走向布置，形成一圈住宅群体，围合出内部的公共空间。这种围合下的公共空间私密性高，基本都是周边的住户使用。聚龙明珠花园设置了一条环状机动车道，串联起各栋单元式住宅，而且每栋住宅建筑都在左右两端设置了单向的地下停车库出入口。而云影花园和棕榈园则设置了集中的地下车库出入口，住区内部基本不通车。

3）地块和内部地块的关系

4个有内部地块的住区中，靠近地块边界的内部地块都出现边界重叠线，具体情况见表5-5。在分析内部地块与地块边界重叠情况时，计算了重叠线长度与地块周长的比重关系，即边界重叠率。可以看出，宏城花园的边界重叠率度最高，达93.8%，就是说靠近地块边界的所有内部地块都贴紧了边界，只是留出6.2%的地块边界用于设置住区的主要出入口。最低是新世界花园，只有35%，主要由于带状绿地隔开，使更多内部地块位于住区的内部。而花城苑和金亚花园由于别墅都是建设在南北侧，内部地块自然全部或者大部分都出现重叠线。而且，每侧划定的内部地块都占据整个边长，所以两者的边界重叠率也在50%以上。本书还使用重叠程度衡量内部地块边界与地块边界重叠特征。该数值是与地块边界重叠的内部地块的比例与边界重叠率的比值，从该比值可以直观地看出内部地块与地块边界重叠情况对边界重叠率的贡献有多大。

二沙岛4个住区的地块与内部地块关系   表5-5

住区名称	内部地块数量	与地块边界有重叠的内部地块		边界重叠率	重叠程度
		数量	比例		
新世界花园	65	21	32.3%	35.0%	3/3
宏城花园	55	33	60.0%	93.8%	6/9
花城苑	22	22	100.0%	68.1%	10/7
金亚花园	31	23	71.9%	56.8%	7/6

来源：20世纪初地形测绘图以及笔者现场调研，笔者绘制

4）住宅建筑与内部地块的关系

4个有内部地块的住区中，新世界花园和宏城花园的住宅建筑都是位于地块的中间，建筑边界并没有与内部地块边界有重叠关系。而在花城苑和金亚花园中，北侧的内部地块与建筑边界之间都出现部分重叠关系，其余内部地块则没有。花城苑中，建筑边界是与内部地块侧边重叠，而且所有重叠关系都是在地块的右侧边。金亚花园中，建筑边界只是在内部地块的前端出现重叠关系。

5.5.2 其他城区花园住区

二沙岛是广州市中心城区中最大型的花园住区，其他一些区位也有规模较小的花园住区，如在白云山山脚、南湖高尔夫俱乐部周边、麓湖公园周边以及珠江新公园附近的珠江别墅。其中，珠江别墅是珠江新城唯一的全为别墅类型的住区，区位优越，环境独好。本小节将以此为例，说明其他城区花园住区的一些形态特征。

珠江别墅位于天河东路和金穗路交会处的东西角，与东侧的珠江公园有猎德涌相隔，与西边的珠江新城CBD核心区相距一个街区，直线距离为1200m。地块的面积约

6 hm²，与二沙岛中较大的花园住区规模相仿。住区由广州宏隆房地产发展有限公司建造，2004 年开始入住。珠江别墅分南北两部分，北侧全为双拼与独栋住宅，该部分面积占地块面积的 62%，南侧是商业街，占 38%（图 5-31）。居住功能的范围内，住宅建筑都是 2 层，西式风格，坡屋顶。

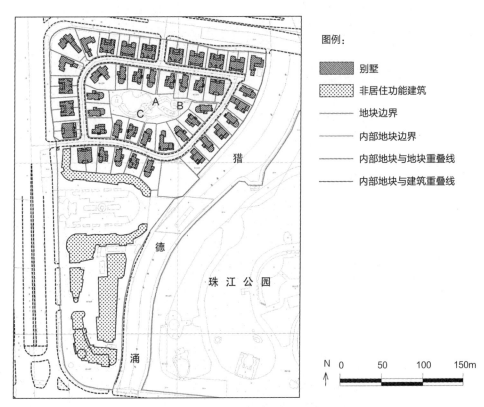

图 5-31　珠江别墅地平面特征（见彩图 11）

来源：21 世纪初 1：500 广州地形测量图，笔者绘制

　　建筑群体的布局方式为环状，中间是一圈环形道路，内部地块顺应道路走向在两侧布置。建筑群体的内部是封闭的庭院绿化，通过三条后院路从环形道路进入（图 5-31 中 A、B、C 三处）。早在 20 世纪初，这种建设方式在英国就有过介绍。（内部）地块系列所围合的开敞空间，被称为"后院地"（Backland/Backcountry）。为工薪阶层建设的联排住区中，"后园地"极为常见，而且规模较大，可以建设农圃。因此，地区政府通过《都铎沃尔特斯报告》（Tudor Walters Report）对住区开发和建造者如何利用这些土地给出了建议（图 5-32）。其中，"后院路"是利用这些土地的必要要素。而在珠江别墅中间的封闭式庭院空间，就是这样的"后院地"，但规模远小于英国类似住区中的，使用功能也有所不同。这种形态特征不是源于我国本土，在西方住区建设过程中早已出现，并有实际建成例子，但珠江别墅的建造过程中并未借鉴西方的建造经验。

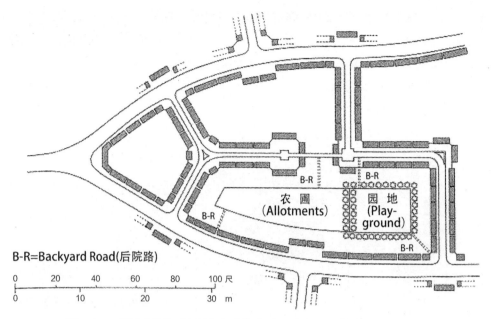

图 5-32　英国《都铎沃尔特斯报告》中对"后院地"的建设的说明图示

来源：Local Government Boards for England and Wales，and Scotland. Report of the committee Appointed by the president of the Local Government Board and the Seceary of Builditing Construction in connection whith the provision of dwellings for the working classes in England and Wales，and Scotland and report upon methods of secring economy and dispatch in the provision of such dwellings（Tudor Walters Report），p16，笔者重新绘制

　　居住功能范围内，划定了 56 个地块，其中建有 12 栋双拼住宅和 32 栋独栋住宅（其中东南角的一栋还处于建设状态）。位于东西和北角落处的 4 个地块较大，都为 900 m^2 以上，最大的达 1600 m^2。其中有 31 个内部地块（重叠比例为 55.3%）的部分边界与地块边界有重叠，重叠率为 50.6%，重叠程度为 5/5。还有一种特殊的情况，南侧的 6 个内部地块的边界与建筑边界有重叠。珠江别墅的这些特征与二沙岛的宏城花园（图 5-30G）相似。两个住区整体特征的相似之处：内部有环形道路，内部地块是顺着道路两部布置。不同之处：宏城花园没有形成"后院地"，非居住功能的建筑是靠中布置，而珠江别墅的部分内部地块是与建筑边界重叠，居住与非居住功能部分是北南独立的。倘若没有这些差异的存在，可以推断两者的重叠比例、重叠率与重叠程度都会趋于一致。

　　关于建筑覆盖地块的情况，总体建筑密度为 26.1%，而剔除非居住功能的用地与建筑部分后，住宅建筑的密度为 22.7%。这个建筑覆盖的特征与二沙岛中新世界花园和宏城花园两个纯别墅住区的建筑密度相似。

5.5.3　形态类型的特征

　　从上文几个城区花园住区在广州市位置和周边环境可以看出，住区都拥有非常高的区位优势。二沙岛与珠江别墅的建设时间都在 20 世纪 90 年代之后，土地的市场价值在政府层面认知已经开始逐步完善。在土地使用权有偿有期使用的制度前提下，高区位价值意味着较高的土地使用权获取门槛。但是这种住区却以一种低建设量的方式来回应这种"高门槛"，以致住区的单个地块规模不能太大。本小节所分析的案例中，最大也只有 6.74 hm^2，就是新世界花园。就算在混合住区这种形态中，汇景新城别墅区的建设范围面积也达到 8.8 hm^2。因此，城区花园住区的单个住区是以小规模形式出现。

部分城区花园住区也有非居住使用功能的建筑，也建设了集合住宅，兼备一定的混合住区特征。但是，非居住功能的建筑，数量很少；在住宅建筑方面，集合住宅以多层或低层的形式为主，而不像混合住区中以高层为主，甚至有超高层。依据这些特征，足以明确地将城区花园住区与混合住区划分开。

由于住区内建有大量联排、双拼和独栋别墅这类"一宅一地"形式的住宅，内部地块也随之大量出现。内部地块的系列组合形式多种多样，有规整式，有自由式，也会在内部再建设庭院空间。当在街廓内部建设庭院空间，"后院路"与"后院地"这些西方花园式郊区常见的住区形态构成元素就会出现。倘若住区的地块边界出现贴近自然景观的情况，出于使部分住宅能直接享受到这些自然景观的目的，都会出现内部地块与地块边界重叠的情况。

5.6　本章小结

土地有偿有期使用后，土地价值再次获得重视，加上住房由政府、企业和单位统一供应逐渐转向由市场提供，市场机制以及供求关系两大要素深远地影响着住区的形态，并催生出丰富的多样性。

从住区形态类型的特征（表 5-6）可以看出，这一时期的住区形态复杂多元。在住宅建筑的类型上，虽然都为集合住宅，但是随着建筑层数的增加，在整个建筑外观差异非常大，特别是高层和超高层住宅的。在一些住区，裙房上建有多栋住宅建筑，使得单个住区中的住宅建筑之间又存在形式的差别。在住区地平面特征上，建筑群体的布局形式更是存在各种可能性。特别是混合住区，不同的住宅建筑类型都集中在单个空间范围中，与之相对应的地平面特征也被融合在一起。形态的两种重要构成要素，建筑和地平面都有多种类型，而且两者之间可以相互组合，或通过混合方式组织在一起。由此，住区的形态类型变得丰富多样。

另外，住宅需求的多样化也推动了住区形态类型的多元化。如果将 20 世纪 50—70 年代的住区建设模式和本阶段的相比，统一规划、设计与建设的模式没有太大改变，但本阶段建设的住区却表现出丰富的多样性，最主要原因是市场引导。因为市场化后，居民的多样化需求被激发，而且也获得足够的重视。同时，房地产公司（塑造者）的背景变得多样，各个公司在一种非合作博弈的状态下，各自采用多种手段来回应市场的多样化需求，并投影到住区形态上。

1980 年至今各住区形态类型特征汇总　　　　　　表 5-6

形态类型	建造经验	各空间层次的特征					区位
		建筑	地平面				
		平面	地块	建筑布局	地块系列	街道	
			或建设范围	或建筑群体布局		或内部道路	
港式庭院住区	首例东湖新村受到香港高密度住区的建造经验影响，随着资金由非本土设计师引进	单元式 "工"字形（8层） "井"字形（16层）	地块边界与街廓边界基本重叠；有些是覆盖若干个街廓	行列式（20 世纪 80~90 年代较多） 围合式（21 世纪以来较多）		内部道路系统较为自由，但不穿越开敞空间	各种区位都有建设
城区混合住区	首例五羊新城受到香港新城建设的影响	"井"字形（32层） 联排别墅（五羊新城）	建设范围较大几十到 100hm²；覆盖若干个街廓；有内部地块	集合住宅和"一宅一地"住宅分区布置于地块（建设范围）内		分两部分：集合住宅集中的区域，"一宅一地"住宅集中区域	在城市中心区周边，环境资源也优越的地段
城郊大型混合住区	以规模化建设配套健全的住区	"井"字形（32层） "十"字形（50层）	建设范围巨大 100 hm² 以上；覆盖若干个街廓或者极少城市道路穿越；有内部地块	集合住宅和"一宅一地"住宅分区布置于地块（建设范围）内		分两部分：集合住宅集中的区域，"一宅一地"住宅集中区域	离配套健全的城市建成区有较远距离
高层综合住区	建设具有一定对外公共服务功能的住区	钻石形（26~45层）	地块规模中等 1~7hm²；其中 2hm² 左右的规模居多	裙房设置靠近城市道路一侧，其他都为纯居住建筑		靠近城市道路一侧集中设内部道，组织车辆进入地下车库	各种区位都有建设
旧城区高层住区	旧城区住区改造更新的主要形式	其他："Y"字形，"T"字形，"廿"字形等等	地块规模中等 2~6 hm²；地块边界与街廓边界基本重叠	裙房基本覆盖地块 60% 以上		靠近城市道路一侧集中设内部道，组织车辆进入地下车库；有公共交通站场	旧城区或者 20 世纪中的城市建成区

续表

形态类型	建造经验	各空间层次的特征					区位
		建筑	地平面				
		平面	地块	建筑布局 地块系列		街道	
			或建设范围	或建筑群体布局		或内部道路	
城区花园住区	在城区区位和环境资源较好的地段，建设较高标准的住区	低层住宅 （岭南会）	地块规模不大 1～6 hm²；地块边界与街廓边界基本重叠，有内部地块	住宅位于地块中间，部分是联排；建筑边界与地块侧		主要形式：双排 有些有后院地、后院路	城市中心区周边，环境较为优越的地段

各种形态类型的住区会拼贴在一起。例如，在"旧城区高层住区"（见本书第164～169页）的三个案例中，可以看出不同的住区形态类型共存于一个区域中。而且，在同一区域内，就算建设了多个相同形态类型的住区，但由于各自建设范围边界形状、规模、区位的差异，也存在差异较大的住区形态。例如，在"高层综合住区"（见本书第160～164页）的案例分析中，可以看出不同形式的同种住区形态类型拼接一起；这种拼图式特征，是本阶段建设的住区与周边环境之间的重要特征。

这种住区形态的多元拼贴特征，前提是住区的塑造者，可以控制的空间范围足够大。20世纪50—70年代慢慢建立起来的针对较大规模土地进行统一设计，统一建设的住建模式（在本阶段中变为"六统一"的模式）。在城市规划的管控下，塑造者满足了土地使用权出让条件，就可以获得几公顷以上的土地进行住区建设。这种前提条件，使得住区塑造者有足够的可操作空间实现上述的形态多样性。

第6章 住区形态类型的演进

在前3章的分析基础上，20世纪初以来，广州市建设的住区的主要形态已被系统地划分为多种类型，各自的形态特征也作出说明。本章将关注这些不同的形态类型之间的关系以及各种形态类型是如何形成、替代并最终互相协调地拼接在一定空间范围内。

在时间层面探讨不同形态类型之间的关系时，是形态类型演进的讨论。主要是基于各种形态类型的要素复合之间的关系，以及形态生成过程中涉及的建造经验，包括规划设计理念、主要塑造者，并适当考虑当时的社会经济情况。在空间层面分析不同形态类型之间的关系时，是形态类型空间布局的解析。主要是在研究范围中定位不同的形态类型，探讨它们的地理分布特征。另外，还会分析一定空间范围内新形态类型替代已有形态类型的特征与规律。

6.1 历史演进的特征

6.1.1 住区形态类型

从前三章介绍的各种住区形态中要素复合及总体的特征，可以总结出住区形态的类型（表6-1）。主类型主要依据建设的历史时期和地平面特征来划定，而子类型大部分是按照建筑类型与形式来划定。

1.1911—1949年

1911—1949年的住区形态类型只有一种主类型——传统住区，而子类型则有四种——竹筒屋联排住区、青砖大宅住区、骑楼屋联排住区、红墙别院住区。

这一时期住区形态的地平面要素复合的组合构成特征都是"建筑→地块→街廓（街道）"，而这种结构关系是空间尺度上的递进关系，自下而上进行组合。其中，地块是最重要的要素复合，向下约束建筑平面形式，向上构建街廓（街道）。除了天井和檐廊空间没有建筑物，传统的广州居住建筑基本是满覆盖对应的地块。建筑与地块的关系一一对应，形成了"一宅一地"的建筑与地块关系。地块宽度就是建筑面宽，地块深度也基本是建筑的进深，建筑的平面形式被地块以"形态框架"的形式牢牢地约束着。地块之间通过一定的组合方式形成街廓，街廓的外侧空间则为街道空间。地块系列与街道只是街廊边界的内外空间区别。这种组合方式形成了"三"字形地平面，地平面结构延续明清时期。

广州市住区形态类型汇表　　　　　　　　　　　　　　表 6-1

	主类型	子类型
1911—1949 年	传统住区	竹筒屋联排住区
		青砖大宅住区
		骑楼屋联排住区
		红墙别院住区
1950—1979 年	行列式集合住区	20 世纪 50 年代行列式集合住区
		20 世纪 60—70 年代行列式集合住区
	知识分子住区	
	华侨新村	
1980 年至今	港式庭院住区	行列式港式住区
		围合式港式住区
	混合住区	城区混合住区
		城郊大型混合住区
	高层花园住区	高层综合住区
		旧城区高层住区
	城区花园住区	

当时广州有三种主要住宅类型：竹筒屋、青砖大宅（明字屋和三间两廊）、骑楼屋。这三种住宅类型主要区别在于开间数量的差异以及沿街立面不同。竹筒屋为单开间，开间宽度为 3 ~ 4m；明字屋为双开间；三间两廊为三开间。面宽和开间数量的差异，造成了立面外观的差异。立面装饰手法和材质的使用，在一定程度上反映出建筑的建设年代，从而区别出明清时期和民国时期的住宅建筑。骑楼屋与其他三种的不同之处，则是在地块前端加建了街廊构筑物。加建的骑楼使地平面产生了一定变化，但并没有改变"三"字形地平面的基本特征。在红墙别院住区，由于地块形状与规模有了根本的改变，地块对建筑平面形式的"形态框架"约束力减弱，建筑的平面与外观变得灵活而多样。但是这种住宅建筑所组成的住区中，地平面还是以"三"字形为主。

由于四种住区形态的地平面特征基本相同，以此定义出这一时期只有一种主类型，即传统住区。而不同的住宅类型，则代表着不同的子类型，分别是：竹筒屋联排住区、青砖大宅住区、骑楼屋联排住区、红墙别院住区。

2.1950—1979 年

这一时期，住区形态类型四种主类型：行列式集合住区、知识分子住区、华侨新村、传统住区。其中行列式集合住区有两种子类型：20 世纪 50 年代行列式集合住区和20 世纪 60—70 年代行列式集合住区。

1950—1979 年，土地所有制的形式与住区的建造经验发生了改变。地平面的要素复合的结构形式也随之发生变化，为"建筑群体→建设范围（地块）→道路"。居住区规划作为"政府力"的体现，对住区形态进行了自上而下的塑造。当时土地是以划拨形式无偿无期给单位使用，单位建设到哪，土地划拨到哪，或者单位在缺乏论证下就超前申请划拨，随意性高。❶ 因此，建设范围的边界非常模糊，极易被调整，对其内部建筑的约束力极低，难以起到"形态框架"的效果。

当时的住宅建筑是有计划地、快速地、大规模地建设，因此建筑群体的布局以及内部路的布局表现出较高的统一性，以便量产化。建筑群体是行列式布置，间距基本相等，内部道路是按需求网格状分布其中，建筑与内部路形成一种均质的状态。因而，当时的大部分住区形态类型是行列式集合住区。在不同的建设时期，住宅的建筑形式也有不同。20 世纪 50 年代建设住宅以低层廊间式住宅和平房为主，少量的单元式住宅；而 20 世纪 60—70 年代，住宅建筑为多层的廊间式与单元式住宅，平面形式与 20 世纪50 年代的有一定的差异。因此，依据这种差异，划分出两种住区形态的子类型。这些行列式集合住区广泛分布于广州市，用以解决职工和水上居民的居住问题。

知识分子住区的地平面要素复合的结构形式基本与行列式集合住区相似，但也有区别。知识分子住区内部建设了不少数量的独栋和双拼住宅，因此，要素复合的结构关系为"建筑→内部路→建设范围→道路"。住宅带花园，但是考究其中是否有地块边界的时候，得出的结论是否定的。为了显示这种差别，使用了"建筑→内部路"代替"建筑群体"。

华侨新村是一个特殊的住区形态类型，建造的社会背景较为特别。新村的建设范围内部大量存在"一宅一地"的独院式住宅，因此形态结构为"建筑→内部地块→内部路→建设范围（地块）→道路"。新村内部也建设了几栋集合住宅，住宅建筑没有对应的地块边界，但没有改变其形态结构。

3. 1980 年至今

这一时期，住区形态类型四种主类型：港式庭院住区、混合住区、高层花园住区、城区花园住区。其中，港式庭院住区有两种子类型——行列式港式住区、围合式港式住区，混合住区有两种子类型——城区混合住区、城郊大型混合住区高层花园高层综合住区，旧城区高层住区。

由于土地逐步转为有偿有期供应，产权地块再次出现。当时住区建设推行"六统一"，很多单个住区的地块，或者是几个地块就构成一个街廓，非常有别于 20 世纪初到 1949 年时街廓是由许多地块按照一定规律组合而成。在规划控制下的单个地块的形状一般较为规整，面积也足够建设多栋单元式住宅，需要铺设内部道路。因此，这一

---

❶ 华揽洪，华崇民，李颖. 重建中国：城市规划三十年，1949—1979[M]. 北京：生活·读书·新知三联书店，2006：135。

时期的住区形态结构为"建筑群体→地块（街廓）→道路"。

这种形态结构之下，东湖新村建设应用了新的建筑形式和围合式建筑群体形式，从而产生了新的住区形态类型——港式庭院住区。在自适应的过程中，应用了行列式集合住区中的行列式建筑群体布局，从而形成了两种子类型：行列式港式住区与围合式港式住区。

五羊新村中的住区形态中出现两种新的特征：

（1）地块中建设了"一宅一地"式的住宅建筑，从而划分出内部地块，形成了"建筑→内部地块→建筑群体→地块（街廓）→道路"的地平面结构；

（2）带裙房的住宅建筑，使居住功能的建筑部分挂起于地坪。在这种形态结构特征之下，形成了混合住区，而混合住区在城区和城郊的住区建设过程中，表现出了两种特征，产生了两种子类型。

带裙房住宅建筑的建造经验应用于港式庭院住区时，生成了高层花园住区。这种新的类型在城市的不同区位，表现出不同的特征：在旧城区，裙房基本覆盖整个地块范围；其他区位，则只有一部分住宅建筑带有裙房。依照这种特征，高层花园住区被划分出两种子类型：旧城区高层住区和高层综合住区。

城区花园住区的形态结构与混合住区的相似，但是这种住区类型又有自己的特征：首先是位于城区环境资源较好的区位，其次是以多层和低层住宅建筑为主的低强度建设方式。

综上所述，20 世纪初以来，广州市住区的物质空间虽然形式多样，如果以形态构成要素的特征来加以分类，有 8 种形态类型。而且按照这些类型所在的时间段来看，改革开放政策实施以后，形成的类型最多。这是进入经济与信息全球化大背景之后，随着广州住区建设，本土与外来建造经验不断深化交融的实体投影结果。

这三个时间段中，住区形态不论在特征和类型上都有着较为明显的差异，因此，每个时间段都是一种形态类型形成与演变的阶段。在城市形态学中用"形态学时期"，而建筑类型学中则用"类型学进程"来定义这种阶段性的特征。本书则借用这些概念来定义这三个阶段，并称之为三个形态类型阶段。以上的整体分析，回应了本书 1.5 节"研究目的"中第一个需要深入认知的疑问（见本书第 22 页）。

6.1.2　形态类型的演进

各种住区形态类型之间的主子关系梳理清楚后，可以从形态类型各自的特征，总结出其历史演进的特征（图 6-1）。下面将按照三个形态类型阶段分别说明这些历史演进的特征。

1. 第一阶段：建筑类型演变推动形态类型演变

1911—1949 年，私有制为主的土地所有制形式使地块变成一种固定的要素复合，产权地块的所有者以及空间边界是清晰的，绝不含糊，而且这种特征是从明清时期延

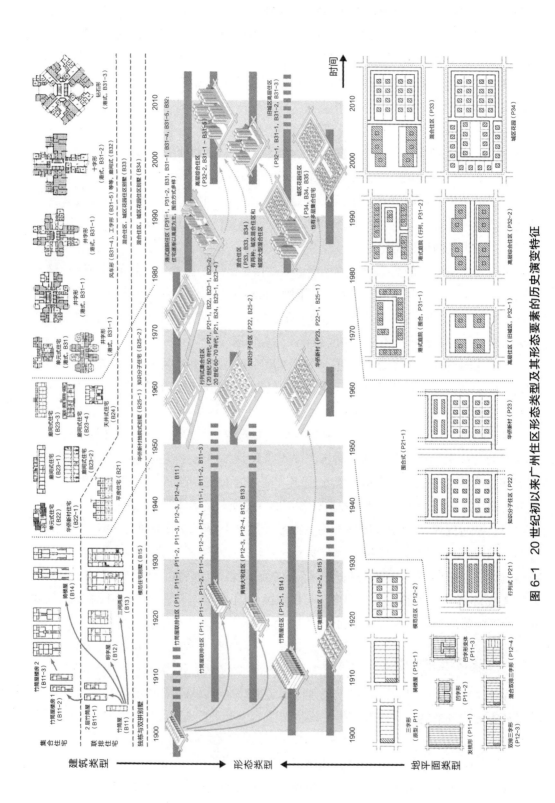

图 6-1　20世纪初以来广州住区形态类型及其形态要素的历史演变特征

续至民国时期。因此原来的地平面特征，从地块、地块系列（街廓）到街道都能被延续下来，只是随着"拆城筑路"工程在局部范围内有调整。

地平面各种要素复合稳定的结果是形态的内在结构与组织方式单一且固定。在"三"字形地平面（图 6-1，P11）的基础上，一些要素复合的组织形式依据具体的情况产生一定的变化。这些变化的形式，本书称之为"三"字形地平面的变体（图 6-1，1950年前除 P11 的地平面类型）。其中一些变体推断明清时期已经形成，而推动变体产生的具体情况多样，在本书中，有些变化原因还只是一种逻辑推演。例如，在珠江边上"泛家浮宅"的影响下产生的发梳形地平面；出于增加街廓的有效边界而形成的"凹"字形变体；顺应当时的商业街改造而产生的骑楼屋。虽然这些变体形式多样，但是从地平面要素复合的组织形式来看，还是属于"三"字形。

在地平面是以"三"字形为主，多种"三"字形地平面的变体共存的情况下，住宅建筑类型的差别引发了住区形态类型的差别。所以，住区形态类型的类型学进程过程和住宅建筑类型的类型学进程相吻合（图 6-1，1950年之前的形态类型演变）。这一时期住宅建筑形式多样，但各种类型的住区形态是"协调互融"的现象，就是这种结构性逻辑的物质投影。

在当时的建筑技术与施工水平影响下，住宅建筑的开间跨度维持在 3～4m 的范围之内。建筑单体面宽的增大，只是不断复制开间。因此，不论建筑设计如何变化，都是一种基本开间的复制。加上建筑的宽度与地块的宽度是一一对应，地块的宽度基本是单开间建筑的宽度或者是其倍数。这样，地平面结构特征与建筑群的组合特征就紧密结合起来。但是这种形式也并非绝对，地块形状的改变可以解除这种"约束"作用。例如，模范住宅的地平面，地块宽度的增加，解除了约束力，建筑平面形式就舒展开，外观形式也随之具备了多种可能性。

住宅建筑类型的演变，从单开间住宅——竹筒屋（图 6-1，B11）开始。首先，出现 2 层的竹筒屋，其楼梯设置在建筑中间（图 6-1，B11-1），保持整栋房屋只有一个主入口。然后，演变成多层竹筒屋集合住宅，楼梯则设置在地块的前端（图 6-1，B11-2），而且又通过并联两栋竹筒屋集合住宅提高楼梯的使用效率，形成新的竹筒屋建筑类型（图 6-1，B11-3）。从这种演变方式可以确定，单开间的竹筒屋是其他住宅建筑类型的原型。这种原型的类型学进程有两个方向：并联形成新的住宅建筑类型；增加层数形成新的类型。第一种演变方向就是形成了明字屋和三间两廊，而形成的时间推断是清朝时期（图 6-1，1950年之前的住宅建筑类型演变）。第二种演变方向，则形成了各种楼房住宅，这些住宅建筑类型都是竹筒屋、明字屋和三间两廊（或者是新的原型）为基础的共时性变体（图 6-1，1950年之前的住宅建筑类型的演变只显示了竹筒屋的共时性变体）。

引发建筑与形态类型演变，出现被设计的住建实例的整个过程，都是受到西方建造经验影响。例如，单层竹筒屋建设成楼房已经双拼楼房的时候，建筑的主立面形式会有改变，改变后的形式会加入很多西式的装饰元素；骑楼的建造形式更多是受到沙面拱廊建筑的启发；模范新村的建设更加是受到英美"花园式郊区"的建造经验所影响，而且，在演变过程中，亲历过西式建造经验的华侨的参与程度都很高（这些特征在本书第3章已经有相应分析）。可以认为，在1907—1949年，新的住区建造经验都是源于西方，首个被设计的实例都是在这些西方经验影响下出现。这些实例影响到后来的住区建设，出现了该建造经验的自适应过程，也产生了很多中西元素混合一起的住宅建筑，从而构成新的住区。

2.第二阶段：公有化下形态类型的趋同

中华人民共和国成立以后，广州需要为激增的人口快速地提供住房，同时面临战争的灾后重建、城市性质的转变带来的住房建设问题。土地无偿无期使用；1955年起由市房地产管理局按系统分管拨用公房；之后再由政府统一拨款建设住房，统一标准建设，之后再统一调配❶，这些政策都非常有利于住房的快速建设。然而，从住宅的土地划拨、设计、建设到分配都是政府统一的公有化背景下，广州建设的大部分住区中都没有出现新的建筑类型，住区的形态结构都是基本一致。这样的结果是大部分的住区在形态学上都趋同。

该阶段的住宅建筑类型以楼房（集合住宅）为主，只在形式上有微小改变。在改革开放之前，廊间式（图6-1，B22）和梯间式（图6-1，B23-1，B23-2）是最主要的两种建筑平面形式，前者主要用于工人住宅和宿舍，后者设计标准会高一些。随着时间推移，为完善居住单元中的功能与使用的合理性，这两种形式的住宅楼房也有变化（图6-1，B23-3，B23-4），出现了天井式住宅楼房。但变化后的各种新形式住宅建筑，还谈不上住宅建筑类型的演变，只能算是1950—1979年集合住宅建筑类型为适应不同的情况而产生的共时性变体，是自适应的产物。

早期的平房住宅，在建筑的平面形式上，虽与民国时期的竹筒屋有相似之处，但在住区形态方面却有着非常大的区别。随着土地公有为主，权属概念被弱化，地块也仿佛失去了边界，只有住房按区建设过程中所划定的建设范围。"先建设、后划地"的形式之下，住区是可以以行列式的形态无休止地扩展下去，除非受到自然地貌和城市已建成物的阻隔。从市区到郊区建设的所有工人新村、水上居民住区、公房都采用行列式的建筑群体布局形式（图6-1，P21），这种形式几乎一夜之间变成主流，而且，持续了30多年。同期，全国各地有些规模较大的还会配套公共服务设施，这是受到苏联的住区建造经验和及居住小区的理念的影响。在国家统一标准和20世纪50年代全国各地的住宅建筑设计交流会的背景下，广州住区建造经验还是在一定程度上受到这些影响，很多住区也配套了公共服务设施。

虽然行列式集合住区是当时广州住区的主导类型，但也有个别的实例展示出不一

---

❶ 广州市房地产管理局修志办公室.广州房地产志 [M].广州：广东科技出版社，1990：37，42。

样的住区形态。其中一个就是华侨新村，其建设范围内，出现了内部地块，形成了较为独特的地平面结构特征（图 6-1，P23）。华侨新村的设计理念、住户、设计团队的主要负责人与民国时的模范住宅都是相似或有关联的，因此两者之间有一定的演变关联，是类似的建造经验在不同历史时期的实体投影。另外是知识分子住区，其地平面结构与行列式集合住区有区别，但由于缺乏明确的内部地块，与华侨新村也存在差异（图 6-1，P22）。

　　1911—1949 年和 1950—1979 年相比，土地所有制发生了改变，获取土地方式也变了，因此地块（建设范围）的"形态框架"约束性随之发生变化。民国时期的那种窄长的地块在 1950—1979 年间不再出现，住建方式也随之不再受到地块的框架式约束。而且住建过程的各个环节也发生变化，塑造者趋于单一，造成建造经验较为统一，各种住区的形态均质趋同。因而，该阶段的住区形态类型与上一阶段的形态类型存在一种断裂关系，其中只有华侨新村与红墙别院住区之间有微弱的传承关系。

　　3. 第三阶段：地平面类型演变推进形态类型演变

　　自应用香港住区规划与住宅设计经验的东湖新村建成后，新的住宅平面形式引入广州。其中，港式住宅"大厅小卧"的居住单元平面形式（图 6-1，B31）很快替代原有的"居室均质"平面形式。而且，随着建筑多层转向高层和超高层，住宅单元的平面形式也发生变化（图 6-1，B31-1 ～ B31-5）。本书称这种新的住宅建筑为港式住宅。这种住宅建筑因平面形式的不同，外轮廓较为曲折，整栋建筑的三维体量与前阶段中的差异甚大。而且，东湖新村中的围合式布置产生的差异化空间，也使住宅单元中不同位置的居住单元产生差异化市场价值。这种差异化在住宅实现全面商品化供应后，越发明显。

　　随着住建实践的推进，东湖新村为代表的建造经验与原来的行列式集合住区的地平面特征相结合，形成了带有行列式建筑群体布局特征的港式庭院住区（图 6-1，P31-2）。而围合式布局特征也不断结合与港式高层住宅建筑的形式相结合形成另一种围合式，以高层为主的港式庭院住区（图 6-1，P31-1）。

　　另外，五羊新村的建设，形成了新的住区形态：混合住区。该形态引入了两种新的建造经验：第一种，带裙房住宅建筑；第二种，地块内部建设"一宅一地"形式住宅，产生内部地块（图 6-1，P33），而这种建造方法加深了单个产权地块（建设范围）内部住宅建筑的差异性。这两种经验分别在 20 世纪 80 年代之后的住区建设得到强化：第一种，体现在高层花园住区中，在市区的区位和环境资源较好的地段则形成高层综合住区，而在旧城区改造过程中则形成旧城区的高层住区；第二种，就形成一种形态混合特征明显的住区，而在城区和郊区则形成规模不同，多种住宅建筑类型比例不同的混合住区。虽然在本书中，这些变异的线性演变过程还未能通过各种历史资料获得证实，但是通过这些类型的住区形态特征的相似性以及其建设先后次序，还是可以在逻辑推演上确定出这种演变过程。可以看出，东湖新村与五羊新城是往后几种类型的住区形态原型,高层花园住区与混合住区是这些原型在自适应过程中产生的两种变体。而这两种变体在对应不同建设情况时,再次各自产生两种新的变体。因此,子类型(城区混合住区、城郊大型混合住区、高层综合住区和旧城区高层住区)都是这两种原型的共时性变体。

还有,代表最高居住环境品质的城区花园住区也形成了。这种住区,在一定程度上承接了模范住宅区和华侨新村的某些形态特征:以较少层数的住宅建筑为主,出现众多内部地块。但是,这种住区不再选址于城市边缘或者郊区,而是在靠近城市环境资源最好或者区位最好的地段,形成一种与当时常见的高开发强度的住区背道而驰的住区形态。

可见,1980年至今,随着港式住区建造经验传入,广州出现众多新的住区形态类型,这些新的形态类型也经历了自适应过程。引发演变的内因,主要是地平面类型上的差异,地块规模变大,为建成形态多样性提供前提条件。其中,三个重要的事件决定了必然会产生这些差异性:①土地变为有偿有期供应;②住宅成为商品流通与交易市场;③房地产开发商变为住区形成主要塑造者,而且开发商数量众多。前两个事件使得住建过程的各种成本、社会经济背景和区位、住户(消费者)的影响作用被放大,直接左右了建造经验的选择与应用;后一个事件使住区建成形态的多样性变成是不同的塑造者不断平衡各种影响因素而作出响应的综合结果。因此,该阶段形成的住区形态类型也比前两阶段多。

4. 演进规律

从三个阶段的分析,再回归到形态类型在演变过程中的要素复合变化及其影响,可以看出一定的演进规律。

(1)广州的历史与地理特征,决定了这个城市在住建过程很容易被西方(国外)的建造经验所影响。从很多形态类型的原型都是应用英美以及香港地区的建造经验这一事实,可以验证这个规律。苏联的影响也存在,但较为间接,特征不明显,这种情况或许是广州市远离我国权力中心而造成的。

(2)在土地私有制的情况下,产权地块及其边界是明确的,从而对地平面格局产生至关重要的约束作用。地平面的约束作用最终表现为:塑造者非常多元化,他们建造住宅的活动是相对独立的,但最终,住宅的形式也被限定在一个固定的框架之中。该情况下,建筑类型会出现连续性的、线性的演变轨迹,从而形成不同的、相互有关联的住区形态类型。从第一阶段形态类型演进可以得到这条规律。

(3)在住区塑造者较为单一的状态、土地所有权较为集中、住区建设量产化的情况下,容易产生趋同均质的住区形态。从第二阶段的类型演进可以得到这条规律。

最后,住区形态及类型的多样性,需要有足够的地块规模、多元化的影响因素、参与住区塑造决策的团体与个体有充足的多样化作为前提,而利用供求关系以及市场化调节可以提供这一前提。

6.2　空间演进的特征

6.2.1　形态类型的空间布局

本节的分析是基于整个研究过程中收集到的 200 多个住区（附录 2）进行形态类型确定以及空间定位的工作而展开（图 6-2，由于图幅所限，没有标示出番禺区的部分住区）。需要指出，这些住区是从《广州发展史》《广州市志·卷三·房地产志》《广州市城市总体发展战略研究及总体规划·居住用地专项规划》整理而成。但是，这些"样本"只占整个广州市现有住区数量的很少一部分，而且其空间分布特征会带有样本本身的特殊性，只能在一定程度上反映整个广州市住区形态类型的分布特征。

从分布的情况可以看出以下特征：

（1）1950—1979 年，即第二阶段形成的住区，都是位于 1947 年城市建成区边界周边或者外围，而且有些在远郊区形成，如员村、芳村与鹤洞等地区。

明清城墙的西侧、西北和东侧，新建的住区大部分都是在 1947 年建成区边界附近，最远的距离也只有 2km。其中，东面的建设比西北面的多，这是由于广州市水陆地形地貌特征决定了发展腹地集中于这两个位置。在河南与芳村地区，新修住区多建设在近郊区，较为分散。在珠江后航道两则，新的住区则离岸较远，位于离岸线 700 ~ 2000m 的区域内。这是因为该区域的工厂都需要有良好的水陆运输条件，如广州钢铁厂、广州造船厂、重型机械厂、橡胶厂等，临水一线的空间被占据，配套的住区只能退居二线空间。

对于该阶段的住区形态类型分布，知识分子住区的空间特征最为明显：大部分都是位于远郊区。这是由于当时很多高等院校都位于远郊地区。

（2）20 世纪 80 年代建设的住区，围合式的只有 4 个实例，其中包括东湖新村，而行列式的港式庭院住区的数量最多。这些行列式的港式庭院住区主要分布于第二形态类型阶段的住区集中区域的周边，如流花湖—东风西路—中山八路周边、淘金周边、大沙头—东湖公园周边、梅花路—寺石路周边；在白云大道、广州大道北沿线也有建设，芳村和海珠区也有零星建设。而图 6-2 中所标示的住区，都是规模超 5 hm^2，对当时广州住建活动与住区总体形态有引导性的作用。

行列式住区的数量多于围合式的，原因是第二阶段大规模建设的行列式住区对于第三阶段初期住区建设还带有滞后的影响。虽然新的形态原型已经出现，新的建造经验也随之引入，但是原型就像一种个体存在，对大量建成的行列式集合住区这种群体存在的影响毕竟有限。当时的行列式住区的建造经验已经像自发意识一样扎根于住区建造者（塑造者）的脑海中，因此，围合式是一种二次选择，是批判意识影响的结果。另外，在第二阶段的建造过程中，行列式的各种经济技术指标已经被大量的实践证实了较为节约用地，又能快速建成，因此，一直被广泛应用。

（3）20 世纪 90 年代至今，新的住区都集中在广州城的东面带状展开。在形态类

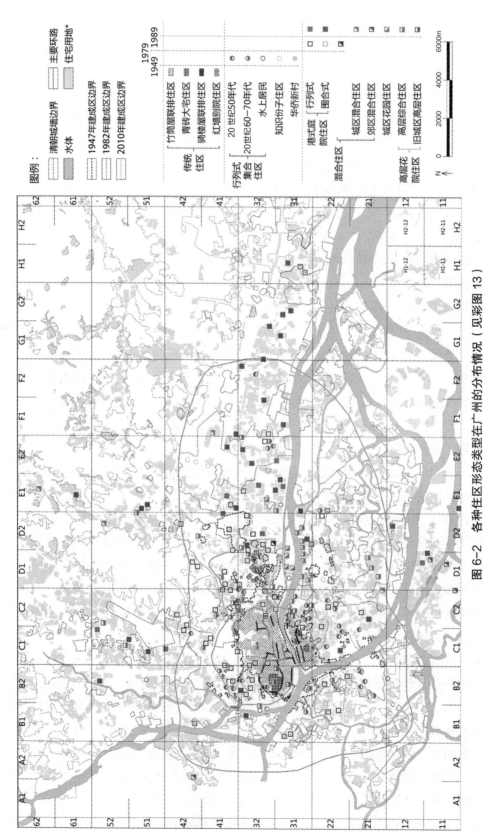

图 6-2　各种住区形态类型在广州的分布情况（见彩图图 13）

* 住宅用地是基于《城乡规划用地分类标准》GB 50137—2011 中 R1～R4 类用地统计

来源：21 世纪初广州市土地利用现状、百度地图、2012 年航空影像地图，笔者绘制

型的特征上，这一时期大部分港式庭院住区都是围合式，也有少量行列式。这说明，围合式的住区形态逐渐成为群体存在，而行列式则开始变成一种稍微过时的住区形态。行列式住区主要分布于城市核心位置，而城市的新建设区域都是以围合式为主。

城区混合住区、城郊混合住区以及城区花园住区的建设量不大，而且在一些独特的地理位置建设。例如，城区混合住区与城市 CBD、核心区都是保持一定的距离，直线距离在 4km 以上；城郊混合住区则在城市郊区，而在图 6-2 中，标示不多；城区花园住区则集中分布在二沙岛（图 6-2，D1-31 和 D2-31）。

高层花园住区这种形态类型集中在珠江前航道的南侧，以及城市建设历史较长的地理位置，如东山和西关一带。

（4）有关住区形态类型的原型在地理空间上迁移的情况。明清时期，青砖大宅、有西式装饰外立面竹筒屋，以及竹筒屋"共时性变体"的例子最先出现在西关地区（图 6-2，B1-32）。清末民初，建设了大量骑楼屋，其官方原型出现在长堤（图 6-2，C1-31），而建造经验大多借鉴沙面。同期出现的新住区形态类型——红墙别院住区，分布在东山一带（图 6-2，D1-32）。到了第二阶段，较为出名的行列式集合住区——建设新村，以及这一时期最特殊的住区形态类型——华侨新村，在东山一带的淘金建设（图 6-2，D1-32 与 D1-41）。第三阶段，东湖新村（图 6-2，C2-31）与五羊新城（图 6-2，D2-32）这两个衍生出多种住区形态变体的原型，也是分布在东山一带。可见，第一、第二到第三阶段的几种住区形态类型的原型是散落在东山一带。换句话说，东山一带是广州近代史上住区形态的源头。

总体上，广州住区形态的原型发生地理空间上的从西往东的迁移，从西关到长堤，再到东山一带（图 6-2，B2-31 → C1-31 → D-3）。在历史上，西关远离了明清时期广州城喧闹的商业中心，环境幽静。而骑楼屋是一种与商业结合紧密的住宅建筑类型，其原型才被建设在离当时商业中心较近的长堤。而东山一带，在 20 世纪 70 年代之前就一直就是与嘈杂的广州城保持一定的距离，环境更佳。可见，很多住区形态原型都是建设在城市边缘环境较好的地理位置。究其原因，主要是边缘区城市建设少，约束不多，有利于新的住区形态形成。另外，从广州的地形地貌来看，西侧和南侧的开发腹地有限，东侧也就成为最佳选择。

综上所述，住区形态类型的分布是带有一定的地理空间的必然性，这与形态形成的历史进程有着密切的联系。由于原有的建成区，会阻碍新类型在空间上寻找落脚点，因此，类型只能在建成区的外围完成实体投影。然而，当社会经济继续发展到一定程度后，各种条件较为完备，新的类型就会替代先前的。这种规律使各种类型的实体投影形成了地理空间方面的特征。

6.2.2　形态类型的空间特征对比

如果将上文介绍的住区形态类型中较为典型的实例，以统一比例进行对比分析，将能了解到在城市的历史进程中，不同类型的住区形态的空间特征如何变化（图 6-3）。图 6-3 是一个复合图，一部分是 20 个住区形态类型实例的地平面特征，另一部分是这些实例在广州市的时空分布情况。

在第一阶段的四种形态类型（图 6-3，A1 ～ A4）中，都是高密度的建设状态，但地平面存在一定差异。例如 A3 的道路系统比 A1 和 A2 的稀疏，主要是由于单个地块的规模以及建筑类型的差异，而且，A3 位于较为宽敞的主要商业道路。A4 与前三个住区相比，地平面上的差异性更大，单个地块的规模远大于住宅建筑单体，加上当时的市政当局对建筑密度的引导，形成了这种地平面特征。这些住区都分布在以现人民公园为中心的 4km 范围内。

在规模上，第二阶段住区建设范围比上一阶段扩大了很多。这是由于土地的权属与使用方式产生了变化：城市土地归国家所有，对需要使用土地的单位企业，以无偿无期提供。这种情况下，住宅建筑群可以更加自由地在建设范围内铺开。但受到当时的住区建造经验所引导，以建设成行列式的住宅建筑群的方式铺开（如图 6-3，B1-1 ～ B1-3）。如 B1-1 ～ B1-3 位于离人民公园 4km 范围内的城市边缘，住区显得密度较大，但是也比上一阶段的要低。如 B3 与 B1-4 都位于离人民公园 9 ～ 10km 的位置，而 B1-4 位于广州远郊区，住区则更加分散，依托几条主要道路建成零星的住区。与之相应的，知识分子住区（B3）则在建筑群体上表现出松散的特征，这种特征是受到地形地貌的影响。而华侨新村（B2）虽然位于 4km 的范围内（城市边缘位置），但建造的背景较为特殊，才显示出远郊住区的形态特征。

在第三阶段，土地开始有偿有期使用，而这种使用方式需要有明确的空间界限为前提，地块边界再次出现。有些在单个街区中建设的住区，地块会与街廓、建设范围的边界有重叠。从该阶段的 10 个实例来看，其建设范围或地块规模大小不一，但总体来说，位于城市边缘、城郊和郊区的住区（C1-3、C2、C2-1、C2-2）的规模都较大。

纵观以上几个住区案例，第一阶段和第二、三阶段的住区形态差异性较大，这从地平面的特征就可以看到。第一阶段表现出一种非常致密的状态，而第二、三阶段则较为松散。松散的地平面在建筑群体中建筑与建筑不再鳞次栉比，布局形式也多样。而第二、三阶段之间也有小差异。第二阶段的均质性较高，第三阶段的则形式多样、疏密有致。

这些案例在城市的分布也有一定规律。第一阶段集中旧城范围内（3km 范围内）的案例，地平面表现出密集的特征，该范围外的显得松散一些。这种特征在第二阶段较为明显，如 B1-1、2、3 都是密集均质的，而 B2、B3、B1-4 这些位于城市边缘、远郊的，则非常自由和松散。第三阶段的案例，则多位于第一和第二阶段的空间边界之外，集中建设在第二阶段建成范围外到飞地之间空隙处。

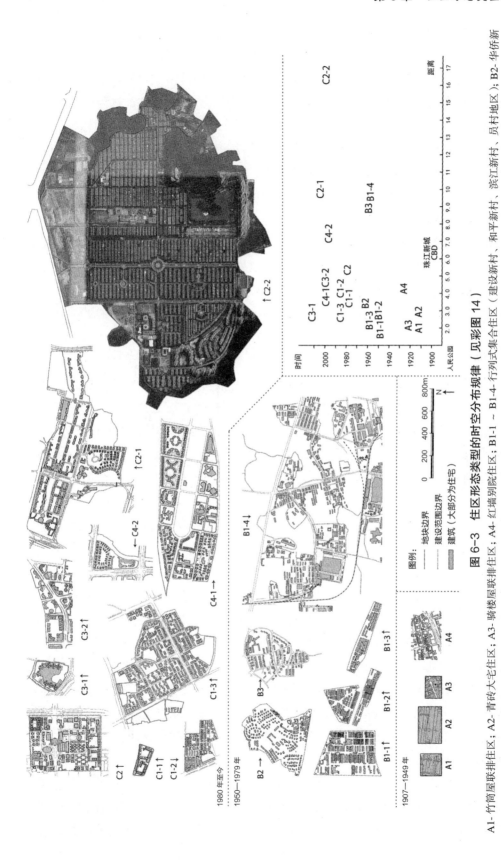

图 6-3 住区形态类型的时空分布规律（见彩图 14）

A1- 竹筒屋联排住区；A2- 青砖大宅住区；A3- 骑楼屋联排住区；A4- 红端别院住区；B1-1 ~ B1-4- 行列式集合住区（建设新村、和平新村、滨江新村、员村地区）；B2- 华侨新村；B3- 知识分子住区（华南工学院职工宿舍）；C1-1 ~ C1-3- 港式庭院住区（东湖新村、晓园新村、江南新村）；C2、C2-1、C2-2- 混合住区（五羊新城、汇泉新城、祈福新村）；C3-1、C3-2- 高层花园住区（逸翠湾、滨江东路两侧）；C4-1、C4-2- 城区花园住区（二沙岛、珠江别墅）；

195

6.3 形态替代的特征

从上文的讨论中，可以得出不同形态类型的分布与空间演变规律。下面将在中微观层面分析旧有的住区形态如何被新的住区形态所替代，并探讨这个过程的一些物质形态特征。

第一阶段的住区形态被第二阶段或者第三阶段的住区形态替代的过程，则可以从旧城区高层住区形态的形成过程（本书第 182 ~ 188 页）了解到。因此，以下主要分析第二阶段的住区形态如何被第三阶段的所替代。在分析不同形态类型的住区是如何在地理空间上形成与替代方面，理想化状态是在广州的某个区域，上文所总结的各种住区形态类型都集中于此。但在广州市中心城区中，这样的区域所覆盖的范围必须是非常大，因而难以分析出中微观层面的特征。之所以选择建设新村所在街区为例子进行分析。原因有两个：①该住区是第二阶段中，较为典型的住区；②从图 6-2（C2-41 下端）看出，该区域已建有多种住区形态类型。

6.3.1 建设新村

新村范围的边界北至环市东路，西达建设大马路，南到建设横马路，东到建设六马路，东西宽约 400m，南北深约 600m，面积为 21.1 hm^2。

该范围的住区在 20 世纪 50 年开始建设，建设历史覆盖本书后两个研究时间段。以 1957 年测绘，1967 年修测、1972 年实测、1999 年实测和 2010 年实测的 1∶2000 的地形测量图为基础，研究该范围的形态特征（图 6-4），分析出该住区的形态类型演变的空间特征。

1. 地平面的特征变化

从地块、道路系统和建筑覆盖三个元素复合来分析地平面的特征的演变。

1）地块

1957 年，建设新村开始建造。当时的土地使用形式是无期无偿使用，各种住区在名义上是单位产权，但统归国家所有，没有明确的边界，就是一种土地划拨到哪，就建设到那的状态。而且建设新村位于城市建成区边缘，没有太多的建成物限制其蔓延。虽然总体情况如此，但还是有一些建设项目是有明确的建设范围，这些历史地块的边界划定是按照地形测量图上标记的围墙为依据。这几个历史地块分别是，新村东北角的广州市建设小学，南侧的市政工人俱乐部、球场等（图 6-4A1）。虽然这些历史地块的使用功能都不是居住功能，但是对新村的住区扩张起到框架式约束作用，限定了该范围内新住区的建设。

1958—1967 年，原来的非居住功能地块的边界开始有微小变化，把更多未建设的土地纳入其中，如原来的市建设小学改为广州八五小学后，地块边界有所扩大（图 6-4B1 左上角）。而且原来的历史地块开始出现内部细分，如广州市规划局勘测大队的成

196

立，原新村范围左侧的大地块被划分成几个地块。新村范围内的一些闲置土地也开始进行建设，地块的边界逐渐形成（图6-4B1中部）。这些情况说明，在研究范围内，用于未来扩张的土地在不断减少。

1968—1972年，非居住功能的地块逐渐形成体系，占据了新村范围的北侧和西侧，中间也被广州市道路公司机械站所占据（图6-4C1）。从这3个时间截面的非居住功能地块扩展可以看出，住区的可建设土地还在不断减少。

1973—1999年，土地使用形式逐渐由无期无偿使用转变为有偿有期使用。原有的非居住功能地块在新村范围内的位置基本没有变化。但是，一些地块开始出现细分。2块新的内部地块中，清理原有的建筑后进行重建工程，并开始注入居住功能。在新村范围的中间位置，东侧的中部，原为住区的土地被清理，重新建设为办公楼（图6-4D1）。

2000—2010年间，土地使用形式为有偿有期使用。原有住宅的清理和重新建设工程大规模出现。重建工程的展开，使部分土地使用权产生变化，出现了新的地块。而这些新出现的地块的使用功能还是为居住功能。原来一些非居住功能的地块进行地块重新划分，划分的过程都伴随有新的内部道路出现。新的地块都是与道路系统紧密衔接，基本是一个地块占据整个街廓，只有新村的西南角和中间的部分，由几个地块组成一个街廓。在重建过程中，使用功能从原来的非居住功能转换到居住功能（图6-4E1）。

从建设新村在以上几个时间段中地块变化的情况，可以看出这些规律：土地无偿无期使用的时期，新村的住区地块没有明确的边界，被非居住功能的地块和道路界定了范围。随着时间推移，非居住功能的地块不断蚕食住区的范围。建设新村的蚕食进程是由从主要交通道路向次要交通道路推进，即从西向东，北向南。到了土地有偿有期使用后，蚕食的进程有所停止，其中一些市政单位的地块内进行清理重建，新建的建筑也注入了居住功能。而且一些建设用地进行住宅重建时，土地使用者产生变化，从而形成了新的居住地块。整个过程是住区的范围（地块）被蚕食，然后到达一个稳定状态后，居住功能再反向注入非居住功能地块。随着住区重建，新村的住区范围内部界定出新地块。

2）道路系统

建设新村的建造初期，道路之间没有明显的等级差别，道路的路面宽度都是7~9m。新村范围内的道路不多，纵横各两条，但是这些内部道路与新村范围北侧的环市东路并没有接上（图6-4A2）。

到了1967年，内部只增加了一条纵向的道路，但仍然没有与北侧道路接上（图6-4B2）。

1972年，新村北侧的环市东路扩宽，路面宽度变为30多米。新村内部的纵向道路，分别是从西到东的建设大马路到建设六马路都完成建设，但是这6条纵向道路中，还是只有最初建设的两条位于两侧的道路与环市东路链接。横向路也有所增加，使纵向

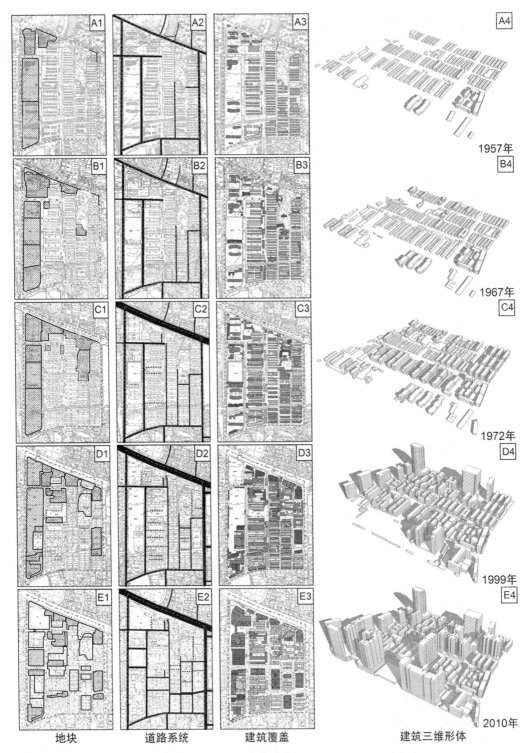

图6-4　建设新村5个时间截面的地平面特征与建筑三维形体

说明："地块"纵列有网点的地块为非居住功能的地块；"建筑覆盖"纵列有斜线填充的为非居住功能的建筑，平面深灰色填充的建筑为新建建筑，浅灰色的为原有建筑。

来源：1957年、1967年、1972年、1999年和2010年的1：500广州地形测量图，笔者绘制

的道路——建设大路与建设二马路、建设三马路之间，建设四、五、六马路之间的道路系统，形成两个完整的回路系统（图6-4C2）。建设二马路和建设三马路之间增加了一些支路（图6-4C2中的虚线），但是这些支路在历史测绘地图上只标记有路名，没有记录路缘石，推断当时这些支路也是临时新建的。

到了1999年，新村东侧的建设六马路拓宽，路面宽度为15m。建设二、三马路之间与建设四、五马路之间相继增加了一些横向的支路（图6-4D2中的虚线）。

直到2010年，新村范围内的道路系统基本形成等级特征和系统性（图6-4E2）。新村北侧的环市东路为主要交通性道路，东侧建设六马路为次要交通性道路，其他为次要道路，这些道路组成一种网格系统。但是横向的道路并没有完全贯通整个新村，较为曲折。一些新增的道路都是由于新地块的划定而形成，同时划定新的街廓。

从中可以看出，道路系统的演变，主要发生在新村的南侧。南侧的道路线密度不断提高，整个过程伴随着新地块（街廓）的形成。然而这些新修的道路，与北侧主要交通性道路——环市东路，基本没有发生直接关系。道路系统的这种特征与地块分布与结构关系有点相反。地块是由北向南不断划分，而道路系统是一直在南侧变化和形成系统。

3）建筑布局

建造初期，建设新村的住宅建筑群体布局形式是20世纪50年代的行列式集合住区中的平房建筑的特征（图6-5）：行列式均质分布。建筑朝向为正南北，长度在45～78m，间距为7～8m。非居住功能地块内的建筑较为松散，场地较多（图6-4A3）。

1958—1967年，新村建设了一些建筑（图6-4B3）。在新村中间狭长型的开敞空间，新建很多东西向的居住建筑。其他的则利用原有建筑之间较为充裕的用地，继续建设几栋南北向的长条形住宅建筑。

1968—1972年，新建和重建了一批行列式集合住宅，这种住宅建造进程与20世纪60—70年代的行列式集合住区相同（图6-4C3）。在建设新村，建设二马路与建设三马路之间，新的住宅建筑是在原有住宅之间的空地上建设，两者之间的间距非常小，只有1.5～6m。建设三马路到建设六马路之间的南侧，基本是把原有的细长形行列式住宅进行清理，重新建设体量较大的行列式住宅建筑。这些建筑的进深有9～11m，建筑之间的间距增加到13～15m。在这个时期，非居住功能的地块内部，也新建很多体量较大的建筑。

1973—1999年，新村周边进行了大规模的重建工程，而中部也有一些重建，但更多的是见缝插针式新增建筑（图6-4D3）。新村的北侧改建成高层办公楼，面向环市东路，西侧则有大片用地已经清理了原有建筑，正进行重建，东侧有两块用地也建成高层办公楼，建筑裙房为商场。建设三马路与建设四马路之间的北侧，原有的长条形单元式住宅重建为6栋港式单元式住宅建筑，外轮廓曲折，进深14.2m、15m和21m，面宽32m左右。建设五马路的北端也进行了重建，西北侧的是建设大马路5号大院的内部改造，东北侧重建了两栋单元式住宅，还有一栋围合成天井式的单元式住宅。新村南侧多是见缝插针式新增建筑：只要原来的多层建筑之间有足够的间距，便再建设与之平衡的住宅建筑。

到 2010 年，西侧的重建工程完成，有三处建成了带裙房的超高层住区——保利中环广场南北区和逸雅居；而新村内部也完成了三处重建工程——嘉颐居、天伦花园和德安大厦，也是建设成带裙房的高层住区（图 6-4E3）。这些住区与旧城区高层住区（本书第 182 页）的形态都非常相似。在建筑布局上，裙房底面基本覆盖整个地块范围。新村中部地块面积不大的住区，高层住宅则刚好直接覆盖在裙房之上，而裙房底面较大的，高层住宅是紧贴裙房边沿布置，如保利中环广场。除此之外，新村还进行了全面的梳理，清理了之前见缝插针的建筑，使整个新村的肌理更加有序。

可见，1957—1972 年，整个新村是一种均质的行列式分布状态，其中住宅建筑布局主导了这种均质状态。在该时间段里，新建、清理和重建的建造活动虽然不断发生，但是这种均质分布的状态并没有被打破。1973—1999 年，均质状态被打破。由于住宅建筑布局在整体上出现了两种形式，行列式集合住区和港式住区，而且见缝插针式的加建活动为建筑布局的非均质状态增添了无序的元素。新村北侧的办公楼建成，地平面形状顺应了环市东路的走向，一定程度上形成了建筑界面。2000—2010 年，建筑布局出现了分异，住宅建筑布局形式出现了三种，行列式集合住区、港式住区和高层花园住区，这是各种建设活动的沉淀过程与结果。

在研究时间段中，新村范围的整体建筑密度在 1957—1972 年期间不断提高，从 18.48% 提高到 31.41%；而 1973—1999 年，虽然有大规模的清理进程，但是承接了之前的见缝插针式增建，密度再提高到 38.22%；2000—2010 年，虽然建成几个规模较大的高层花园住区，但是见缝插针建筑的清理工作也在同时进行，密度降低到 37.23%。

2. 建筑三维形体变化

建设新村在 20 世纪 50 年代，都是以建设单层平房住宅为主，其中单侧长边的形体呈锯齿状，这是当时带厨房平房住宅的典型平面形式（图 6-5）的三维表现。在建设二马路的南端右侧，出现一组围合式的建筑群体，6 栋 4 层高住宅，其中有 4 栋保留至今。另外，还有 3 栋 3 层高的住宅。非居住功能的楼房建筑，只有当时的广州市建设小学为 2 层高，南侧的广州规划局勘测大队为 3 层高。这些楼房的建筑底面一般都比平房大，形体较为规整。新村的整体形体，低矮，肌理统一且均质（图 6-4A4）。

到了 20 世纪 60 年代，整体三维形体与 20 世纪 50 年代相比，没有太大变化（图 6-4B4）。增建了一些平房，也新建了 12 栋楼房，其中有 4 栋为单元式住宅，位于建设四马路的北端。

到了 1972 年，从图 6-4C4 可以看出，出现大量的 5 ~ 6 层的长条形住宅楼房。但是之前低矮的长条形平房住宅还存在，两者之间高低起伏，形成鲜明的对比。然而，总体肌理还是保持统一。

1973—1999 年，新村建设了更多多层楼房，把原来的低层楼房和平房基本淹没。而且，新村北侧，东西两侧都建设了很多高层建筑（图 6-4D4）。这一时期的三维形体与之前的相比，就像整体提高了一遍，而且在四周开始"抽起"了多块建筑体量。鸟瞰整个新村，行列式的肌理还存在，但是均质性已经有所打破。

2000—2010 年，更多的高层与超高层建筑突起，而且可以从建筑形体辨别出建筑的使用功能：平面轮廓较为曲折的为住宅建筑，轮廓较为平顺的为非居住功能建筑（图 6-4E3、E4 对比可确定）。新村整体形体发生了很大的变化，局部形体之间差异性在提高，层数和平面形式的差异造成了形体上悬殊的差异，原来的行列式肌理被打破。新村范围的周边和内部都建设了几个高层住区，这些住区体量庞大，而且有些形体的走向是南北向。

可见，建设新村的建筑三维形体在 1972 年之前，都是维持在统一和均质状态的肌理，只是体量在缓慢往上提高。1987 年之后，统一的肌理和均质的状态被完全打破，而且形体急速往上提升，局部形体之间的差异性也迅速提高。

3. 演变特征

通过地平面和三维形体的分析，建设新村在 1957—2010 年的形态构成特征的变化已经一目了然。综合这些特征，可以分析出各个时期的平面单元以及现今的住区形态类型的空间格局特征（图 6-5）。在分析过程中，"一级边界"（First Order）用以区别建设范围内居住与非居住功能上的差异，"二级边界"（Second Order）用于区分建设历史以及产权地块的差异，"三级边界"（Third Order）用于划定不同的形态类型。

从图 6-5 可以看出地平面单元的复杂程度随时间推移在不断提高，这是不同的塑造者不断在新村范围内寻找适合的位置进行建设的结果。1957 年时，整个平面格局处于一种均质的状态（图 6-5A）。随着不同建造经验引导下的建设项目逐步进驻，均质的状态被打破，变成一种多元拼贴的状态（图 6-5E）。变化进程中，（含有）居住功能的单元的总面积不断提高，这个变化主要由于新村范围西侧的非居住功能单元逐渐被替代而引发。地块数量也伴随这个进程而不断增加，并以此为基础植入新的住区形态类型（图 6-6）。

从新村的形态类型格局（图 6-5F）可以看出，20 世纪 50 年代的住区形态类型单元（图 6-6A）几乎被完全替代，仅存于建设中马路的北侧一个长条形单元。而 20 世纪 60—70 年代的住区形态类型单元（图 6-6B、C）则集中在建设二、三马路之间，以及建设横马路北侧的街廓。20 世纪 80 年代之后的住区形态类型单元（图 6-6D、E），则建设大马路的东侧，以及建设六马路的西侧，以及一些新村内部的独立街廓。而且，这些独立街廓都是被重新划定的新地块。另外，在图 6-6 中，大部分公共道路都使用了空缺的形式填充，主要是由于这些形态单元的形成时间是早于周边的住区形态类型单元。

从前两节分析结果可以知道，第二、三个形态类型阶段的形态演变特征，主要是由于地平面特征的变化。因此，针对建设新村范围的住区形态替代特征分析，主要从地平面特征变化方面入手。

地平面的特征,主要是考虑以下三个要素复合:地块规模、建筑覆盖地块的情况(建筑密度)、功能(居住功能与非居住功能)。分析过程,主要从两个角度切入:在不同时间截面中,对比同种构成要素的特征差异(表6-2,综合对比分析);在单个时间截面中,对比不同地块的面积与建筑密度的差异(表6-2,细分对比分析)。分析过程中,以整个建设新村范围的建设用地为对象,而道路和广场、建设中的用地(1999年有2宗非居住功能和1宗含居住功能的土地在建设中)都不计算在内。

将整个演变过程从图6-5的A、B、C、D、E和表6-2可见,新村范围内的住区形态类型替代进程有以下几个特征:

(1)从图6-5可以看出,早期形成的住区的内部道路随着新地块的划分,逐渐变成公共性的道路。替代进程基本是发生在紧贴主要城市道路的位置。

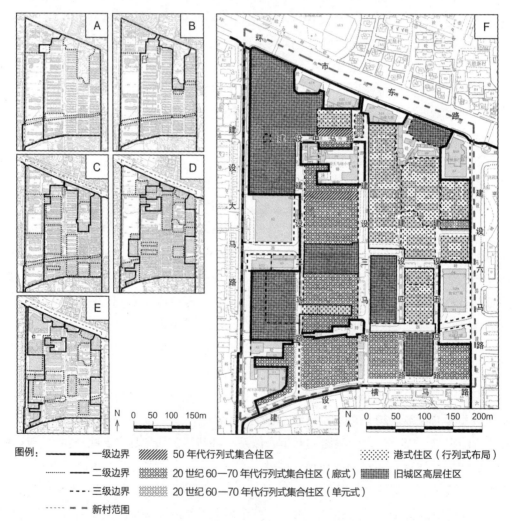

图例:
—— 一级边界   ▨ 50年代行列式集合住区   ⋮ 港式住区(行列式布局)
—— 二级边界   ▦ 20世纪60—70年代行列式集合住区(廊式)   ▦ 旧城区高层住区
--- 三级边界   ▦ 20世纪60—70年代行列式集合住区(单元式)
---- 新村范围

图6-5 建设新村5个时间截面的地平面单元(A、B、C、D、E)以及2010年住区形态类型格局(F)
来源:1957年、1967年、1972年、1999年 1:2000 和2010年 1:500广州地形测量图,笔者绘制

图 6-6　各种住区形态类型的外部特征

来源: 笔者于 2013 年 12 月摄

（2）替代进程会产生新的地块（或建设范围）。自土地开始有偿有期使用开始，
地块数量增加迅速，特别是住宅地块。最主要原因是改造更新的过程划定出新的地块
（表 6-2，N-R 与 R 地块数量对比）。随着时间的推移，有些地块的使用功能会产生转
变，其中，在 1973—1999 年、2000—2010 年，出现了 4 宗和 3 宗土地的使用功能从
非居住的转换到含有居住功能的。这种变化过程，使得整个新村范围内的居住功能和
非居住功能的土地总面积上出现"拉锯"的现象（表 6-2，N-R 与 R 总用地面积对比）。
居住功能的土地面积曾经从占新村范围总面积的 63.6% 下降到 31.8%，最后回升到
67.7%。

形态类型中地平面特征演变的量化分析 *

表 6-2

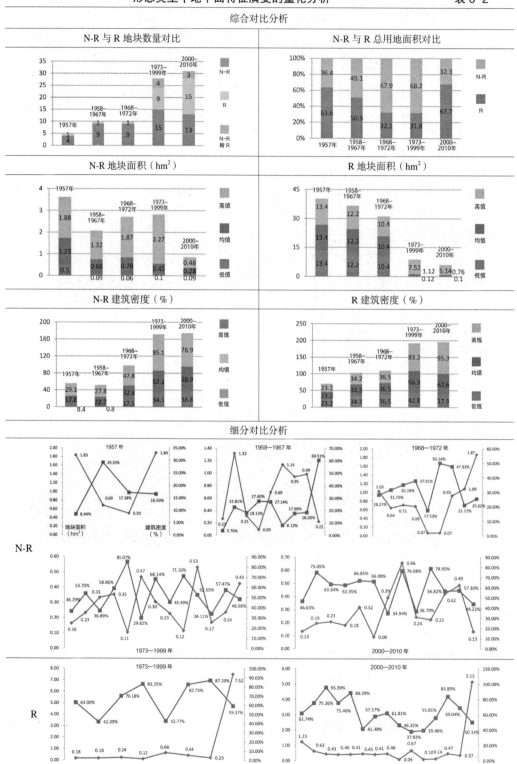

注：N-R：非居住功能的；R：含居住功能的。

* 见 P243

（3）在替代过程中，原来国有性质的居住功能用地，被不断"蚕食"，不断有新的细分用地。1972 年之前都是"先建设，后划地"，居住功能土地只有一宗，而且规模不断缩小（表 6-2，R 地块面积）。其中，被征用的土地都用于建设非居住功能的建筑。1972 年后，该宗土地，继续被细分。一方面，部分转换成非居住功能；另一方面，被划分出新的居住功能地块。同时，随着部分原来非居住功能土地上盖物的更新，居住功能又被注入。显然，居住功能和非居住功能的土地，通过建设和更新的过程不断互相渗入对方的"领地"。整个过程，地块的规模在不断变小，这个特征从地块面积的高值、均值呈现减少的趋势可以获识。

（4）在更新过程中，都趋向于建设占地面积较大的建筑，使建筑密度提高。20 世纪 50 年代与 20 世纪 60—70 年代，行列式住区的住宅平面的变化，以及"旧城区高层住区"特有的地平面特征，都在本质上推高建筑密度。从表 6-2 的 N-R 和 R 建筑密度变化趋势中，可以看出，这种提高趋势十分明显，有些地块的建筑密度还达到 95%，基本满覆盖整个建设范围。这种特征，与五羊新城中，某些建设带裙房住宅建筑的小规模地块的建筑密度特征相似。

（5）从表 6-2 的细分对比分析可以看出，在非居住功能的用地中，小规模地块高建筑密度的现象较为普遍；而居住功能的用地中，这个情况不明显，也没有其他突出的特征，唯一的，就是公有土地范围内的住区，建筑密度一直都是低于均值。

（6）在 2010 年时，20 世纪 50 年代的住区形态类型单元基本很少存在，20 世纪 60—70 年代的则次之，20 世纪 80 年代之后占据的面积较多。这种情况，说明替代进程在 20 世纪 80 年代之后发生得较为频繁。但是，这也可能只是建设新村范围的替代进程特征。

6.3.2 替代规律

结合 20 世纪 60—70 年代的"行列式集合住区"，"旧城区高层住区"的形态类型特征以及上两小节建设新村"住区形态类型格局"和"形态替代规律"的分析，广州市住区的形态类型格局应该有如下的概念性替代规律：

（1）20 世纪 50—70 年代，新的住区形态类型主要是建设在之前的建成区边缘与远郊。

（2）20 世纪 60 年代开始有替代进程，但主要是按照原来的肌理提高建筑密度和建筑高度，并见缝插针式新增建筑。

（3）20 世纪 80 年代开始深入的替代进程，这是城市更新的过程。在旧城区，就是合并地块，重新划定街道系统。在 20 世纪 60—70 年代的建成区，就是出现新的地块，而且原有住区一些内部道路变成公共性道路。这个过程会伴随建筑密度的提高，以及建筑高度持续提高。

（4）20 世纪 80 年代的替代进程，主要是发生在建成区中区位较好的位置，如商业繁华的地段和主要城市道路边上。位于这些区位的住区，由于周边城市公共服务、基础设施的不断完善，逐渐面临巨大的发展压力，更新替代的进程更容易发生。

6.4 本章小结

本章的分析展示出住区形态类型分析的两个重要过程：①通过前三章形态类型特征的研究，形成各种形态类型之间的基本认知；②通过每种住区形态类型的认知，形成一种有时间跨度的多种形态类型的矩阵式对比分析。在这种分析的基础上，完全可以说明各种时间和空间维度上形态类型的演进特征。

住区形态类型的主子层次关系，是由形态构成的层级关系所决定。地平面正是一种约束建筑形式的形态框架，其中的差异会首先反映到住区形态的主类型上，因此，地平面的类型特征首先决定了形态类型的特征。在地平面的构成要素处于同种空间结构和组织形式的基础上，依据建筑类型的差异，再划分出住区形态的子类型。这种层级结构，在广州住区的实例研究中，则表现为传统住区的4种子类型：1950—1979年的行列式集合住区、1980年至今的港式庭院住区、混合住区以及高层花园住区中的2种子类型。

在时间维度上审视这些住区形态类型时，都表现出一定的序列性和连续性。在地平面较为稳定的状态下，各种形态类型之间则存在较强的连续性，从广州第一个形态类型阶段中各种住区形态类型之间的演进关系可以印证这种特征。当以地平面类型的差异来划分形态类型之时，这种连续性被削弱，从广州20世纪50年代至今的各种住区形态类型之间的关系可以印证这种特征。

在空间维度上，可以看出东山一带是现代广州形成多种住区形态（红墙别院住区、港式庭院住区与混合住区）的摇篮。原因是，东山一带为广州的城市扩张提供良好的腹地。广州城的西关往西北，由于越秀山和白云山的压缩，珠江的阻隔，使得发展腹地的进深不足，容易形成扩展瓶颈。河南一带由于珠江前航道隔断，城市发展需要跨江而行，城建投入较大。而广州城东的东山一带，虽然地形起伏较频繁，但是发展腹地进深足够，容易成片发展。而且，再往西就是天河机场，土地平坦而广阔，非常适合被设定为城市的主要发展方位与建成区扩展的方向。20世纪50年代开始，天河机场搬迁，为第六届全运会进行改造，形成以天河体育中心为核心的城市新区，这种城建投入也正好印证这一点。可见，在20世纪50年代之前，东山一带已经被"认定"为广州市未来的发展主要方向。这种选择，使很多新型的住区形态在此进行"实践试验"，从而建成几种住区形态类型的首例。

从中微观的角度来看，形态的替代过程存在小地块合并，大地块细分，提高建筑密度、建筑高度，或者两者兼备的情况。原来的传统住区中，由于已有的地块开间短小，难以建设20世纪50年代后出现的住区形态。这些大量的小地块被合并成 2 ~ 6 hm^2

的大地块，进行整体规划、设计与建设，形成旧城区高层住区。而在 20 世纪 50 年代开始，由于"先建设、后划地"的住建模式，形成大量土地持有者都为政府的，成片的，由城市道路、河涌等自然地物地貌划分的空间均质的住区。这些住区的周边及内部需要进行形态替代时，需要重新划定范围出让使用权，因而伴随出现大地块（建设范围）细分的过程。随着住建市场化不断深入，土地价值逐渐显露。开发商需要建设高强度开发形式的住区用以平衡土地成本。新建住区的建筑密度、建筑高度都需要提高，或者两者同时出现，实现高强度的住区重建与更新。

07 第7章 总 结

7.1 理论研究的结论

形态类型分析法是一种"形态解读为外，类型认知为内"的分析法。通过研究，总结出该理论三大特点：

1. 形态类型与建成实例的辩证关系

形态类型是一种建造经验的抽象化物质空间概念，建成的实例是认识类型的唯一途径，但是所有实例的集合并不能说明类型的全部本质特征，而类型离开了实例又会变成无从谈起的"空中楼阁"。

类型的研究不是绝对地、非此则彼地把不同形态进行类别界定，很多建造经验的借鉴与交叉，会使不同类型之间存在很多"灰色"的实例。这种特征会引发一个问题：不同形态类型之间是否存在明确的"物质分界线"。笔者认为答案是否定的，就以广州住区为例的研究中，不同的住区形态类型其实也有一定的相似性：例如，红墙别院住区与华侨新村，两者只是因为建设背景与建设时间的差异才被划定为不同的类型。另外，建造经验作为形态类型的内核，在时间维度上可以产生连续性的变异。相对而言，实例的变异则延后于形态类型的变异，存有一定的"滞后性"，例如，广州的港式庭院住区变成主导的过程中，还保留着行列式集合住区的一些形态特征。

因此，形态类型的研究，应该存在极大的"开放性"，即相同的研究对象，不同的切入点，可能会有不同结论。

2. 建造经验与形态类型阶段的对应关系

从实例研究中，可以看出，建造经验的有效作用时间段与形态类型阶段是相对应的。而这种对应关系，应该是存在于宏观层面的、具有时代性的、群体性的建造经验与形态类型阶段之间。理论上，单个形态类型阶段，所催生出的宏观性建造经验应该不多，因而在该阶段内才能不断建设出具有某种同质性的物质空间产品。宏观性建造经验会在不同的地区、人群和个人之间形成各种差异化的建造经验，从而变异出不同的形态类型以及建成实例。

3. 形态类型研究与"阅读"城市的关系

从广州住区形态类型的演进分析，可以看出形态类型是带有一定地理特征的概念。

形态类型是社会经济历史进程的投影，类型的形成必定有先后之分。先前的建成区会在空间上成为新类型寻求"落脚点"的"阻碍"，因而，新类型只能在先前的建成区外围完成实体投影。等到各种社会经济条件较为完备后，新的形态类型才能替代先前的。这种规律促成了各种类型的实体投影具备了空间分布上的地理特征。

这种特征是可以用地图方式——记录，就如绘制一幅能反映特定范围内城市建成区在一定时间内的形态特征变化的"地图"，可以描述为"一张图式""阅读"城市形态的形成与演变的历史。形态类型的特征研究就是这张地图的"图例部分"。形态类型的历史性分析，让"读图者"熟知构成单元的特征及其形成过程中对应的社会经济背景。"地图"则是这些建造经验在历史上投影的实体的格局。而这也导出了形态类型分析法必然会具有两大部分的分析研究。

7.2 实例研究的结论

1.住宅平面形式

历史上，广州市普遍的住宅平面形式主要有三种：竹筒形，居室均等形和大厅小卧形。大部分传统住宅建筑类型的平面形式都是竹筒形，各种功能房间是竹筒式一节一节地串联在一起。居室均等形和大厅小卧形都是集合住宅建筑的居住单元的平面形式。其中居室均等形是单元中两种主要功能房间在面积上均等的，厨卫空间偏小或者与之分离，是 20 世纪 50—70 年代的主导型住宅平面形式；而大厅小卧形，则是以厅（包括餐厅）为中心组织卧室和厨卫，因此，厅的面积会大一点，在 20 世纪 80 年代后逐步成为住宅（公寓除外）的主导平面形式。

在独院式住宅中，由于平面形式较自由，多样性丰富，还难以被概括成某种形式。

2.地平面类型

近百年来，广州住区的地平面类型只有两种，一种是"三"字形地平面，另外一种是带建筑群体的地平面。

"三"字形平面也有很多变体，其中有：双排的、单排的、发梳形的、"凹"字形的、"凹"字形变体的。主要分布于广州旧城区。

带建筑群体的地平面也有几种特征，主要体现在建筑群体的布局形式：行列式的和围合式的，另外就是混合式，会把"三"字形平面混合于其中，产生内部地块。以上两个结论，刚好实现了本书的第一个研究目的。

3.形态类型演变有明显的断裂

形态类型演变的过程出现两段明显的进度条。20 世纪 50 年代之前，各种住区形态类型表现出一种连续的、有序列的特征。但这种连续性和序列性并没有延续至今，而是在 20 世纪 50 年代就出现断裂。这种断裂是由于住宅建筑类型巨大差异引起：前者以"一宅一地"住宅建筑为主；后者以集合住宅为主，先是廊间式，之后是单元式。

而且在20世纪50年代之前建设的集合住宅，也是以一种延续传统的形式出现。这种断裂，最重要的原因是地块的约束方式发生改变。这种改变体现在地块的形状以及地块系列的组织形式。

20世纪50年代以来，住区形态类型特征的演进过程又开始逐步表现出一定的连续性。可以推断，类型演进的序列特征一直存在。这种断裂特征的存在，或许只是说明连续性与序列性被强大的"政府力"以及"市场力"调整到另外一个方向上发展。

4. 形态要素的尺度跃迁造成形态的突变

可以看出住区形态类型的变化最主要是来源于地平面特征的变化，其中最主要是尺度上的变化。20世纪50年代之前的，住区塑造者只能在宽3～4m，或者其倍数的地块上进行建造实践。这种空间单元再互相拼接组成街廓空间的形态。而20世纪50年代之后，塑造者则可以直接在街廓尺度，或者由多个街廓组成的街区尺度中进行建造实践。在本书中，不同尺度建造实践空间，被称为"地块"以及"建设范围"。这种住区塑造者可控制尺度的跃迁式变化，正是让地平面的特征出现重大差异的内在因素。

5. 住区形态类型演进受外来因素影响较大

新的住区形态类型出现的背景说明，可以看出国外的建造经验的影响对广州的住区形态影响甚大。例如，民国特色的住宅建筑、骑楼屋联排住区、红墙别院住区是在欧洲的建筑类型以及城市规划理论的深刻影响下出现的。20世纪50年代之后的行列式集合住区，在形成阶段受到当时苏联住建方式的一定影响。而20世纪80年代之后，香港的住建经验更是广泛影响到整个广州的住区建设过程中。从东湖新村、五羊新城到后来的"遍地开花"带有港式风格的住区，无不表现出这种深刻的影响作用。而以上三个结论，正好实现了本书第二个研究目的（见本书第14页）。

6. 形态类型阶段

形态类型阶段，是综合形态学的"形态学周期"和类型学的"类型学进程"的两个概念而产生。它是一个综合性概念，指特定的社会经济背景下，一定的时间段中，某种持续性建造经验会在不断塑造出具有某种同质性的物质空间产品。从形态类型演变有明显断裂的特征可以认定，在研究时间范围内必然存在两个形态类型阶段：第一个阶段是20世纪50年代之前，另外一个是20世纪50年代之后的。而在20世纪50年代之后，按照建设的住区形态的差异性，确实可以再划分出两个阶段，20世纪50—80年代，以及20世纪80年代之后。这三个形态类型阶段，应该会具有更为广泛的地域应用性。或许，近百年来，中国的各个城镇建造过程中都会存有这三个阶段。

7. 建造经验

通过分析，近百年来影响广州住区建设的宏观性建造经验，概括而言有三种：

（1）传统建造经验。主要影响民国时期的住区建设，应对传统文化影响下与窄长型地块约束下的住建问题，投影出以传统住宅类型和"三"字形地平面类型构成的住区形态。

（2）政府导向建造经验。影响 20 世纪 50—70 年代的住区建设。应对集中决策与分配背景下的住宅量产化问题，投影出行列式集合住区的形态类型为主，而且住宅建筑中的居住单元以居室均等形为主。

（3）市场导向建造经验。影响 20 世纪 80 年代以来的住区建设。应对需求多元化，住区成片建设的问题，该建造经验是港式住区与当时广州住区建设政策相结合的产物。1990 年之后住区形态类型基本都是这种建造经验的实物投影。

7.3　研究的创新点

1. 尝试使用"建设范围"这一形态构成要素进行形态类型的分析研究

"建设范围"与"产权地块"虽然有着空间规模以及定义上的差异，却也是形态塑造者实施建设活动的空间界限。理论上，各种建造经验以塑造者为媒体，由其发动的建造活动实现形态类型的实体投影。这个过程需要有一个塑造者可操控的物质空间载体，而"建设范围"与"产权地块"就是这种塑造者可操控的空间。"产权地权"会存在一定的局限性，因为该要素不可能突破"街廓"的空间边界，道路可以属于一种公共的"产权地块"。从 20 世纪下半页开始，形态塑造者可操控的空间已经触及几个被道路分割的"产权地块"（或者等于"产权地块"的几个街廓）。而且一些实力雄厚的塑造者，还可以在一定程度上影响道路（公共的产权地块）的格局。这种情况下，建造经验、塑造者、实体投影之间在空间上就难以一一对应。"建设范围"则是为解决这个问题而产生的。"建设范围"在民国时期，体现为"产权地块"，规模较小；而在1950—1979 年，就是政府划拨给单位企业用于住宅建设的土地范围；1980 年之后，则表现为统一规划与建设的住区的范围（规划范围），以及房地产公司单个开发项目的范围，在这个范围中可以有城市道路穿越。使用"建设范围"概念后，建造经验、塑造者、形态（实体投影）三者在空间层面再次可以一一对应。

2. 将住区的物质空间特征划分成若干类型来认知广州近百年来的住建活动

形态类型是一种包含物质空间特征、建造过程的人文、社会与经济特征的形态认知概念。利用这种概念，可以形成一个针对广州百年来住建活动的、动态的、连续的、以物质形态为切入点的综合认知。这种认知，包括了各种不同形态的构成要素的空间结构与组织方式，以及这些特征所对应的建造经验。在这些基础上，广州百年来的住建活动成果都被高度概括为 8 种类型（见本书第 3 章、第 4 章、第 5 章的小结）。在本书研究展开之前，广州住区的物质空间研究中，都未有作出如此长时间跨度和系统分析的尝试。

而且，研究成果必然在广州的住区规划中有着相当高的应用潜力：为形态塑造提供重要的管理依据。通过深入了解形态的各种构成要素的特征，形成从各种构成要素的控制引导入手，最终使形态的生成过程是在"预期"范围内的规划控制手段。

3. 从形态构成要素的角度，西方花园式郊区对 2 种广州住区形态类型影响较大

中西方的城市形态学学者，都认为，西方花园式郊区对中国 20 世纪的住区建设有一定的影响。而本书则从两个方面再次关注这个问题。从塑造者的角度，广州的模范住宅、华侨新村，都是由受过西方教育的建筑师应用西方的建造经验进行设计，从而在建设之初，就形成了非常接近西方花园式郊区的住区形态类型。从形态构成要素的方面，"后院路"与"后院地"都是广州传统住区中从未出现的形态构成要素，但"突然"出现在华侨新村，以及一些城区花园住区（珠江别墅）。物质形态就是记录整个建设活动各种状况的"手册"，从中可以翻阅出建设之初的建造经验，建设过程中，经济社会条件变化引起的决策调整等。而"后院路"与"后院地"就是一种特殊的住区形态构成要素。这种要素在广州住区中出现，足以从侧面印证一点：西方花园式郊区的建造经验确确实实影响着广州的某些住区形态。

7.4 深入研究的展望

从研究的结论与不足可以看出，未来的相应研究应该首先弥补不足之处。其次，还有以下方面可以拓展形态类型的研究。

1. 理论与实证研究

理论与实证是互为前提。本书只是针对广州市住区这种特定物质空间要素而展开，在其他物质空间要素的分析与认知过程，形态类型分析法是否能发挥更大作用，这需要更多实证研究来支撑。而且，在获取形态类型分布格局方面，还需要针对更多更大规模特征区域进行实证研究。

通过这些实证研究，希望能逐步完善形态类型分析法的研究框架，尽快形成一系列针对广州市，甚至中国其他城市的形态研究有积极作用的概念。

2. 跨文化与地域的城市形态研究

从广州某些住区形态类型的首例出现到被广泛应用于住建活动的进程中，可以看出西方的住区建造经验的影响都较为深刻。这种现实，必然会引发如下思考：

在同一时期，不同文化和地域背景下，相似的建造经验是否能塑造出相似的物质空间形态，还是完全不同的。如果相似，是否就能说明，文化和地域背景的差异是难以影响建造经验，类型投影到实体的过程，或者还是有其他的因素约束着类型与实体投影之间的误差。如果存有差异，文化与地域的因素是否对这种差异起决定性作用。以上种种问题，都需要未来的全面研究来逐一印证。

3. 实际应用的研究

很明显，运用适当的理论进行实证研究，获得对研究对象较为全面与恰当的认知，只是整个研究工作的第一阶段。更重要的是，如何把这些认知恰如其分地运用到塑造新形态方面。新的城市形态，需要与城市过去的和现有的形态互相协调，就算是互相

冲突，也必须了解到，究竟是与哪些形态产生冲突。这方面的研究，就是城市形态的塑造与管理。形态类型分析法的最终目标也在于此。可以意识到，城市规划将是实现这个目标的重要媒体。因此，如何把形态类型分析法的分析结论恰到好处地"编译"成城市规划编制过程中可用的信息，也是在未来深化形态类型分析法的重要方向。

另外，就是关于合理的住区形态的深入讨论。

首先，需要把该问题推到一个边缘，也就是是否存在完美，或者是理想的住区形态。答案是肯定的，但这只是存在于意识层面，即是类型。这种理想状态，在实践过程，即本书所述的实体投影进程，必定会受到塑造者的自身背景，塑造者所掌握的"资源"、可控制的空间范围等周遭条件，以及当时各种社会与经济条件所约束和左右。这种情况下，最终形成的实例只会与理想状态存有落差。如果这种差异是在合理的范围内，实例的形态也应该就是合理的住区形态。因此，各种合理住区形态的探讨，应该更多关注实体投影进程的把控，如何让实例更加接近类型。

其次，形态类型分析法的"一张图式"的研究成果，实现了城市形态形成进程的可视化阅读。现阶段，通过计算机技术（GIS）与网络共享，城市的形态研究也被推向一个新层次：形态研究成果的共享、查阅与编辑。明显，通过现今的网络技术，形态学学者、城市规划师都可以利用免费的地图网站构建一个面向全球或者团体用户的共享平台。通过这个平台，关注城市形态的各个学者都可以为研究提供信息，制作成果。未来的研究，应该分出部分力量，来构建这种基于形态研究的共享的互动地图信息平台。

附录1 名词解析

以下名词都是本书中出现频率较高，或者较为重要以及需要重新定义的名词。

1. 形态类型分析法中的专有名词

地平面（Ground Plan）*

城镇景观的二维投影，也被称为城镇平面。

形态复合（Morphological Complex）*

构成人为物质景观的物质性要素类别的集合。各种物质空间的形态复合有三种：地平面、建筑类型、使用功能。

要素复合（Element Complex）*

地平面（城镇平面）中独立的特定的平面要素类别的集合。地平面中有三种要素复合：地块、道路系统和建筑覆盖。

类型（Type）#

类型是可以预示一些变化的、先验性的、内在的综合性构建的总体，不单是用于分类学中起实证作用而针对一系列实例的提炼。

类型学进程（Typological Process）#

在社会经济变迁的背景下，类型的出现，投影出具有各种特征的建造实体，最终被新的类型替代的过程，以及这个过程中用于认知类型的各种要素及其结构的特征变化。

原型（Leading Type）#

原型是某种类型最初建成的实例，其结构特征会不断重复在往后的同种类型的实例中。

共时性变体（Synchronic Variant）#

类型的实体投影过程，为应对建设场地条件、经济（社会）的限制，实体的物质形态有所变化产生建造特例，这种特例的集合都是共时性变体。

历时性变体（Diachronic Variant）#

在建造经验发生连续性变化时间段内（类型学进程的单个时间段内），发生在文化民俗、经济社会背景相同的区域中，一系列的类型的实体投影的特例。

形态类型（Morphological Type）

在本书中，形态特征是各种构成要素通过有机空间结构与组合方式集合在一起后表征。而构成要素的概念性空间结构与组织形式，就是形态类型。在不同住区实例中，就算是外部形式差异甚大，但是只要用以相同的空间结构和组织方式把形态的构成要素有机地组合在一起，则为同种形态类型。

地块（Plot）

全名为"产权地块"，明确的权属所对应的二维空间范围。地块边界与规划红线有区别：地块边界是道路围合范围内，可用于建设的空间边界；规划红线则是制定规划设计的空间边界。

地块系列（Series of Plots）

多个地块以某种空间结构与组织方式结合起来的集合。

街廓（Street Block Boundary/Boundary of the Series of Plots）

公共性的道路系统的边界及其形状，也是地块系列的外边界，两者是重叠的。

2.本书使用的名词

建造经验

建造经验就是指特定时间段中各种社会、经济以及文化背景下，使城镇各种建造个体与团体对其建设项目的最终实体的认知。这种认知是有历史性的，之前所有建成项目在理论上会影响到这种认知。建造检验是建造项目最终实体的理想化的抽象的图像。

形态类型阶段

它是一个综合性概念，指特定的社会经济背景下，某种持续性人为的建造方式会在一定的时间段中不断建设出具有某种同质性的物质空间产品。

地块四边名称

针对相对的规整的地块。地块前端（Plot Front），临街的边为地块前端，也是地块内建筑主要入口所在边；地块末端（Plot Tail），与地块前端相反的边，通常前端与末端都为短边；地块侧边（Plot Side），除了前端和末端，地块的其余边界。

街廓有效边界

地块前端与街廓边界重叠的部分，称为"有效边界"，有效边界上的地块都能设置地块出入口。

街廓非有效边界

地块末端和地块侧边与街廓边界重叠的部分，称为"非有效边界"，因为这段边界已经被"有效边界"上某个地块重复占用。

"三"字形地平面

"三"字形地平面的形态特征是由两种"要素复合"按照"三"字形排列，最上面的是道路，中间是住宅地块，最下面是道路。道路可以是东西向，形成"三"字形，也可以是南北向，形成"川"字形地平面。

建筑群体

单个产权地块或者建设范围内，多栋建筑的布局形式及其附属道路结构形式的组合。

形态要素跃迁

每种形态构成要素都有特定的空间尺度，但是随着社会经济背景的变化，有些形态构成要素的空间尺度会等于或者大于其上一级构成要素的尺度，这种变化就是形态要素跃迁。跃迁之后，该构成要素的下一级要素则会发生十分明显的空间结构与组织形式的变化。

竹筒屋联排住区

由大量传统竹筒屋住宅建筑类型组成的住区。这些竹筒屋一般是以联排的形式组合在一起。

青砖大宅住区

传统明字屋，三间两廊住宅建筑类型较为集中的住区。这两种建筑类型都是当时大型住宅，而且鉴于建造技术，墙面由青色烧结砖砌成，多以大块花岗石为基座，立面特征可总结为"青砖石脚"，本书称这两种建筑类型为"青砖大宅"。

骑楼屋联排住区

分布于广州旧城区较为繁华的商业街道两侧，在人行道上空建有骑楼，骑楼紧接的部分为铺屋。骑楼与铺屋组成了骑楼屋住宅建筑类型，而这些建筑大多以联排的形式组合在一起。

红墙别院住区

在 20 世纪 50 年代前在东山一带，河南和越秀山脚建设带独立花园的住宅区，这些住宅大部分外墙红砖砌成，都带有西式装饰元素，本书称之为"红墙别院"住宅。

传统住宅类型

在广州，传统的住宅建筑类型有清朝开始建设的竹筒屋、骑楼屋、明字屋、三间两廊和清末到民国时期建设的红墙别院住宅。

行列式集合住区

特指 20 世纪 50—70 年代建设的住区。其中，住宅建筑为低层或者多层，体量多为长条形，其中居住单元中居室面积相仿，大多是厨卫分离的。而多栋住宅建筑是行列式布局，朝向多为南北向，建筑间距基本相等，外部空间的差异性不大。

知识分子住区

特指 20 世纪 50—70 年代，为当时高等院校，研究机构的职工建设的，标准较高的生活区。这种住区内会建有独院式住宅以及集合住宅，住宅建筑的布局形式较为灵活多变。根据建设情况不同，会有不同的整体形式。例如，若建于市区内，则以集合住宅为主；若建于郊区的，独院式住宅会更多，而且住宅建筑的布局形式是顺应地势，灵活多变。

华侨新村

20 世纪 50—60 年代，建于广州环市东路淘金段北侧的住区。当时政府为归国华侨统一规划设计的住区。整个住区的平面形式经过精心设计。该住区有各种标准化的独院式住宅以及几栋集合住宅。该住宅都是可以买卖的，因此，独院式住宅都有明确地块边界。

港式庭院住区

20 世纪 80 年代，随着港资被引入到广州住宅建设，香港的住宅建筑特征也被引入。自东湖新村起，住宅建筑中的居住单元的平面形式就发生改变。居住单元的平面变成"大厅小卧"形式后，住宅建筑的形式都发生较大的变化。变化后的住宅建筑与香港有着非常高的相似性。而且，住区建筑群体布局也逐步发生变化，通过围合形式在住区内形成较为明显的开敞空间，打造成庭院为住户提供室外活动场地。这种住区，本书称为"港式庭院住区"。

城区混合住区

使用功能与住宅建筑类型上都有所混合的住区。由于独院式住宅需要有对应的地块，而集合住宅的地块则不需要，当两种建筑类型混合在一个住区后，住区的地平面就会出现内部地块。这种特征是识别混合住区的重要依据。混合住宅区需要具备一定的建设规模。因为通常情况下，都会建设多栋独院式住宅，在住区内形成一个独立的部分。而城区中，由于地价昂贵，因此与城市的核心区保持一定的距离。

城郊大型混合住区

20 世纪末，广州市城郊由于城市开发不足，土地使用权的支付单价低，房地产开发公司能一次性获得规模很大的土地用于住区建设。由于位于市郊，城市公共服务设施配套远低于市区，因此，住区内需要建设一定规模的公共服务设施以满足大量住户的生活需求。这种大型住区里面，会被划分出几个部分，单个部分的建筑类型都一致，但每个部分之间则存在差异。

高层综合住区

住区里的住宅建筑绝大部分都是高层（或超高层）建筑。部分住宅建筑是建设在裙房之上。裙房的很多使用功能主要是服务于其上盖住宅建筑的住户，部分也有一定的对外性，但总量不多。裙房与上盖的住宅建筑关系紧密，顶层的绿化不多。地块形状与建筑群体的布局关系比较紧密。地块较大的，都会使用围合式的布局，形成内部的庭院空间。

旧城区高层住区

旧城更新过程中建设的住区。该住区的产权地块边界受到更新前的地平面的约束。一般建有 4 ~ 6 层的，占地面积是产权地块范围一半以上的裙房。裙房都布置有商业，天面会布置景观庭院。住宅都属于高层建筑，都建设于裙房之上，而且都是位于裙房的边界处。

城区花园住区

位于城区区位和周边环境资源较好的位置，但建设低层或多层住宅建筑为主。这种住区的规模都不大。部分城区花园住区也有非居住使用功的建筑，兼备一定的混合住区特征。但是，住区以联排、双拼和独栋的别墅这类"一宅一地"形式的住宅为主，地平面会出现大量内部地块。住宅建筑的层数、住区的规模是区别城市区花园住区与混合住区的重要依据。

地块与内部地块边界重叠率

在混合住区中，分析内部地块与地块边界有重叠的时候，将重叠线长度除以地块周长所得的百分比。

地块与内部地块边界重叠程度

用于衡量内部地块边界与地块边界重叠特征的数值。该数值是与地块边界重叠的内部的地块的比例（a）与边界重叠率（b）的比（a/b）。

居住单元（户型、套型）[**]

按照不同的使用面积，通过一定组织方式将卧室、起居室（厅）和厨房、卫生间组合而成的基本住宅单位。

住宅单元[**]

同一水平层是多个居住单元组成，整栋住宅建筑中的这些居住单元通过共用的楼梯、电梯作为竖向联系，并且建筑内的住户通过竖向交通空间和安全出口（大门）进行疏散。

单元式住宅[**]

由多个住宅单元拼接而成的住宅建筑单体。

塔式住宅[**]

住宅建筑单体只有一个住宅单元。

后院路（Back Yard Road）

一种在西方国家，特别是英国和美国，联排住宅或者双拼住宅为主的住区中常用的辅助性道路，为住宅的后院提供独立入口，一般经过地块的侧边或末端。

挂起地块

地块边界所限定的地面空间为公共空间，如人行道，构筑物位于公共空间之上，因而进出构筑物时，需要借助相连地块上建筑内部的楼梯，形成一种构筑物是建设在挂起的地块之上的情况。这种地块主要是街廊（骑楼）联排住区中骑楼所对应的地块。

说明：

[*]参考：康泽恩.城镇平面格局分析：诺森伯兰郡安尼克案例研究 [M].宋峰等 译.北京：中国建筑工业出版社，2011.

[#]参考：Caniggia G，Maffei G L. Architectural composition and building typology：interpreting basic building[M]. Frienze：Alinea Editrice，2001.

[**]参考：中华人民共和国住房和城乡建设部.住宅设计规范：GB 50096—2011[S].北京：中国计划出版社，2012.

附录 2 广州 20 世纪初以来住宅建设项目（部分）

时间	名称	建筑形式	住区类型
民国时期	**骑楼街**：中山四、五、六马路，东华路，西关地区的西华、上下九（本书第 3 章）、恩宁路等，河南的南华路、同福路、洪德路 **模范住宅区**：竹丝岗、马棚岗、农林下路、梅花村（本书第 3 章）； **平民住区**：珠江前航道两岸的大南路、海珠桥南北岸、八旗会馆旧址、义居里、东校场、黄沙、北福新街 **扩展城区**：陵园西路的中山一、二、三路城区，中山七路光复北路口以西的中山七、八路城区，河南的工业大道、江南大道的中段和南段等，芳村的上、下芳村、白鹤洞沿珠江河岸马路，天河区的东风路、环市路、广园路，还有西场、黄沙大道	低层独院洋房、低层集合住宅、竹筒屋、骑楼屋、明字屋、三间两廊、木板棚户、浮家泛宅	街坊式、竹筒屋联排住区、青砖大宅住区、骑楼屋联排住区、红墙别院住区
20 世纪 50 年代	建设新村（本书第 4 章、第 6 章）、邮电新村、和平新村（本书第 4 章）、民主新村、小港新村、南石头新村、员村工厂生活区（本书第 4 章）、工业大道工厂生活区、广氮工厂生活区、华侨新村（本书第 4 章）、天胜村、逢源路、交电新村、西村、冼家庄小区（本书第 4 章）、橡胶工人新村、桥东新村、东华东路小区、大沙头小区、纺织新村、基立新村、青龙坊新村	低层平房过渡到 5~6 层多层，砖混、框架住宅，单元式住宅，廊间式住宅，天井式住宅，独院式住宅	均质统一的兵营式，行列式集合住区（20 世纪 50 年代为平房，低层住宅为主，20 世纪 60—70 年代为多层住宅为主），知识分子住区，华侨新村
20 世纪 60 年代	山村小区、二沙地小区、桂花岗、田心新村、纺织路小区、员村（本书第 4 章）、滨江东小区、万松园、素社新村、南园新村、跃进新村（本书第 5 章）、大冲口小区、白鹤洞新村、克山新村		
20 世纪 70 年代	下塘新村、黄花新村、宝岗新村、员村小区（本书第 4 章）、赤岗新村、水均岗		
知识分子	盘福新村、越秀北科学院宿舍（本书第 4 章）、中山医学院教工宿舍、美术学院住宅区、中南林学院职工区（本书第 4 章）、华南工学院职工区（本书第 4 章）、华南农学院职工宿舍（本书第 4 章）		
安置水上居民	滨江路（本书第 4 章）、二沙头、石冲口、科甲涌、如意坊、荔湾涌、马涌、东朗、猎德、同德围、墩头基、大沙头、中山六七路		

时间	名称	建筑形式	住区类型
20世纪80年代（建筑面积大于5万 m²）	柯子岭、景泰新村、广园新村、金贵新村、云泉新村、梓元岗小区、桂花岗新村、黄田小区、罗冲围小区、麓湖新村、下塘新村、淘金北小区、淘金坑小区、太和岗小区、友爱路住宅区、水荫岗小区、天河体育村、天河北住宅区、水均岗小区、福金东小区、天河南住宅区、东兴小区、共和新村、五羊邨（本书第5章）、杨箕小区、寺石东小区、二沙岛住宅区、石牌村、员村小区、黄埔怡园新村、丰乐小区、广州经济技术开发区住宅区、侨乐新村、沙路村、大江苑小区、赤岗东小区、赤岗小区、燕子岗小区、沙涌新村、花地湾小区、茶滘居住小区、合兴苑小区、花地住宅区、芳村桥东小区、桥东二段小区、环翠园小区、安富小区、金花街小区、荔湾路小区、周门新村、兴安苑、市政工人新村、广雅新村、流花华侨新村、象岗小区、东风街小区、站前路小区、接龙小区、东华西路小区、东华东路小区、大小马路小区、德政中路小区、大德小区、湖滨苑、花园新村、同福东小区、德花村、江南新村（本书第5章）、沙园新村、细岗新村、大沙头住宅区	从7~8层过渡到8~9层，出现部分高层住宅；居住单元的平面形式从居室均等转为"大厅小卧"形式为主；单元式住宅为主，各种类型住宅的建筑形式多样	"居住区—小区—组团"结构，住宅布局多样化；港式庭院住区（其中有围合式布局和行列式布局两种）；混合住区
引进或部分引进外资	东湖新村（本书第5章）、晓园新村（本书第5章）、员村昌乐园、挹翠花园		
90年代	**天河新区**：名雅苑、荟雅苑、豪景花园、帝景苑、天骏花园、华景新城、漾晴居、南国花园、怡景花园、翠湖山庄 **洛溪岛**：洛溪新城、洛湖居、丽江花园、奥林匹克花园、广州碧桂园 **华南板块**：星河湾、华南碧桂园、锦绣香江花园、祈福新村、雅居乐、广地花园、南国奥林匹克花园、华南新城 **海珠区**：江湾花园、半岛花园、海琴湾、珠江广场、新理想华庭、丽水庭园、琴海居、嘉仕花园、光大花园、保利花园、南洲名苑、万华花园、中海锦苑、愉景雅苑、金碧花园、万华花园、晓港花园、合晖花园 **广花一机场路沿线**：翠逸家园、白云花园、贝丽花园、海德花园、白云高尔夫花园、顺景花园、黄石花园 **同和片**：云星花园、天平花园、竹园新村、恒骏花园、倚绿山庄、江南世家 **中山大道—黄埔大道沿线**：加拿大花园、骏景花园、富力花园、天虹花园、泰景花园 **老城区**：辉阳苑、珠岛花园、富力新居、东湖御苑（本书第5章）、淘金小区、云影花园（本书第5章）、荔湾广场、锦城花园、东风广场、恒宝华庭（本书第5章）、新世界花园（本书第5章）、聚龙明珠花园（本书第5章）、花城苑（本书第5章）、金亚花园（本书第5章）、棕榈园（本书第5章）、宏城花园（本书第5章）、岭南会（本书第5章）	中心城区以高层为主，特殊的区位会有低层住宅；城市边缘以多层、小高层为主；远郊以低层别墅；集合住宅为主	"社区—居住区—小区—组团"结构，灵活多样的布局更重视环境；城区混合住区；城郊大型混合住区；高层综合住区；旧城区高层住区

时间	名称	建筑形式	住区类型
2002 年之后	保利中环广场（本书第 6 章）、金碧新城、南湖半岛花园、万科四季花城、中海名都、丽景湾、珠江帝景、珠江罗马家园、朱美拉公寓、新城滨海花园、金碧华府、美林海岸、天伦花园（本书第 6 章）、东方新世界、汇景新城、历德雅舍、嘉颐居（本书第 6 章）、骏景花园南苑、中海康城、东圃广场、盈彩美居、金碧世纪花园、逸翠湾（本书第 5 章）	同上	同上

资料来源：该表收集的 235 个住区案例，主要从《广州发展史》《广州市志·卷三·房地产志》《广州市城市总体发展战略研究及总体规划·居住用地专项规划》整理而成。

图表索引

参考文献

[1] 陈炳松 . 广州"西关大屋"的建筑工艺与"企市"[Z]// 广州市荔湾区政协文史资料研究委员会 . 荔湾文史（第 2 辑）.1990.

[2] 陈伯齐 . 天井与南方城市住宅建筑——从适应气候角度探讨 [J]. 华南理工大学学报（自然科学版），1965（4）: 1-8.

[3] 陈代光 . 广州城市发展史 [M]. 广州：暨南大学出版社，1996.

[4] 陈飞，谷凯 . 西方建筑类型学和城市形态学：整合与应用 [J]. 建筑师，2009（2）: 53-58.

[5] 陈飞 . 一个新的研究框架：城市形态类型学在中国的应用 [J]. 建筑学报，2010（4）: 85-90.

[6] 陈库强，戴荣华 . SAR 住宅设计法在江南新村的尝试 [J]. 住宅科技，1990（1）.

[7] 丁陞保，邹瘦懿 . 上海华侨公寓设计介绍 [J]. 建筑学报，1959（7）.

[8] 丁志道 . 香港高层住宅的多样化与特点 [J]. 住宅科技，1986（7）.

[9] 段进，邱国潮 . 国外城市形态学概论 [M]. 南京：东南大学出版社，2009.

[10] 段进，邱国潮 . 国外城市形态学研究的兴起与发展 [J]. 城市规划学刊，2008（5）.

[11] 冯邦彦 . 百年利丰：跨国集团亚洲再出发 [M]. 第 2 版 . 北京：中国人民大学出版社，2011.

[12] 高海鹏 . 广州市骑楼及骑楼街 [D]. 西安：西安建筑科技大学，2003.

[13] 高海燕 . 20 世纪中国土地制度百年变迁的历史考察 [J]. 浙江大学学报（人文社会科学版），2007（5）.

[14] 高远戎，张树新 . 20 世纪五六十年代国家鼓励华侨回国投资的政策 [J]. 中共党史资料，2008（4）.

[15] 龚正洪，陈世民 . 记中国建筑学会第三届代表大会的住宅设计方案展览 [J]. 建筑学报，1962（2）.

[16] 谷凯 . 城市形态的理论与方法——探索全面与理性的研究框架 [J]. 城市规划，2001（12）: 36-42.

[17] 广东改革开放纪事编纂委员会编 . 广东改革开放纪事，1978—2008（上）[M]. 广州：南方日报出版社，2008.

[18] 广东省城警察厅 . 取缔建筑章程及施行细则 [MZ]// 赵灼编 . 广东单行法令会纂：第 5 册 [M]. 广州：广州光东书局 .1912.

[19] 广东省立中山图书馆编 . 旧粤百态：广东省立中山图书馆藏晚清画报选辑 [M]. 北京：中国人民大学出版社，2008.

[20] 广州城市规划发展回顾编纂委员会 . 广州城市规划发展回顾（1949—2005）上卷 [M]. 广州：广东科技出版社，2006.

[21] 广州房地产业协会等编 . 广州房地产开发 [Z].1986.

[22] 广州华侨新村编辑组 . 广州华侨新村 [M]. 北京市 : 建筑工程出版社，1959.

[23] 广州经济年鉴编纂委员会编 . 广州经济年鉴 1984[Z]. 1984.

[24] 广州年鉴编纂委员会编 . 广州年鉴 1988[M]. 广州 : 广州文化出版社，1988.

[25] 广州市城市规划局、广州市土地开发中心 . 广州市琶洲 - 员村地区城市设计深化（概念性设计综合深化及核心区修建性详细规划）[R]. 2009.

[26] 广州市城市建设档案馆编 . 1955 年广州市航空影像地图册 [Z]. 2006.

[27] 广州市城市建设档案馆编 . 1978 年广州市历史影像图集 [Z]. 2008.

[28] 广州市城市建筑设计院 . 广州市居住建筑调查总结 [R]. 1962.

[29] 广州市城市建筑设计院 . 广州市区居住建筑调查 [Z]// 建筑工程部设计总局编 . 城市及乡村居住建筑调查资料汇编第 1 册 . 1959.

[30] 广州市地方志编纂委员会 . 广州市志（卷三）[M]. 广州 : 广州出版社，1996.

[31] 广州市东山区白云街道办事处 . 白云街志（1840—1995）[Z]. 1995.

[32] 广州市东山区地方志编纂委员会编 . 广州市东山区侨务志 [M]. 广州 : 广东人民出版社，1999.

[33] 广州市东山区建设街道办事处 . 建设街志 1840—1990[Z]. 1995.

[34] 广州市房地产管理局修志办公室 . 广州房地产志 [M]. 广州 : 广东科技出版社，1990.

[35] 广州市工务局 . 广州市工务之实施计划 [Z].1930.

[36] 广州市工务局 . 广州市新订取缔建筑章程 [Z]// 广州市市政厅总务科编辑股，广州市市政例规章程汇编 . 1924.

[37] 广州市公务局 . 民国经界图 [Z]. 1933.

[38] 广州市规划局，广州市城市建设档案局 . 图说城市文脉 : 广州古今地图集（第一部分）[M]. 广州 : 广东省地图出版社，2010.

[39] 广州市规划局 . 规划在线 [EB/OL]. http://www.upo.gov.cn/channel/szskgk/?columnid=007

[40] 广州市模范住宅区筹备处 . 模范住宅区马路住宅之规划 [N]. 广州民国日报 . 1927-08-25（5）.

[41] 广州市社会局编 . 广东事业公司概况新广州概览 [M]. 1941.

[42] 广州市市政公所 . 临时取缔建筑章程 [M]// 赵灼编 . 广东单行法令会纂 : 第 6 册 . 广州 : 广州光东书局，1912.

[43] 广州市统计局，国家统计局广州调查队 . 广州市历年统计年鉴（1984 年至 2010）.[M]. 广州 : 中国统计出版社，1985-2011.

[44] 广州市统计局 . 统计年鉴 [EB/OL]. http://data.gzstats.gov.cn/gzStat1/chaxun/njsj.jsp

[45] 广州总市两商会 . 广东商业年鉴（商业调查类）[Z].1930.

[46] 国家建委建筑科学研究院 . 住宅设计方案选集 [Z].1974.

[47] 国家建委建筑科学研究院城市建设研究所汇编 . 城镇居住区规划实例 1[M]. 北京 : 中国建筑工业出版社，1979.

[48] 国家建委建筑科学研究院情报研究所 . 住宅设计实例图集（1966—1973）[Z].1974.

[49] 何重义 . 对居室面积和户室比的意见 [J]. 建筑学报，1961（10）.

[50] 胡冬冬 . 1949—1978 年广州住区规划发展研究 [D]. 广州 : 华南理工大学，2010.

[51] 华揽洪，华崇民，李颖．重建中国：城市规划三十年 1949—1979[M]．北京：生活·读书·新知三联书店，2006.

[52] 华南工学院建筑设计研究院．五羊新城低层住宅建筑设计 [R]. 1986.

[53] 华南工学院建筑设计研究院．五羊新村低层住宅建筑设计 [R]. 1986.

[54] 华南理工大学建筑学术丛书编辑委员会编．华南理工大学建筑学术丛书：建筑学系校友设计作品集 [M]．北京：中国建筑工业出版社，2002.

[55] 华南理工大学建筑学院，广州市城市规划局海珠分局．海珠区珠江滨水地区规划指引 [R]. 2005..

[56] 黄佛颐广州城防志 [M]．广州：暨南大学出版社，1994.

[57] 黄秋菊．六朝时期广州对外贸易的发展 [EB/OL]．中国评论学术出版社，http://www.zhgpl.com/crn-webapp/cbspub/secDetail.jsp?bookid=10527&secid=10559

[58] 黄新美．珠江口水上居民（疍家）的研究 [M]．广州：中山大学出版社，1990.

[59] 建筑工程部设计总局地方设计处．大跃进中居住建设设计方案介绍 [J]．建筑学报，1958（6）.

[60] 江婉卿，徐治惠．江南新村规划简介 [J]．住宅科技，1990（1）：7-8

[61] 矫鸿博．1979—2008 年广州住区规划发展研究 [D]．广州：华南理工大学，2010.

[62] 李红梅．美国城市郊区化简论 [J]．北方论丛，1998（3）.

[63] 李开周．怎样在民国广州自建房 [M]// 梁力．羊城沧桑 2．广州：花城出版社，2012.

[64] 李淑萍，张洪娟．略论二十世纪二三十年代广州模范住区计划 [M]// 广州市地方志办公室编．民国广州城市与社会研究．广州：广东经济出版社，2009.

[65] 李宗黄．模范之广州城 [M]．北京：商务印书馆，1929.

[66] 廖媛苑．广州新河涌地区城市形态发展过程 [D]．广州：华南理工大学，2007.

[67] 林冲．广州近代骑楼发展考 [J]．华中建筑．2005（S1）.

[68] 林冲．骑楼型街屋的发展与形态的研究 [D]．广州：华南理工大学，2000.

[69] 林琳，孙艳．广东骑楼的平面类型及空间分布特征 [J]．南方建筑，2004（3）.

[70] 林琳．广东地域建筑——骑楼的空间差异研究 [D]．广州：中山大学，2001.

[71] 刘华钢．当代广州住宅建设与发展的研究 [D]．广州：华南理工大学，2007.

[72] 刘华钢．广州城郊大型住区的形成及其影响 [J]．城市规划汇刊，2003（5）：77-80，97.

[73] 刘华钢．广州地区塔式高层住宅设计的发展 [J]．华中建筑．2013（9）：62-68.

[74] 刘业．广州市近代住宅研究——兼论广州市近代居住建筑的开发与建设 [J]．华中建筑，1997（2）：117-123.

[75] 陆元鼎，魏彦钧．广东民居 [M]．北京：中国建筑工业出版社，1990.

[76] 吕俊华．中国现代城市住宅 1840—2000[M]．北京：清华大学出版社，2002.

[77] 莫伯治．广州居住建筑的规划与建设 [J]．建筑学报，1959（8）：21-25

[78] 彭长歆．"铺廊"与骑楼：从张之洞广州长堤计划看岭南骑楼的官方原型 [J]．华南理工大学学报（社会科学版），2006，8（6）：66-69.

[79] 蒲海燕，夏琢琼．主政南粤时期的叶剑英与华侨 [J]．华南师范大学学报（社会科学版），1993（1）

[80] 陕西省建筑设计院．城市住宅建筑设计 [M]．北京：中国建筑工业出版社，1983

[81] 沈继仁. 关于节约住宅建设用地的途径 [J]. 建筑学报，1979（1）：55-61.

[82] 沈克宁. 建筑类型学与城市形态学 [M]. 北京：中国建筑工业出版社，2010.

[83] 沈克宁. 意大利建筑师阿尔多·罗西 [J]. 世界建筑，1988（6）.

[84] 石安海主编. 岭南近现代优秀建筑 1949—1990 卷 [M]. 北京：中国建筑工业出版社，2010.

[85] 孙科. 都市规划论 [M]// 民智书局. 建设碎金第 2 编. 上海：民智书局，1927.

[86] 孙翔. 民国时期广州居住规划建设研究 [D]. 广州：华南理工大学，2011.

[87] 汤国华. 岭南历史建筑测绘图选集（一）[M]. 广州：华南理工大学出版社，2001.

[88] 田银生，谷凯，陶伟. 城市形态学、建筑类型学与转型中的城市 [M]. 北京：科学出版社，2014.

[89] 田银生，谷凯，陶伟. 城市形态研究与城市历史保护规划 [J]. 城市规划，2010，34（4）.

[90] 王飞. 晚清外国在广州的房地产研究 [D]. 广州：暨南大学，2006.

[91] 王国恩，林超，王建军执行主编. 广州市城市规划勘测设计研究院编. 城市规划 2000—2005[M].
    北京：中国建筑工业出版社，2006.

[92] 王利文. 内外求索：一个政策研究者的心路历程 [M]. 广州：广州出版社，2004.

[93] 王林生主编. 广州之最：1949—2009 年 [M]. 广州：广东经济出版社，2009.

[94] 王敏. 广州市华侨新村地区城市形态演变及动因研究 [D]. 广州：华南理工大学，2012.

[95] 武进. 中国城市形态：结构、特征及其演变 [M]. 南京：江苏科学技术出版社，1990.

[96] 熊国平. 当代中国城市形态演变 [M]. 北京：中国建筑工业出版社，2006.

[97] 许桂灵，司徒尚纪. 广东华侨文化景观及其地域分异 [J]. 地理研究，2004，23（3）：411-421.

[98] 薛颖. 近代岭南建筑装饰研究 [D]. 广州：华南理工大学，2012.

[99] 颜紫燕.1949—1990 年广州住宅发展史 [D]. 广州：华南理工大学，1991.

[100] 杨国强. 近代广州房地产发展研究 [D]. 广州：广州大学，2009.

[101] 杨重元，刘维新. 中国房地产经济研究 [M]. 郑州：河南人民出版社，1991.

[102] 姚广孝，解缙编. 永乐大典：第一册 [M]. 中华书局出版，1986.

[103] 姚圣. 中国广州和英国伯明翰历史街区形态的比较研究 [D]. 广州：华南理工大学，2013.

[104] 叶曙明. 万花之城：广州的 2000 年与 30 年 [M]. 广州：花城出版社，2008.

[105] 佚名. 广州市市政报告汇刊 [R]. 1928.

[106] 佚名. 中国建筑学会第三届代表大会展出住宅方案选辑（续完）[J]. 建筑学报，1962（6）.

[107] 佚名. 广州荔湾广场 [J]. 建筑技术与设计，1998（2）.

[108] 余帆. 广州东湖新村对国内住房商品化背景下的住区规划设计的启示 [D]. 广州：华南理工大学，
    2012.

[109] 余庆康. 关于小面积住宅问题的几点看法 [J]. 建筑学报，1962（2）.

[110] 袁奇峰，魏成. 从"大盘"到"新城"——广州"华南板块"重构思考 [J]. 城市与区域规划研究，
    2011，4（2）：101-118.

[111] 曾新. 明清时期广州城图研究 [J]. 热带地理，2004，24（3）：293-297.

[112] 曾昭璇，张永钊，郑力鹏，等. 广州西关大屋及其演变试探 [M]// 曾昭璇. 曾昭璇教授论文集. 北京：
    科学出版社，2001.

[113] 曾昭璇 . 广州历史地理 [M]. 广州 : 广东人民出版社, 1991.

[114] 张之洞 . 札东善后局筹议修筑省河堤岸 [M]// 王栻编 . 张文襄公（之洞）全集 : 卷九十四 : 公牍九 . 台北 : 文海出版社, 1967.

[115] 张之洞 . 珠江堤岸接续兴修片（光绪十五年十月三十二日）[M]// 王栻编 . 张文襄公（之洞）全集 : 卷二十八 : 奏议二十八 . 台北 : 文海出版社, 1967.

[116] 赵善德 . 全方位动态地考察广州——评《广州城市发展史》[J]. 岭南文史, 1997（3）: 62-63.

[117] 郑莘, 林琳 . 1990 年以来国内城市形态研究述评 [J]. 城市规划, 2002, 26（7）: 59-64.

[118] 中华人民共和国建设部 . 住宅设计规范 : GB50096—1999 [S]. 北京 : 中国建筑工业出版社, 1999.

[119] 中华人民共和国住房和城乡建设部 . 住宅设计规范 : GB50096—2011[S]. 北京 : 中国计划出版社, 2012.

[120] 周春山, 陈素素, 罗彦 . 广州市建成区住房空间结构及其成因 [J]. 地理研究, 2005（1）: 77-88.

[121] 周春山, 罗彦 . 近 10 年广州市房地产价格的空间分布及其影响 [J]. 城市规划, 2004（03）: 52-56.

[122] 周春山, 马跃东, 邓世文, 等 . 广州市区商品住宅空置现状与成因分析 [J]. 经济地理, 2003（5）: 689-693.

[123] 周俭 . 城市住宅区规划原理 [M]. 上海 : 同济大学出版社, 1999.

[124] 周素红, 林耿, 闫小培 . 广州市消费者行为与商业业态空间及居住空间分析 [J]. 地理学报, 2008（4）: 395-404.

[125] 周素红, 刘玉兰 . 转型期广州城市居民居住与就业地区位选择的空间关系及其变迁 [J]. 地理学报, 2010（2）: 191-201.

[126] 周素红, 闫小培 . 城市居住 - 就业空间特征及组织模式——以广州市为例 [J]. 地理科学, 2005(6): 6664-6670.

[127] 周素红, 闫小培 . 广州城市居住 - 就业空间及对居民出行的影响 [J]. 城市规划, 2006（5）: 13-18+26.

[128] 周霞 . 广州城市形态演进 [M]. 北京 : 中国建筑工业出版社, 2005.

[129] 朱昌廉 . 解放以来住宅设计思潮的回顾 [C]// 中国建筑学会编 . 建筑・人・环境——中国建筑学会第五次代表大会论文选集 . 1981.

[130] 朱朴 . 广州华侨新村 [J]. 建筑学报, 1957（2）: 17-37.

[131] RossiA. 城市建筑学 [M]. 施植明译 . 台北 : 博远出版社, 1992.

[132] 彼得・霍尔 . 明日之城 [M]. 童明译 . 上海 : 同济大学出版社, 2009.

[133] 亨特 . 广州番鬼录・旧中国杂记 [M]. 冯树铁, 沈正邦译 . 广州 : 广东人民出版社, 2009.

[134] 康泽恩 . 城镇平面格局分析 : 诺森伯兰郡安尼克案例研究 [M]. 宋峰等译 . 北京 : 中国建筑工业出版社, 2011.

[135] 科斯托夫 . 城市的形成 : 历史进程中的城市模式和城市意义 [M]. 单皓 译 . 北京 : 中国建筑工业出版社, 2005.

[136] 勒・柯布西耶 . 明日的城市 [M]. 李浩译 . 北京 : 中国建筑工业出版社, 2009.

[137] 林奇. 城市形态 [M]. 林庆怡译. 北京：华夏出版社，2001.

[138] Caniggia G，Maffei G L. Architectural composition and building typology：interpreting basic building[M]. Frienze：Alinea Editrice，2001.

[139] Caniggia G. Lettura di una Città：Como[M]. Roma：Centro Studi di Storia Urbanistica，1963.

[140] Canigia G. Dialettica tra tipo e tessuto[Z]. Roma：Academie de France，1979.

[141] Cataldi G，Maffei G L，Vaccaro P. Saverio Muratori and the Italian school of planning typology[J]. Urban Morphology，2002，6（1）：3-14.

[142] Cataldi G. Designing in Stages：Theory and Design in the Typological Concept of the Italian School of Saverio Muratori[M]//Petruccioli A（ed.）.Typological Process and Design Theory. Cambridge, Massachusetts：Aga Khan Program for Islamic Architecture，1998：35-57.

[143] Cataldi G. Designing in Stages; Theory and Design in the Typological Concept of the Italian School of Saverio Muratori[M]//Attilio Petruccioli. Typological Process and Design Theory. Cambridge, Massachusetts：Aga Khan Program for Islamic Architecture. 1998：35-57.

[144] Cataldi G. From Muratori to Caniggia：the origins and development of the Italian school of design typology[J]. Urban Morphology，2003，7（1）：19-34.

[145] Chandler T. Four Thousand Years of Urban Growth：An Historical Census [M]. St. David's University Press，1987.

[146] Chang D. Spatial choice and preference in multilevel movement networks[J]. Environment and behavior. 2002，34（5）：582-615.

[147] Chen F，Romice O. Preserving the cultural identity of Chinese cities in urban design through a typomorphological approach[J]. Urban Design International，2009，14（1）：36-54.

[148] Chen F，ThwaitesK. Chinese urban design：the typomorphological approach[M]. Surrey：Ashgate. 2013：79-137.

[149] Chen F. The role of typomorphology in sustaining the cultural identity of Chinese cities：the case study of Nanjing，China[D]. University of Strathclyde，2009.

[150] Chen F. Typomorphology and public participation in China[J]. Urban Morphology. 2010，14（2）：59-62

[151] Chen F. Typomorphology and the crisis of Chinese cities[J]. Urban Morphology，2008，2（2）：45-47

[152] Collier R N. A study of the residential growth of Amersham and Chesham Bois，Buckinghamshire and the influence of architects and builders 1919-1929[D]. Birmingham：University of Birmingham，1981.

[153] Colquhoun I. RIBA Book of 20th Century British Housing[M].Oxford：Butterfield-Heinemann，1999：64-67

[154] Conzen M P，Gu K，Whitehand J W R. Comparing traditional urban form in China and Europe：A fringe-belt approach[J]. Urban Geography，2012，33（1）：22-45.

[155] Conzen M P. How cities internalizetheir former urban fringes: a cross-cultural comparison[J]. Urban Morphology, 2009, 13（1）: 29-54.

[156] Conzen M P. The study of urban form in the United States[J]. Urban Morphology, 2001, 5（1）:3-14.

[157] Conzen M R G, Conzen M P.Thinking about urban form: papers on urban morphology, 1932-1998[M]. New York: Peter Lang, 2004.

[158] Conzen M R G. Alnwick, Northumberland: A Study in Town-plan Analysis[M]. Institute of British Geographers, 1969.

[159] Conzen M R G. Die Havelstädte[Z]. University of Berilin, 1932.

[160] Conzen M R G. Morphogenesis and structure of the historic townscape in Britain[M]// Conzen M R G, Conzen M P.Thinking about urban form: papers on urban morphology, 1932-1998[M]. New York: Peter Lang, 2004.

[161] Conzen M R G. Morphogenesis, morphological regions and secular human agency in the historic townscape, as exemplified by Ludlow[M]//DeneckeD, Shaw G.Urban historical geography. Cambridge: Cambridge University Press, 1988.

[162] Conzen M R G. The plan analysis of an English city centre[M]//Norborg K（ed.）. Proceedings of the I.G.U. symposium on urban geography, Lund, 1960.Lund Studies in Geography B, 1962: 383-414.

[163] Darin M.The study of urban form in France[J]. Urban Morphology, 1998, 2（2）: 63-76.

[164] Fritz J. Deutsche Stadtanlangen[M]. Strassburg: Beilage zum Programm 520 des Lyzeums Strassburg, 1894.

[165] Geisler W. Danzig: ein siedlungegeographischer Versuch[M]. Danzig: Kafemann, 1918.

[166] Gilliland J, Gauthier P. The study of urban form in Canada[J]. Urban Morphology, 2006, 10（1）: 51-66.

[167] Gu K, Tian Y, Whitehand J W R, et al. Residential building types as an evolutionary process: the Guangzhou area, China[J]. Urban Morphology, 2008, 12（2）: 97-115.

[168] Habraken N J. Supports: an alternative to mass housing[M]. London: Architectural Press, 1972.

[169] HMSO. Local Government Boards for England and Wales, and Scotland. Report of the committee Appointed by the president of the Local Government Board and the Secerary of Builditing Construction in connection whith the provision of dwellings for the working classes in England and Wales, and Scotland and report upon methods of secring economy and dispatch in the provision of such dwellings（Tudor Walters Report）[R]. London.1918.

[170] Hofmeister B. The study of urban form in Germany[J]. Urban Morphology, 2004, 8（1）: 3-12.

[171] Johnston R J. An outline of the development of Melbourne's street pattern[J]. Australian Geographer, 1968, 10: 453-465.

[172] Kiwell P. Land and the city: patterns and processes of urban change[M]. London: Psychology Press, 1993: 94, 95.

[173] Krier L. Houses, palaces cities[M]. Architectural Design Progile, 1984.

[174] Kropf K S. An alternative approach to zoning in France: typology, historical character and development control[J]. European planning studies, 1996, 4（6）: 717-737.

[175] Kropf K S.Conceptions of change in the built environment[J]. Urban Morphology, 2001, 5（1）: 29-42.

[176] Kropf K. The difenition of building form in urban morphology[D]. University of Birmingham, 1993.

[177] Kropf K. Typological zoning[M]//Attilio Petruccioli. Typological Process and Design Theory. Cambridge, Massachusetts: Aga Khan Program for Islamic Architecture, 1998: 127-140.

[178] Larkham P J, JonesAN. Strategies for increasing residential density[J]. Housing Studies, 1993, 8（2）: 83-97.

[179] Levy A. The typo-morphological approach of G. Caniggia and his school of thought[J]. Urban Morphology, 1997, 1: 52-56.

[180] Marat-Mendes T. Sustainability and the study of urban form [J]. Urban Morpology. 2013, 17（2）: 123-124.

[181] Maretto M. Ecocities. Ⅱ progetto urbano tra morfologia e sostenibilità [M]. Rome: Franco Angeli, 2012.

[182] Marzot N.The study of urban form in Italy[J]. Urban Morphology. 2002, 6（2）: 59-73.

[183] McGlynn S, Samuels I. The funnel, the sieve and the template: towards an operational urban morphology[J]. Urban Morphology, 2000, 4（2）: 79-89.

[184] Moudon AV. A catholic approach to organizing what urban designers should know[J]. Journal of Planning Literature, 1992, 6（4）: 331-349.

[185] Moudon A V. Getting to know the built landscape: typomorphology[M]//Franck K A, Schneekloth LH. Ordering space: types in architecture and design. New York: Van Nostrand Reinhold. 1994: 289-311.

[186] Moudon A V. Proof of Goodness: A Substantive Basis for New Urbanism[J]. Places, 2000, 13（2）: 38-43.

[187] Moudon AV. The research component of typomorphological studies[C]// AIA/ACSA Reseach Conference, Boston, 1987.

[188] Moudon AV. The role of typomorphological studies in environmental design research[C]//Changing Paradigms: EDRA 20: proceedings of Annual Conference. 1989: 41-48.

[189] Moudon A V. Urban morphology as an emerging interdisciplinary field[J]. Urban morphology, 1997, 1（1）: 3-10.

[190] Muratori S, Bollati R, Bollati S, et al. Studi per una operante storia urbana di Roma[M]. Roma: Centro Studi di Storia Urbanistica, 1963.

[191] Muratori S.Studi per una operante storia urbana di Venezia[M]//Ⅰ: Quadro generale dalle origini agli sviluppi attuali, Palladio, 3-4. 1959. 2nd edition. Roma: Istituto Poligrafico dello Stato. 1960.

[192] Parkes C B. The architect and housing by the speculative builder[J]. Journal of the Royal Institute of

British，Architect. 1934，41：814-818.

[193] Petruccioli A. Alice's dilemma[M]// Attilio Petruccioli. Typological Process and Design Theory. Cambridge，Massachusetts：Aga Khan Program for Islamic Architecture. 1998：57-72.

[194] Ratzel F. Die Geographische Lage der Großen Städte[M]. Zahn & Jaensch，1903.

[195] Rodger R. Housing in Urban Britain，1780-1914[M]. Cambridge University Press，1995.

[196] Samuels I，Pattacini L. From description to prescription：reflections on the use of a morphological approach in design guidance[J]. Urban Design International，1997，2（2）：81-91.

[197] Samuels I. A typomorphological approach to design：the plan for St Gervais[J]. Urban Design International，1999，4（3-4）：129-141.

[198] Samuels I. Typomorphology and urban design practice[J]. Urban Morphology，2008，12（1）：58-61.

[199] Schlüter O.Bemerkungen zur Siedlungsgeographie[J]. GeographischeZeitschrift，1899.5：65-84.

[200] Schlüter O.Über den Grundriss der Städte[J]. Zeitschrift derGesellschaft für Erdkunde，1899.34：446-462.

[201] Slater T R. English medieval new towns with composite plans：evidence from the Midlands[M]//Slater T R. The Built Form of Western Cities. Leicester：Leicester University Press，1990：60-82

[202] Slater T R. Family，society and the ornamental villa on the fringes of English country towns[J]. Journal of Historical Geography，1978，4（2）：129-144.

[203] Tian Y S, Gu K，Tao W. Urban morphology, architectural typology and cities in transition[M]. Beijing：Science Press，2014.

[204] Trowell F. Speculative Housing Development in the Suburb of Headingley，Leeds，1838—1914[M]. Publications of the Thoresby Society. 1983，59：50-118.

[205] Urban Morphology Research Group[EB/OL]. http://www.birmingham.ac.uk/research/activity/urban-morphology/index.aspx.

[206] Wallacker B E，Knapp R G，Alstyne Van A J. Chinese Walled Cities：A Collection of Maps from Shina Jokaku No Gaiyo[M]. HongKong：Chinese University Press，1979.

[207] War demage and revelopment [EB/OL]. http://www.cityoflondon.gov.uk/services/housing-and-council-tax/barbican-estate/concept-and-design/Pages/war-damage-redevelopment.aspx.

[208] Whitehand J W R，Carr C M H. England's inter-war suburban landscapes：myth and reality[J]. Journal of Historical Geography，1999，25：483-501.

[209] Whitehand J W R，Carr C M H. The changing fabrics of ordinary residential areas[J]. Urban Studies，1999，36（10）：1661-1677.

[210] Whitehand J W R，Carr C M H. Twentieth-century Suburbs：A Morphological Approach[M]. Routledge，2001.

[211] Whitehand J W R，Gu K，Conzen M P，et al. The typological process and the morphological period：a cross-cultural assessment[J]. Environment and Planning B：Planning and Design，2014，41（3）：512-533.

[212] Whitehand J W R, Gu K, Whitehand S M, et al. Urban morphology and conservation in China[J]. Cities, 2011, 28（2）: 171-185.

[213] Whitehand J W R, Gu K. Extending the compass of plan analysis: a Chinese exploration[J]. Urban morphology, 2007, 11（2）: 91-109.

[214] Whitehand J W R, Gu K. Research on Chinese urban form: retrospect and prospect[J]. Progress in Human Geography, 2006, 30（3）: 337–355.

[215] Whitehand J W R, Gu K. Urban conservation in China: Historical development, current practice and morphological approach[J]. Town Planning Review, 2007, 78（5）: 643-670.

[216] Whitehand J W R. British urban morphology: the Conzenion tradition[J]. Urban Morphology, 2001, 5（2）: 103-109.

[217] Whitehand J W R. Building activity and intensity of development at the urban fringe: the case of a London suburb in the nineteenth century[J]. Journal of Historical Geography, 1975, 1: 211-24.

[218] Whitehand J W R. Building cycles and the spatial pattern of urban growth[J]. Transactions of the Institute of British Geographers, 1972, 56: 39-55.

[219] Whitehand J W R. Changing suburban landscapes at the microscale[J]. Tijdschrift voor economische en sociale geografie, 2001, 92（2）: 164-184.

[220] Whitehand J W R. Commercial townscapes in the making[J]. Journal of Historical Geography, 1984, 10: 174-200.

[221] Whitehand J W R. Conzenian urban morphology and urban landscapes[C]//6th International Space Syntax Symposium, Istanbul, 2007.

[222] Whitehand J W R. Fluctuations in the Land-Use Composition of Urban Development during the Industrial Era [J]. Erdkunde, 1981, 35: 129-140.

[223] Whitehand J W R. Makers of the residential landscape: conflict and change in outer London[J]. Transactions of the Institute of British Geographers, 1990: 87-101.

[224] Whitehand J W R. The Changing Face of Cities: A Study of Development Cycles and Urban Form[M]. Basil Blackwell, 1987.

[225] Whitehand J W R. The makers of British towns: architects, builders and property owners, c. 1850–1939[J]. Journal of Historical Geography. 1992, 18（4）: 417-438.

[226] Whitehand J W R. The structure of urban landscapes: Strengtheningresearch and practice[J]. Urban Morphology, 2009, 13（1）: 5–27.

致谢

非常感谢我的导师田银生教授、J. W. R. Whitehand 教授，以及 Susan M. Whitehand、I. Samuel、T. Slater、T. Ünlü 教授、R. Thornes、J. Peart、谷凯教授、萧红颜教授、任云英教授、宋峰教授、王蔚教授、王世福教授、汤黎明教授、肖大威教授、唐孝祥教授、陆琦教授、郭谦教授、蔡云楠教授、姜洪庆教授级高级工程师、田娟老师、刘禄璐博士、李自若博士、袁媛博士、姚圣博士、王敏博士、李小云博士、郑剑艺博士、梁励韵博士、张东博士、张健博士、叶红教授、张小星博士、利峰博士、叶浩军博士、孙翔博士、拜盖宇、钟诗颖、周颖、刘华彬、李卉、杨小山、杨璧竹、潘婉君、蔡萌、邓苏珊、刘祥春、陈莉莉、陆萌、矫鸿博、胡冬冬、袁倩、尹婕、周可斌等良师益友的帮助。

最后，要衷心感谢我家人的理解与支持。你们永远都是我克服困难的力量源泉，愿你们一直健康、快乐！

2017 年　广州

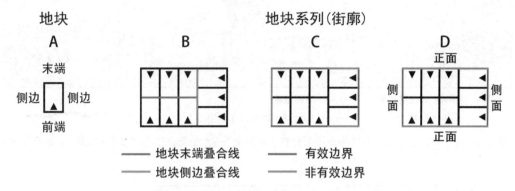

彩图 1　地块与地块系列（街廓）各种边界定义（见图 3-5）

彩图 2　"三"字形地平面特征（A—单排"三"字形地平面；B、C—双排"三"字形地平面）（见图 3-6）

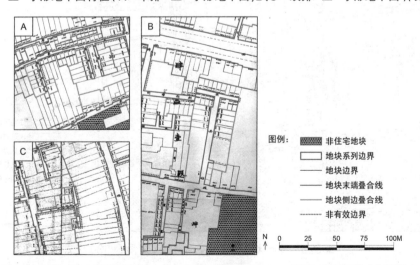

彩图 3　"凹"字形地平面特征（A—"凹"字形；B、C—"凹"字形变体）（见图 3-7）

图例： ▨ 非住宅地块　----- 清朝城墙
　　　　▨ 街巷　　　　　········ 19世纪中期珠江岸线(推测)

N　0　200　400　600M

彩图4　珠江前航道北岸的发梳形地平面分布（A为图3-9A位置，B为图3-9B位置）（见图3-8）

图例：　▨ 非住宅地块
　　　　□ 地块系列边界
　　　　— 地块边界
　　　　— 地块末端叠合线
　　　　— 地块侧边叠合线
　　　　···· 非有效边界

N　0　25　50　75　100M

彩图5　发梳形地平面特征（见图3-9）

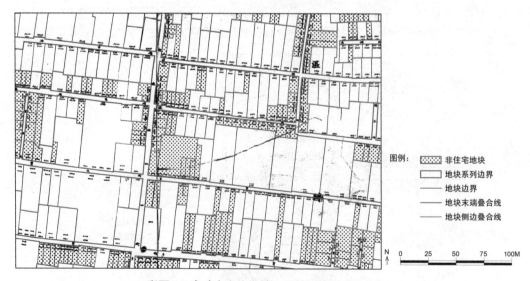

图例：　▨ 非住宅地块
　　　　□ 地块系列边界
　　　　— 地块边界
　　　　— 地块末端叠合线
　　　　— 地块侧边叠合线

N　0　25　50　75　100M

彩图6　青砖大宅住区地平面特征（见图3-13）

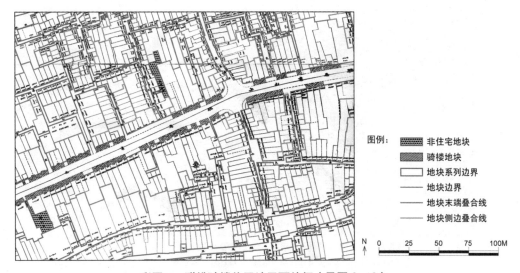

图例:
非住宅地块
骑楼地块
地块系列边界
地块边界
地块末端叠合线
地块侧边叠合线

N
0 25 50 75 100M

彩图 7　联排骑楼住区地平面特征（见图 3-16）

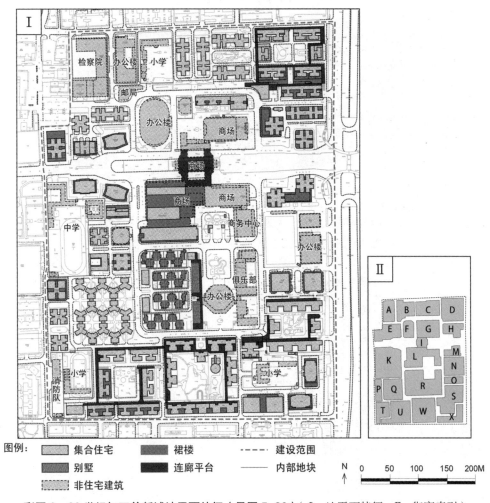

图例:
集合住宅
别墅
非住宅建筑
裙楼
连廊平台
建设范围
内部地块

N
0 50 100 150 200M

彩图 8　20 世纪初五羊新城地平面特征（见图 5-20）（Ⅰ.地平面特征；Ⅱ.街廓索引）

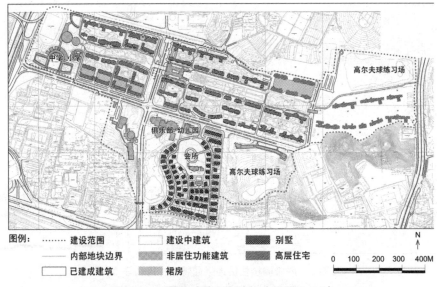

图例： ┈┈ 建设范围　　▢ 建设中建筑　　▇ 别墅
　　　 ── 内部地块边界　▨ 非居住功能建筑　▨ 高层住宅
　　　 ▢ 已建成建筑　　▨ 裙房

彩图 9　汇景新城地平面特征（见图 5-21）

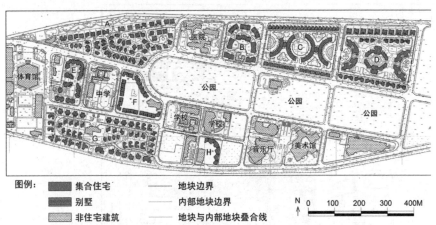

图例： ▇ 集合住宅　　── 地块边界
　　　 ▇ 别墅　　　　── 内部地块边界
　　　 ▨ 非住宅建筑　── 地块与内部地块叠合线

彩图 10　21 世纪初二沙岛住区的地平面特征（见图 5-30）

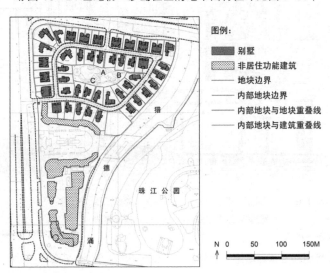

图例：
▇ 别墅
▨ 非居住功能建筑
── 地块边界
── 内部地块边界
── 内部地块与地块重叠线
── 内部地块与建筑重叠线

彩图 11　珠江别墅地平面特征（见图 5-31）

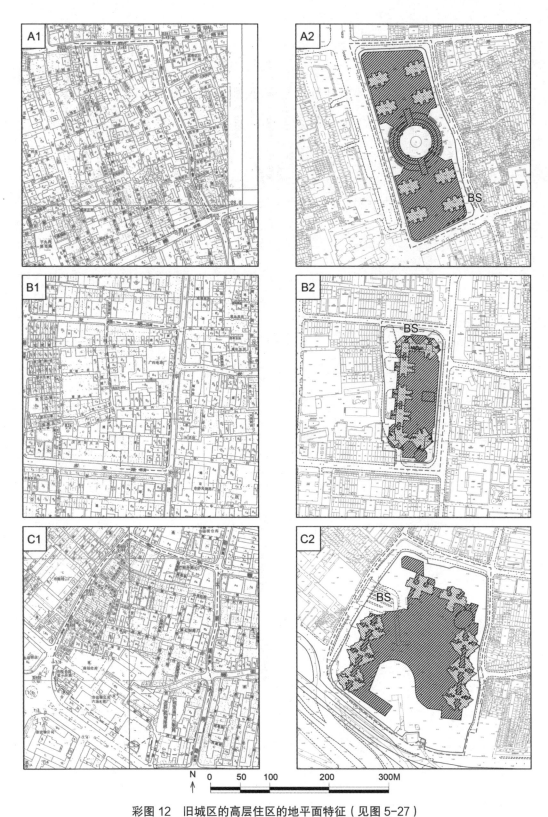

彩图 12　旧城区的高层住区的地平面特征（见图 5-27）
（A—荔湾广场；B—恒保华亭；C—逸翠湾。左侧：20 世纪 80 年代；右侧：21 世纪初）

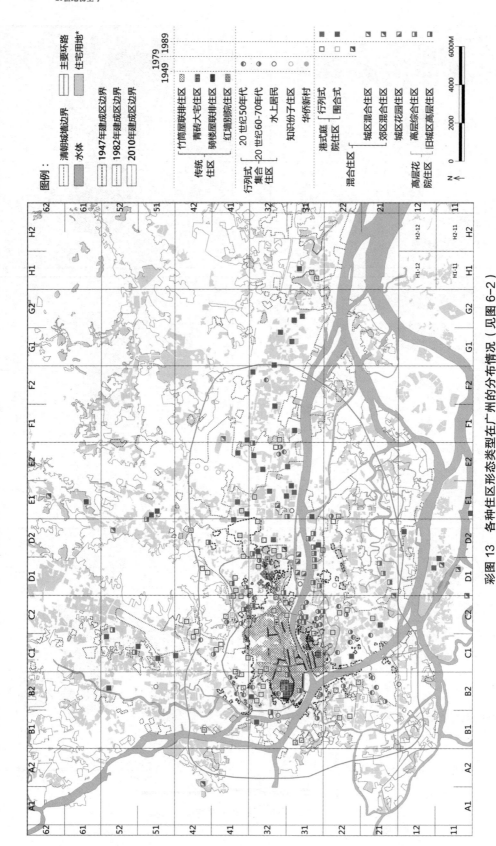

图例：

清朝城墙墙边界 主要环路 住宅用地*
水体 1947年建成区边界 1982年建成区边界 2010年建成区边界

1979 1989
1949

传统住区 竹筒屋联排住区 青砖大宅住区 骑楼屋联排住区 红墙别院住区

行列式集合住区 20世纪50年代 20世纪60-70年代 水上居民 知识份子住区 华侨新村

混合住区 港式庭院住区 行列式住区 围合式

高层花院住区 城区混合住区 郊区混合住区 城区花园住区 高层综合住区 旧城区高层住区

0 2000 4000 6000M

彩图 13 各种住区形态类型在广州的分布情况（见图 6-2）

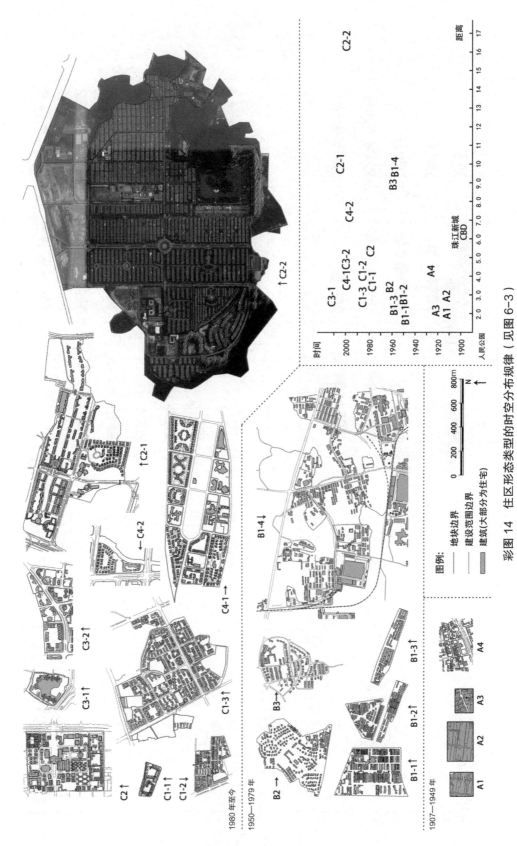

彩图 14　住区形态类型的时空分布规律（见图 6-3）

图例：
地块边界
建设范围边界
建筑（大部分为住宅）

距离

时间

C3-1

C4-1 C3-2
C1-3 C1-2 C2
C1-1

C4-2

C2-1

C2-2

B1-3 B2
B1-1 B1-2

B3 B1-4

A3
A1 A2

A4

珠江新城
CBD

人民公园

C2↑
C1-1↑
C1-2↓

C3-1↑

C3-2↑

↑C2-1

←C4-2

C1-3↑

C4-1→

1980年至今

B2 →

B3→

B1-4↓

B1-1↑

B1-2↑

B1-3↑

↑C2-2

1950—1979年

A1

A2

A3

A4

1907—1949年

243

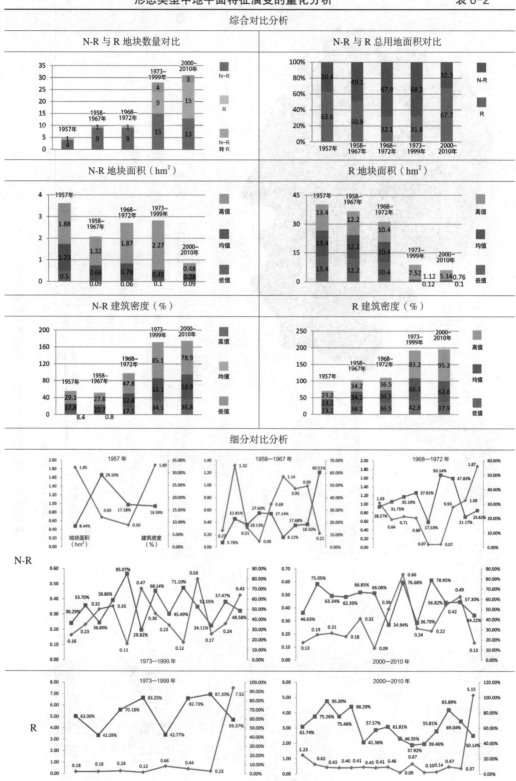

注：N-R：非居住功能的；R：含居住功能的。